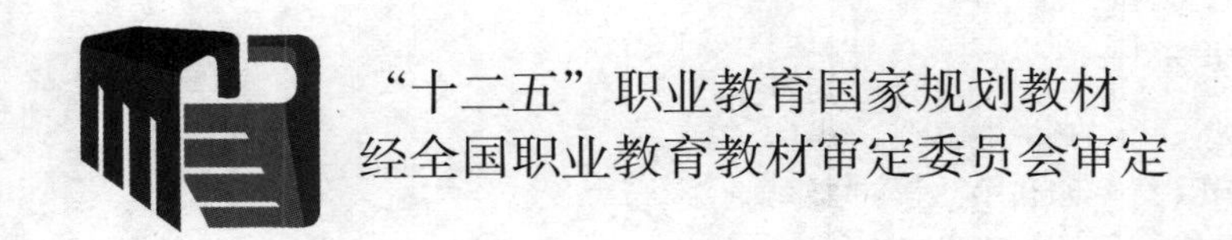

服装造型立体设计

（第2版）

肖　军　主　编
闫　艳　杨翠钰　副主编

中国纺织出版社

内 容 提 要

本书从立体裁剪基础知识入手，重点讲述领型、裙装、女装上衣和礼服的立体裁剪步骤、原理和手法。主要品类包括：无领、立领、企领、平领、翻领、垂坠褶领、上衣、外套、风衣和多种有代表性的裙装及礼服。书中内容是作者将多年的具体实践加以总结整理而成，并将日本文化服装学院著名服装设计教育家佐佐木江先生在高级服装结构造型设计研修班讲授的一些内容也加入其中。本书知识结构严谨，所选范例实用性强，方法步骤解析周密，具有很高的学习和参考价值 。

本书既可作为服装高等职业院校学生教材，也可供服装本科院校学生参考学习，并可供服装设计和技术人员阅读借鉴。

图书在版编目（CIP）数据

服装造型立体设计 / 肖军主编．—2 版．—北京：中国纺织出版社，2015.2

"十二五"职业教育国家规划教材

经全国职业教育教材审定委员会审定

ISBN 978-7-5180-1271-8

Ⅰ.①服… Ⅱ.①肖… Ⅲ.①服装—造型设计—高等职业教育—教材 Ⅳ.① TS941.2

中国版本图书馆 CIP 数据核字（2014）第 289126 号

策划编辑：张思思　张晓芳　　责任编辑：张思思

责任校对：楼旭红　　责任设计：何　建　　责任印制：储志伟

中国纺织出版社出版发行

地址：北京市朝阳区百子湾东里A407号楼　邮政编码：100124

销售电话：010 — 67004422　传真：010 — 87155801

http://www.c-textilep.com

E-mail:faxing@c-textilep.com

中国纺织出版社天猫旗舰店

官方微博 http://weibo.com/2119887771

北京睿特印刷厂印刷　各地新华书店经销

2009年2月第1版　2015年2月第2版第3次印刷

开本：787 × 1092　1/16　印张：11.25

字数：112千字　定价：39.80元（附赠光盘）

出版者的话

百年大计，教育为本。教育是民族振兴、社会进步的基石，是提高国民素质、促进人的全面发展的根本途径，寄托着亿万家庭对美好生活的期盼。强国必先强教。优先发展教育、提高教育现代化水平，对实现全面建设小康社会奋斗目标、建设富强民主文明和谐的社会主义现代化国家具有决定性意义。教材建设作为教学的重要组成部分，如何适应新形势下我国教学改革要求，与时俱进，编写出高质量的教材，在人才培养中发挥作用，成为院校和出版人共同努力的目标。2012年12月，教育部颁发了教职成司函［2012］237号文件《关于开展"十二五"职业教育国家规划教材选题立项工作的通知》（以下简称《通知》），明确指出我国"十二五"职业教育教材立项要体现锤炼精品，突出重点，强化衔接，产教结合，体现标准和创新形式的原则。《通知》指出全国职业教育教材审定委员会负责教材审定，审定通过并经教育部审核批准的立项教材，作为"十二五"职业教育国家规划教材发布。

2014年6月，根据《教育部关于"十二五"职业教育教材建设的若干意见》（教职成［2012］9号）和《关于开展"十二五"职业教育国家规划教材选题立项工作的通知》（教职成司函［2012］237号）要求，经出版单位申报，专家会议评审立项，组织编写（修订）和专家会议审定，全国共有4742种教材拟入选第一批"十二五"职业教育国家规划教材书目,我社共有47种教材被纳入"十二五"职业教育国家规划。为在"十二五"期间切实做好教材出版工作，我社主动进行了教材创新型模式的深入策划，力求使教材出版与教学改革和课程建设发展相适应，充分体现教材的适用性、科学性、系统性和新颖性，使教材内容具有以下几个特点：

（1）坚持一个目标——服务人才培养。"十二五"职业教育教材建设，要坚持育人为本，充分发挥教材在提高人才培养质量中的基础性作用，充分体现我国改革开放30多年来经济、政治、文化、社会、科技等方面取得的成就，适应不同类型高等学校需要和不同教学对象需要，编写推介一大批符合教育规律和人才成长规律的具有科学性、先进性、适用性的优秀教材，进一步完善具有中国特色的普通高等教育本科教材体系。

（2）围绕一个核心——提高教材质量。根据教育规律和课程设置特点，从提高学生分析问题、解决问题的能力入手，教材附有课程设置指导，并于章首介绍本章知识点、重点、难点及专业技能，增加相关学科的最新研究理论、研究热点或历史背景，章后附形式多样的习题等，提高教材的可读性，增加学生学习兴趣和自学能力，提升学生科技素养和人文素养。

（3）突出一个环节——内容实践环节。教材出版突出应用性学科的特点，注重理论与生产实践的结合，有针对性地设置教材内容，增加实践、实验内容。

（4）实现一个立体——多元化教材建设。鼓励编写、出版适应不同类型高等学校教学需要的不同风格和特色教材；积极推进高等学校与行业合作编写实践教材；鼓励编写、出版不同载体和不同形式的教材，包括纸质教材和数字化教材，授课型教材和辅助型教材；鼓励开发中外文双语教材、汉语与少数民族语言双语教材；探索与国外或境外合作编写或改编优秀教材。

教材出版是教育发展中的重要组成部分，为出版高质量的教材，出版社严格甄选作者，组织专家评审，并对出版全过程进行过程跟踪，及时了解教材编写进度、编写质量，力求做到作者权威，编辑专业，审读严格，精品出版。我们愿与院校一起，共同探讨、完善教材出版，不断推出精品教材，以适应我国职业教育的发展要求。

中国纺织出版社
教材出版中心

第2版前言

服装设计教育在我国大专院校走过了30年的历程，为国家培养了很多优秀的设计人才。当前我国的经济发展进入了新阶段，由生产大国转向走创新大国之路，这就需要我们为培养创新型人才而努力。学校培养的设计人才对服装行业发展起到了一定的作用，但在培养学生实践能力和创新能力方面还有一定的差距，这与学校在教学内容方面缺少提升创新能力的方法有关。我国的服装设计教学中，立体裁剪结构设计的课程内容占比较小。很多学校的平面制板课时很多，学生做了大量的平面制板（纸样），但看到纸板形成立体服装的机会却很少，体会不到平面尺寸与服装的关系，形成不了造型概念。所以，学生参加设计比赛或到企业进行实际设计时，还是不知从何下手，没有自信独立完成设计。为了弥补学生在实践能力和创新能力方面的不足，作者用了大量的时间去欧洲著名设计学院、香港理工大学以及服装企业学习、调研、考察，并参加了佐佐木江先生的高级服装结构造型设计研修班，把如何培养学生实践能力和创新能力的相关感悟也加入到了本书之中。

书中内容是本人将多年的具体实践加以总结、整理而成，并将佐佐木江先生在高级服装结构造型设计研修班的一些内容也加入其中。作为“十二五”职业教育国家规划教材，书中所选服装款式具有代表性和前瞻性，知识点由浅至深、注重专业理论知识与实践相结合，整体结构逻辑性强，能够使学习者在学习实践中逐步体会服装造型的创作方法，提高审美能力和创作能力。本书对所选用的名师设计及名人穿用的款式加以分析并作模拟训练，以期进一步提高学生的观察能力、表现能力，强调原创设计的重要性，使学生能在短期内建立起服装的立体空间意识，了解服装与人体的关系，感受面料质地与造型的关系，提高其发现美并能将其准确表达的能力。本书知识结构严谨、规律性强，所选范例实用性强，方法步骤解析周密，具有很强的学习和参考价值，适用于高等职业院校的服装设计专业学生，也可作为广大服装设计从业者的参考用书。

本书在编写过程中得到了闫艳、杨翠玉两位教师的支持，在此深表感谢！

由于编写时间仓促及有关条件的限制，本书尚有不尽如人意之处，望专家给予指正。

肖　军

2014年2月

第 1 版前言

我国的服装设计专业在各大专业院校成立较晚，可以说当时教授服装设计的教师对服装设计专业的内容还不甚了解，多在摸着石头过河。教师边教边学，逐步探索出一些比较务实的、符合专业教学的方法，为国家培养了大批的服装设计人才，为我国服装行业的发展作出了一定的贡献。

可我们也要看到，服装设计是与时尚流行脉搏紧密相连的，新的创意、独具匠心的构思、先进的生产工艺日新月异，不断向前发展。因此，服装设计的教学内容也要不断推陈出新，积极研究国际服装设计领域的发展方向，学习新的符合实际的教学方法，总结和修正教学内容的不足之处。很多服装设计院校过于强调绘图能力，而轻视对服装市场的调研，过于加强“平面作业”，而缺乏实际操作和应用能力的培养，存在着理论与实践相脱节的现象，对于立体裁剪更是缺乏必要的了解。从服装设计教学的整体上看，很多院校对服装立体裁剪的理解还存在很多不足，这主要反映在三方面：有的人认为立体裁剪是设计紧身、合体服装的裁剪方法；有的人认为立体裁剪是非实用的、表现夸张的服装裁剪方法；还有一些观点认为立体裁剪只是对平面裁剪的补充。因此，在很多院校没有开设立体裁剪的课程或者只是蜻蜓点水般向学生介绍一点而已。以上的观点都是不全面的。首先立体裁剪所涉及的款式包罗万象，既适用于礼服、泳装，也适用于大衣、外套和内衣，它不是平面裁剪的补充，了解其内容的人知道它是设计创新服装造型的重要方法之一，是进行服装原创设计所必须掌握的重要手段。

1998年日本文化学院著名服装设计教育家佐佐木住江教授来中国讲学，主要内容是介绍服装造型设计及立体裁剪方法，通过佐佐木住江教授讲解，使得我们对立体裁剪有了更高层次的认识，记得她在讲解中始终强调服装造型的松量把握非常重要，反对将布紧紧裹在人台上堆砌面料的造型方式，而是将服装设计的空间意识、立体感这一设计理念表现得淋漓尽致。由此也为我国培养了一批优秀的服装设计师。

书中内容是将佐佐木住江先生在高级服装结构造型设计研修班教学过程中的内容以及本人多年的具体实践加以总结整理而成。作为普通高等教育“十一五”国家级教材，书中所选服装款式具有代表性和前瞻性内容由浅至深，注重专业理论知识与实践相结合，整体结构逻辑性强，使学习者在学习实践中逐步掌握服装造型的创作方法。提高审美能力和创作能力。书中对所列举的款式加以分析并进行模拟训练，以便进一步提升学生的观察能力、表现能力，更进一步强调了原创设计的重要性，使学生能在短期内建立起服装的立体空间意识，了解服装与人体的关系，并能感受到面料质地与造型的关系，提高学生发现美并能将其表达准确的能力。书中所选范例、知识结构严谨，规律性强，步骤解析周密，具有很强的实用价值，适用于高等职业院校的服装设计专业学生，也是广大服装设计从业者的参考用书。

本书之所以取名为《服装造型立体设计》，是想让广大学习者对立体裁剪的知识不要只是从一种裁剪方法上来理解，而是应该从造型设计的角度，加强造型美学修养，以设计造型为理念，学习锻炼自己的造型创作能力。因此，书中在讲解范例时没有注明过多的数据，而是以松量、余量、调整等词语来引导学生度量造型的尺度，以免将学生引入死记硬背的学习模式。希望本书能为读者提供帮助。

本书在编写过程中得到了周福川、陈海松、陈光林、杨明、汪芳在图片修整及版面整理方面的大力帮助，在此深表感谢！

由于编写时间仓促及有关条件的限制，本书尚有不尽如意之处望专家给予指正。

肖　军

2008年10月

教学内容及课时安排

章/课时	课程性质/课时	节	课程内容
绪论 （1 课时）	基础理论 （1 课时）		• 绪论
第一章 （8 课时）	基础理论 （8 课时）		• 服装立体裁剪在服装设计中的作用
		一	服装立体裁剪在我国的发展现状
		二	如何学好服装立体裁剪
		三	立体裁剪与平面裁剪的概念
		四	服装立体裁剪与平面裁剪的关系
		五	女装人体知识
第二章 （8 课时）	理论应用与实践 （124 课时）		• 材料与工具的准备
		一	专业术语
		二	立体裁剪使用的材料
		三	立体裁剪使用的工具
		四	人台的补正
		五	布手臂的制作
		六	大头针的固定、别合
第三章 （16 课时）			• 衣省的变化与局部设计
		一	上衣省道设计
		二	平面裁剪一片袖和两片袖的制图方法
		三	两片袖的立体裁剪方法
第四章 （18 课时）			• 领型的变化
		一	无领
		二	立领
		三	企领
		四	平领
		五	翻领
		六	垂坠褶领

续表

章/课时	课程性质/课时	节	课程内容
第五章 （12 课时）	理论应用与实践 （124 课时）		• 裙装的变化
		一	窄裙
		二	斜裙
		三	育克裙
		四	波浪裙
		五	吊钟形波浪裙
		六	十片裙
		七	斜褶裙
		八	吊带裙
第六章 （40 课时）			• 女装上衣的变化
		一	上衣
		二	外套
		三	风衣
第七章 （30 课时）			• 礼服设计
		一	插肩袖礼服
		二	裹胸礼服
		三	袍袖礼服
		四	折叠礼服
		五	落肩盛装礼服
		六	瀑布装礼服
		七	扇形分割礼服

注 各院校可根据自身的教学特点和教学计划对课程时数进行调整。

目录

绪论 …… 1
第一章　服装立体裁剪在服装设计中的作用 …… 4
一、服装立体裁剪在我国的发展现状 …… 4
二、如何学好服装立体裁剪 …… 4
三、立体裁剪与平面裁剪的概念 …… 6
四、服装立体裁剪与平面裁剪的关系 …… 6
五、女装人体知识 …… 7

第二章　材料与工具的准备 …… 20
一、专业术语 …… 20
二、立体裁剪使用的材料 …… 22
三、立体裁剪使用的工具 …… 23
四、人台的补正 …… 25
五、布手臂的制作 …… 26
六、大头针的固定、别合 …… 28

第三章　衣省的变化与局部设计 …… 32
一、上衣省道设计 …… 32
二、平面裁剪一片袖和两片袖的制图方法 …… 42
三、两片袖的立体裁剪方法 …… 42

第四章　领型的变化 …… 48
一、无领 …… 48
二、立领 …… 54
三、企领 …… 62
四、平领 …… 69
五、翻领 …… 76
六、垂坠褶领 …… 80

第五章　裙装的变化 ……84
一、窄裙 ……84
二、斜裙 ……86
三、育克裙 ……89
四、波浪裙 ……92
五、吊钟形波浪裙 ……95
六、十片裙 ……98
七、斜褶裙 ……100
八、吊带裙 ……102

第六章　女装上衣的变化 ……108
一、上衣 ……108
二、外套 ……127
三、风衣 ……132

第七章　礼服设计 ……138
一、插肩袖礼服 ……138
二、裹胸礼服 ……142
三、袍袖礼服 ……145
四、折叠礼服 ……149
五、落肩盛装礼服 ……153
六、瀑布装礼服 ……157
七、扇形分割礼服 ……159

参考文献 ……164
附录 ……165

绪 论

服装立体裁剪在服装设计中有着极其重要的地位，是服装设计师必须具备的业务技能之一。在我国的服装行业中，多年来以师徒继承、经验积累的方式来维持着程式化的服装生产。成衣的设计与制板也只能从经验到经验，这与现代服装工业生产所要求的系列化、标准化、规范化以及时装化、多样化、个性化的需求极不适应。随着国际化交流的开展，服装产业链的整体提升加快。因此，建立技术与艺术相结合的现代服装设计理论和方法就显得十分必要。现代服装给人们带来更多的是精神层面的满足。高校培养服装设计人才是为了推动我国服装行业由生产型大国转为设计创新型大国，这就需要让学生掌握设计创新方法。服装立体裁剪非常适合学生掌握，尤其是职业院校的学生更需要加强实践教学，切实提高自我实践能力，使其成为能设计、能表达、能实现的综合型人才。这也符合教育部颁发的《关于进一步加强高等学校本科教学工作的若干意见》，培养有创新思想和动手能力人才的精神。作者经过对国内外服装设计院校和行业专家的学习与考察，通过对不同服装类型结构的分析与比较，总结多年服装立体裁剪的教学经验，吸收服装企业生产的实践经验，作了有深度的理论研究与实践探索。

作者从服装立体造型的角度系统分析，阐述了服装设计师要从“美”“魅”“媒”层面深刻领悟服装结构立体裁剪的奥妙之处。根据人体着装形态，创作适应我国服装结构特征的设计应用语言。书中列举了经过作者实践验证过的设计成果，选择有代表性的、与时代相吻合的服装款式，并深入浅出、详实地论述了服装结构的变化规律、设计技巧和制作过程，有很强的理论性、系统性、应用性，在教学和开展设计项目中，均取得了满意的效果。

书中所建立的理论体系和实践方法来源于生产实际，符合现代服装生产和管理的要求，有助于读者迅速、科学地掌握原理，运用规律，举一反三。对服装设计和研究提供了有价值的参考，对我国服装设计教育的研究起到了一定的推动作用。

本教材在讲解方法上有所突破：一是强调了学习方法，指导学生从设计的角度来认识服装立体裁剪，而不是从技术的角度机械地死记硬背，注重创造力和审美能力的培养，书中对服装局部如领型的讲解都是结合服装款式整体进行步骤讲解的，这样可以使学生了解局部与整体的关系，提升学生服装立体构成意识和观察服装立体形态的能力；二是选择的服装款式具有前瞻性并有一些图片作为指导，可以验证立体剪裁后的服装效果；三是教材配有光盘便于学生自学。

基础理论——

服装立体裁剪在服装设计中的作用

课程内容： 1.服装立体裁剪在我国的发展现状
2.如何学好服装立体裁剪
3.立体裁剪与平面裁剪的概念
4.服装立体裁剪与平面裁剪的关系
5.女装人体知识

上课时数： 8课时

教学提示： 介绍服装立体裁剪的发展，服装立体裁剪与平面裁剪的关系及概念。学好服装立体裁剪的方法。了解人体比例知识。掌握人台标记线的正确标记方法。

教学要求： 1.使学生了解服装立体裁剪的特征及运用方向。
2.使学生了解学好服装立体裁剪的方法。
3.使学生了解女装人体类型的比例关系。
4.使学生掌握基础线的标记方法。

课前准备： 选择标准化人台，准备所需的工具及白坯布。

第一章　服装立体裁剪在服装设计中的作用

一、服装立体裁剪在我国的发展现状

回顾我国的服装设计教育发展至今已有30年有余（在这里指服装设计作为专业在我国高校开始成立至今的时间），大体走过了两个阶段。

第一阶段我们称为探索阶段，大概用了10～20年时间。从20世纪80年代改革开放中国人开始从新审视自己和认识世界，由于自身技术资源的匮乏，很多院校缺少懂服装设计的教师，再加上对“外来世界”缺乏认识，所以教学内容以绘画为主，将时尚设计理解为艺术创作，不太清楚服装与时尚流行以及市场的关系，过多地强调艺术表现性而不懂什么是商业性、时尚性，培养的学生只能画一些效果图，而对服装结构、服装材料、服装制作工艺了解甚少。这时期举办的服装设计比赛，其服装风格有戏剧化的趋势，作品烦琐、服装结构没有创新，大多是在简单造型上堆砌纤维材料，应用性不强，对服装行业发展没有太大的影响力。在这一阶段服装立体裁剪的教学内容在高校基本没有受到重视，这种情况的出现，一是高校里能讲立体裁剪课程的教师很少；二是对服装设计应该从立体结构设计的角度进行分析缺乏认识；三是将服装立体裁剪归纳到紧身型服装与礼服设计范畴，认为立体裁剪只适合紧身服装设计，误导学生服装立体裁剪只适用于极少部分服装领域的设计。

第二阶段是中国在经济上得到了一定程度的发展，人们看到了西方经济腾飞带来的丰富产品，渴望与西方发达国家的人们在生活方面画上等号。因此，崇拜西方并以西方的流行标准作为最高标准。在这种理念的驱使下很多人去西方留学，简单地认为学习了西方的剪裁技术和设计理念就能够设计出符合国人需求并让世界羡慕的服装。现在看来学习发达国家的先进技术是好的，但同时还要寻找自己的角色定位、自己的文化根源。

当下许多国人已经成为世界名牌商品的销售对象，但是我们也能看到身穿一身世界名牌服装的国人与西方人相比较时仍会产生陪衬的感觉。产生这种效果的原因在于西方人的形体尺寸、生活方式、行为理念与我们有所不同。我们即使穿的与他们一样，也达不到同等的效果。所以我们在拥有先进的产品和技术的同时，还要思考中国人到底需要什么样的设计。找到属于中国人的设计语言才是中国服装设计师的使命。这就提出了如何学习立体裁剪和怎样学好立体裁剪的命题。

二、如何学好服装立体裁剪

在高校从事服装设计教育近20年，掌握了如何培养学生使其抓住学习服装设计精髓所在的方法。2010～2012年我走访了我国十几所有服装设计专业的院校，对所开设的课程做了进一步的调研，总体感觉差异不大。在这三年里同时也参观了欧洲及中国香港的一些设计学院，其中包括香港理工大学的纺织与制衣专业，看了该校学生的毕业设计作品。相比较而言，欧洲院校及香港理工大学的学生作品（图1-1）在服装创意、结构处理、材质应用、色彩搭配、服饰配件组合等方面都强于我国内陆院校。分析原因：首先是学生的来源。学生要进入该校学习本专业首先要具有一定的设计感悟能力，对本专业有比较清晰的认识，而不是学习成绩好，有一定美术基础就可以进入该专业学习，学校有严格的筛选和淘汰制度以确保学生的质量；二是教育资源完备。学生在学习期间能看到比较完整的产品设计链并通过大量的实践加强对设计的理解，设计的产品兼具了时尚性、应用性、艺术性的特点；三是有一个教学理念务实并具有科研创新能力的教师团队；四是着重培养学生整合能力。教师让学生从多角度、多层面考虑设计的价值，拓展了学生的设计思维，增强学生解决问题的能力。这种训练并不是告诉学生服装款式内容有多丰富，而是让学生掌握基本规律，通过大量专题性的练习使学生在实践中自己找到设计方法。训练通过立体裁剪完成，使学生有直观的体验。

图1-1

很多学生怀揣着成为服装设计师的梦想来学习服装设计。但由于对服装设计缺乏了解，只是单一的从学技术技能的角度来思考问题，想通过“画图”“打板”“制作”等手段学好服装设计，而这种学习方法是达不到做服装设计师的要求的。想成为一名优秀的服装设计师，要对“美”“魅”“媒”这三个字有深刻的领悟。“美”包含了美好、高兴的心情和得到的赞美等因素，是每个人的生活追求，服装设计师的任务就是为人们创作美的服饰，给人带来美的心情，塑造美的形象，传达美的意义，而传达的过程就是“媒”介的体现。服装设计师创作出有“魅力”的服饰是设计师一生的追求，是设计师能力的高度体现。魅有“鬼”“怪”的力量，能吸引人的力量，能使人着魔的力量。如果服装设计师能创作出具有如此能量的服饰，让人们以拥有它为荣耀的话，这样的设计师是多么幸福、伟大。要实现设计有魅力的服饰首先要具备发现美的能力，还需要了解当今人们对生活是如何理解的，对美的标准是如何判定的；这需要阅读很多资料积累丰富的知识，更重要的是阅读生活。当具备了这些条件以后，接下来学习服装立体裁剪就简单多了。

三、立体裁剪与平面裁剪的概念

如此看来，平面裁剪更适用于规范的、常规的服装。立体裁剪则更适用于有前瞻性的、创作性强的时装。那么，如果你学习服装设计并以有创意感的服装为方向，那就首先要建立服装的立体概念，从人体着装形态入手掌握立体裁剪方法。

1.立体裁剪

立体裁剪又称服装结构立体设计，是设计和制作服装纸样的方法之一。其操作过程是在标准人体模型的基础上，选用白坯布直接在人台上进行裁剪设计，当达到设计要求时，在白坯布上做好标记线然后取下放在平台上，将所需要的结构线整理清楚，作好制图符号，形成尺寸规范的白坯布纸样。白坯布纸样调整完毕再将其根据服装造型要求进行连接组合，形成立体服装放到人台上做进一步修正，当达到要求后取下，再次确定修正后的结构线并将其拓印在纸板上形成纸样。这一过程既是按服装设计稿具体裁剪纸样的技术过程，又包含了从美学观点具体审视、构建服装结构的设计过程。

2.平面裁剪

在平面裁剪中服装结构的体现形式是通过二维制图来完成的，是通过经验获得的可控数据来确定规格和尺寸，反应服装各个部分结构的平面状态，并以工艺手段将平面纸样制成立体效果的服装。由于平面裁剪可以用现有的数据和比例关系，掌握和操作时相对比较简单，适用于常规款式的服装裁剪。

四、服装立体裁剪与平面裁剪的关系

有学生学习服装立体裁剪会将其与平面纸样课进行比较，或者认为立体裁剪比平面裁剪更高级。这其实是一种误区。事实上，立体裁剪与平面裁剪是相辅相成、互相依存的。目前在我国服装行业绝大多数服装制板还是采取平面制图方法，一般是以一些经验公式计算得到的数据进行制板，再有是先在标准化人体或人台上采集数据，通过公式计算得到基础板型，作为原型板用它来制作服装款式纸样。由于现阶段在服装行业从事服装纸样制板工作的人多为技术工人，他们有一定的制作经验，对平面制板运用得比较熟练，尤其是针对一些常规款式的制板工作。但是对于创新性强的款式，这种方法就显得力不从心了。因为运用基础原型来设计变化丰富且有时尚韵味的服装，需要制板人员对服装与人体，特别是穿衣人的着装形态有深刻的理解。

五、女装人体知识

本书内容主要是围绕女装立体裁剪展开的，因此，首先要对女性人体的特征比例有所了解。人体是设计和制作服装的基础，而人由于出生地区、饮食结构、生活习惯、工作状态的不同会产生很大差异。而随着工业化的发展，设计和制作的服装一般情况下要满足一个群体的需求，因而要通过系统工程将人体特征加以归类，找出适用于一定群体的相对规范的、有代表性的人体比例尺寸制作标准化人台，以方便制作规范化的、有一定批量的服装。

（一）人体比例

服装设计过程中，设计师和制板人员要时刻考虑人体各部位尺寸，因此掌握人体比例及各部位尺寸关系非常重要。服装结构设计中的人体比例与服装画中的人体比例不同。服装效果图中的人体比例为了表现服装常常比较夸张，一般采用8头身或10头身，而这种女性人体比例身高就要达到180～190cm，但实际上这种身高的女性人体比例是很少见的。服装结构设计中的人体比例是绝大多数人的实际人体比例。身高为160～165cm，身高与头长的比例一般在6.8～7.2。本书以GB/T1335—1997 160/84A型女子标准中间体为例，来分析女性人体身高的比例关系（图1–2）。

（二）人体形态及特征

从微观角度观察人体形态，每个人都不一样。而服装领域对人体的研究，只需从宏观角度去思考和分类，没有太过细分的必要。根据人体活动的需要，服装与人体间有一定的松量，除特殊用途的服装外，一般都不会紧包人体，这就提供了忽略人体细微差异的可能。同时服装本身又有美化和修正人体的功能，即服装的尺寸和造型并非完全按照实际人体形态来设计和制作。从另一个方面来分析，服装在人体上有许多位置是与人体紧密接触的。例如，肩部是承受服装重量的主要部位，则肩部为受力点或受力面；这样的点或部位还有胸高点、肩胛骨凸点、小腹凸点、两侧胯最宽处、臀凸点等，这些都是女体曲线的凸出部位，一般情况下都与服装接触。虽然服装有一定的松量，但这些松量都分布在以上各凸点以外的其他位置，也就是说，即使很宽松的服装穿在人体上，人体的肩部、胸部、肩胛骨等部位仍然会与服装接触，小腹凸点、臀凸点视具体服装的松量和造型与服装接触可能相对稍松些，但在一般情况下也是接触的。这些接触部位称为服装的支撑点。从以上分析中可以得知，服装是由人体的肩部支撑重量，由胸高点、肩胛骨凸点、小腹凸点、臀凸点及两侧胯骨凸点来支撑服装的立体造型。人体体型特征中与服装有关系的重要部位是受

力点和支撑点。（表1–1 ~ 表1–3）

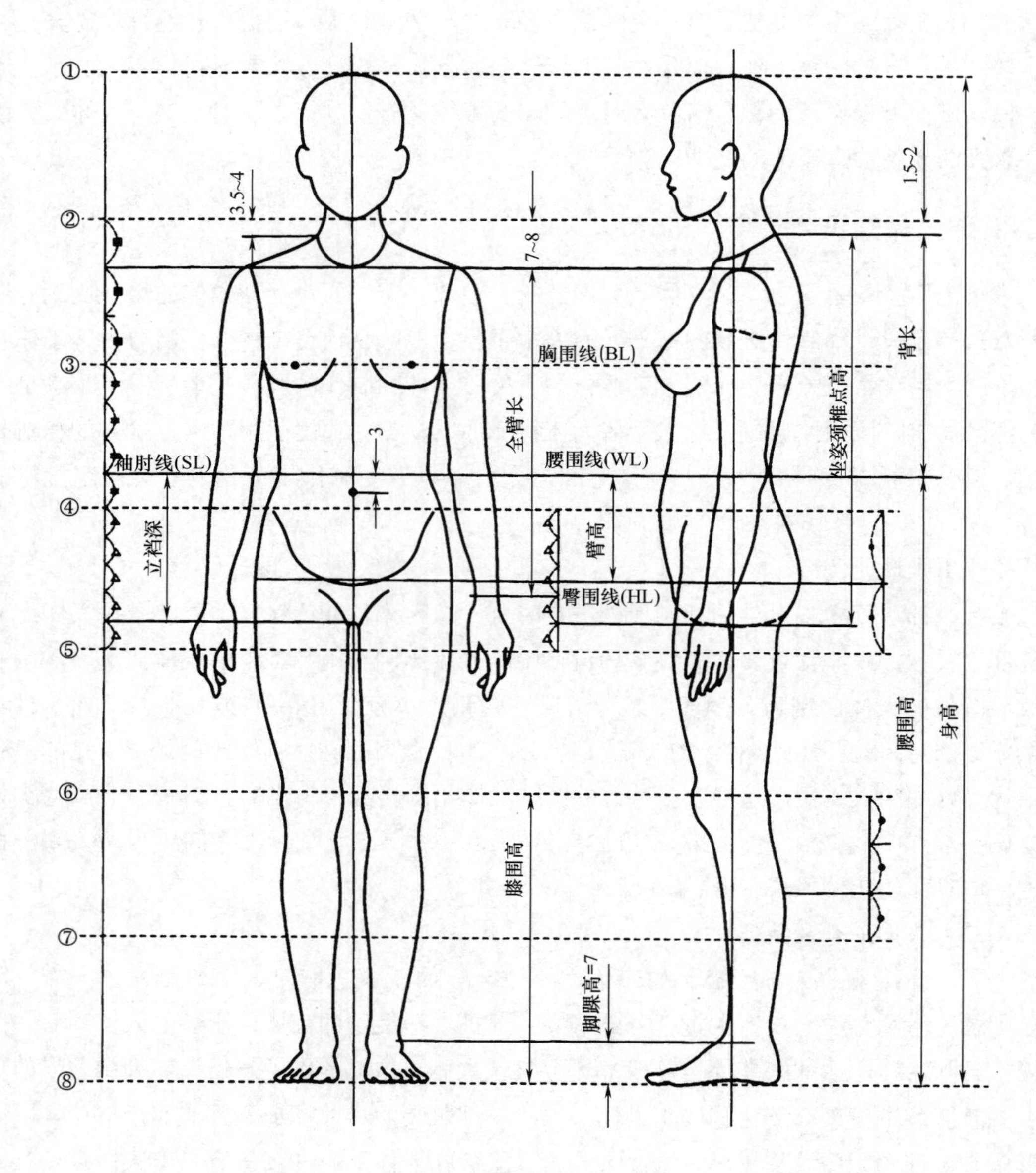

图1–2

表 1–1 160/84A 号型成年女性人体主要部位控制尺寸　　单位：cm

部位	数值	部位	数值	部位	数值	部位	数值
身高	160	后背长	38	立裆深	24.5	胸围	84
颈椎点高	136	全背长	50.5	总肩宽	39.4	腰围	68
坐姿颈椎点高	62.5	腰围高	98	颈围	33.6	臀围	90

表 1–2　成年女性人体主要部位与头长的比例关系

部位	说明
头顶骨	与上起点①线平
下颚骨	与第一头高②线平
第七颈椎点	与第一头高②线向下 1.5~2cm
侧颈点	与第一头高②线向下约 1/6 头高（3.5~4cm），比后领中心点低约 1.5cm
锁骨联合点	与第一头高②线向下约 1/3 头高（7~8cm）
肩点	与第一头高②线向下约 1/3 头高，与锁骨联合点等高
胸高点	与第二头高③线平
腰围线	第三头高④线向上约 1/4 头高处
肘线	与腰围线平
臀围线	第三头高④线与第四头高⑤线 1/2 处
腿根围线	第四头高⑤线向上约 1/5 头高处
膝围线	与第五头高⑥线平
小腿肚高	第六头高⑦线向上约 1/3 头高处
脚踝高	第七头高⑧线向上 7cm（通常身高变化对此位置影响不大）
脐点	腰围线向下 3cm 处

注　表中序号标示的线条参照图 1–2。

表 1–3　成年女性人体主要部位尺寸按头高比例计算公式

部位	比例计算公式
颈椎点高	6 头高 –2cm
坐姿颈椎点高	3 头高 –1/5 头高 –2cm
后背长	2 头高 –1/4 头高 –2cm
臀高	1/2 头高 –1/4 头高＝ 3/4 头高
立裆深	4/5 头高 + 1/4 头高
全臂长	3 头高 –2/5 头高 –1/3 头高
腰围线高	4 头高 + 1/4 头高 –2cm
膝围线高	2 头高

（三）人体正面形态分析

人体在三围尺寸相同的情况下，其厚度与宽度的比例关系可分为两种：一种是圆体，即身体较厚、宽度相对较窄；另一种是扁体，即身体较薄、宽度相对较宽。在三围相同的情况下，无论是圆体还是扁体，从正面观察，人体两侧由腋下胸围线至腰围线再至臀围线处，这一段人体形状的曲率都是接近的。

将图1–3中的*b*点与*h*点连成一条直线，*w*点距此直线的垂直距离对于三围尺寸相同的人来说都是接近的。对于三围尺寸不同的同种体型（同种体型指的是服装号里中的Y、A、B、C四种体型分类）的这个尺寸也是接近的。对于160/84A型人体来说，*w*点距直线*bh*的垂直距离为3～3.5cm，对于其他号型的A型体这个尺寸也是3～3.5cm。

人体两侧的曲率与人体是圆体还是扁体没有直接关系，而与人体的胸围、腰围、臀围三者的差有很大关系，即人体两侧的曲率与人体体型分类有关，由胸围、腰围、臀围三者的差所决定。

根据人体两侧曲率的性质，可以把它应用于服装制板。在三围确定的情况下，服装原型样板前、后片的侧缝收省量，形成立体人体两侧曲率的平面展开状态。样板侧缝省量的多少由人体两侧的曲率决定。当体型变化调整板型时，应调整原型样板的前、后公主线位置，而不应调整侧缝位置。

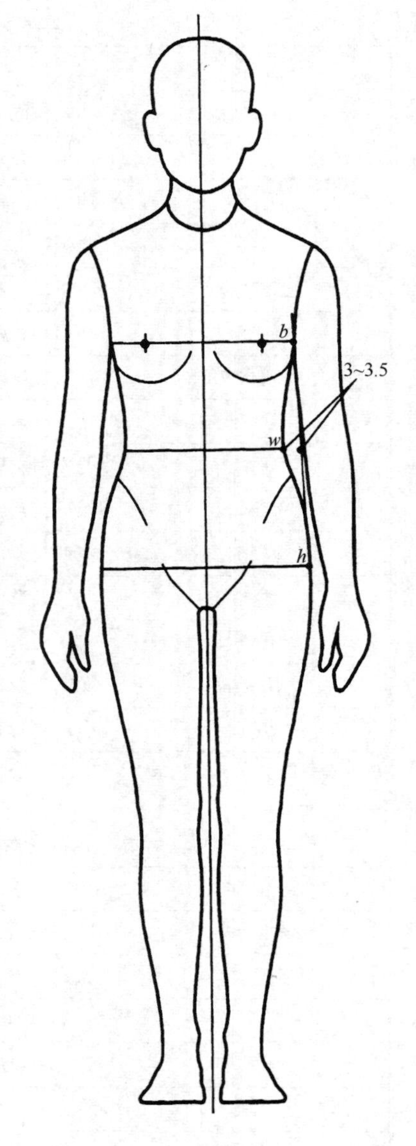

图1–3

（四）人体侧面形态分析

常见女体侧面体型主要有标准体、驼背体和挺胸体三种类型（图1–4）。标准体是个相对概念，从服装结构设计与制板的角度来看，是比较理想的体型，可作为研究标准人体原型的依据。

1.标准体侧面体型特征

前身胸高点与小腹凸点在一条垂线上，后身肩胛骨凸点与臀凸点在一条垂线上，第七颈椎点距肩胛骨凸点垂线的垂直距离为4～5cm，手臂位于人体侧面的前后位置适中［图1–4（a）］。

2.驼背体侧面体型特征

前身胸高点与小腹凸点不在一条垂线上，胸高点在小腹凸点垂线内1～2cm。后身肩胛骨凸点垂线在臀凸点外1～2cm。颈部较标准体稍前倾，第七颈椎点距肩胛骨凸点垂线的垂直距离为5～6cm。此种体型一般胸部不太丰满，稍含胸，前胸宽稍窄，后背宽稍宽，后背长比标准体后背长稍长［图1–4（b）］。

3.挺胸体侧面体型特征

前身胸高点垂线在小腹凸点外1～2cm，后身肩胛骨凸点在臀凸点垂线内1～2cm。后背较平，颈部较标准体稍后倾，第七颈椎点距肩胛骨凸点垂线的垂直距离为3～4cm。此种体型一般胸部较丰满，胸前挺，后翘臀，手臂较标准体相对位置偏后，前胸宽较宽，后背宽稍窄，后背长比标准体后背长稍短［图1–4（c）］。

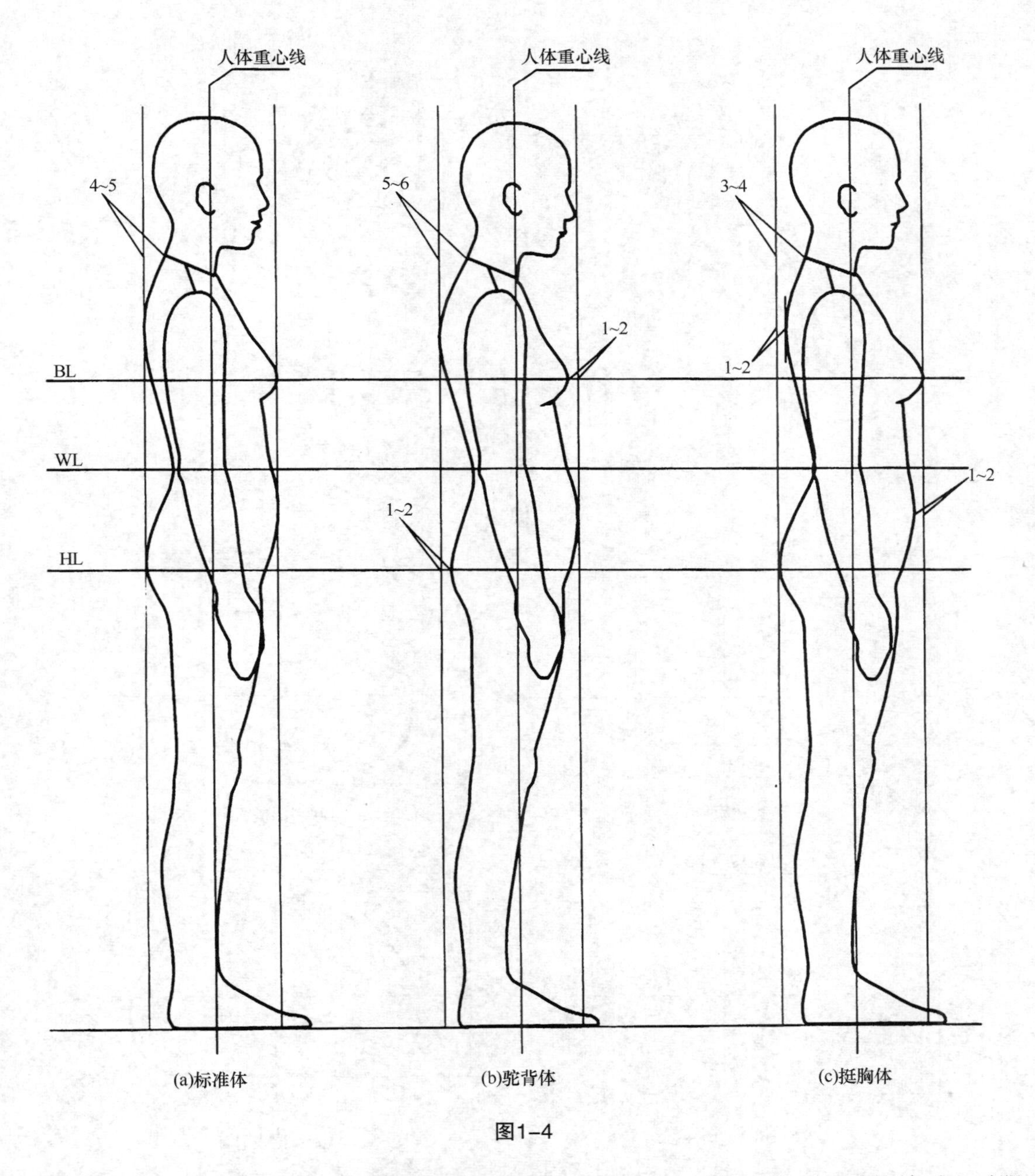

图1–4

通过对以上三种有代表性体型特征的分析和比较，可了解体型位置差异的关系，对服装基本型设计有重要意义。

（五）与服装有关的人体剖面形状及尺寸

学习服装立体裁剪，只了解人体的外观形态是不够的，还需要了解人体的剖面形状，从而更深刻地理解人体的曲面形态，以便准确地把握服装设计的尺寸与造型。

图1–5、图1–6是160/84A标准女体模型的正面、侧面及各部位剖面图，图中标注了各部位人体尺寸与头高的比例。

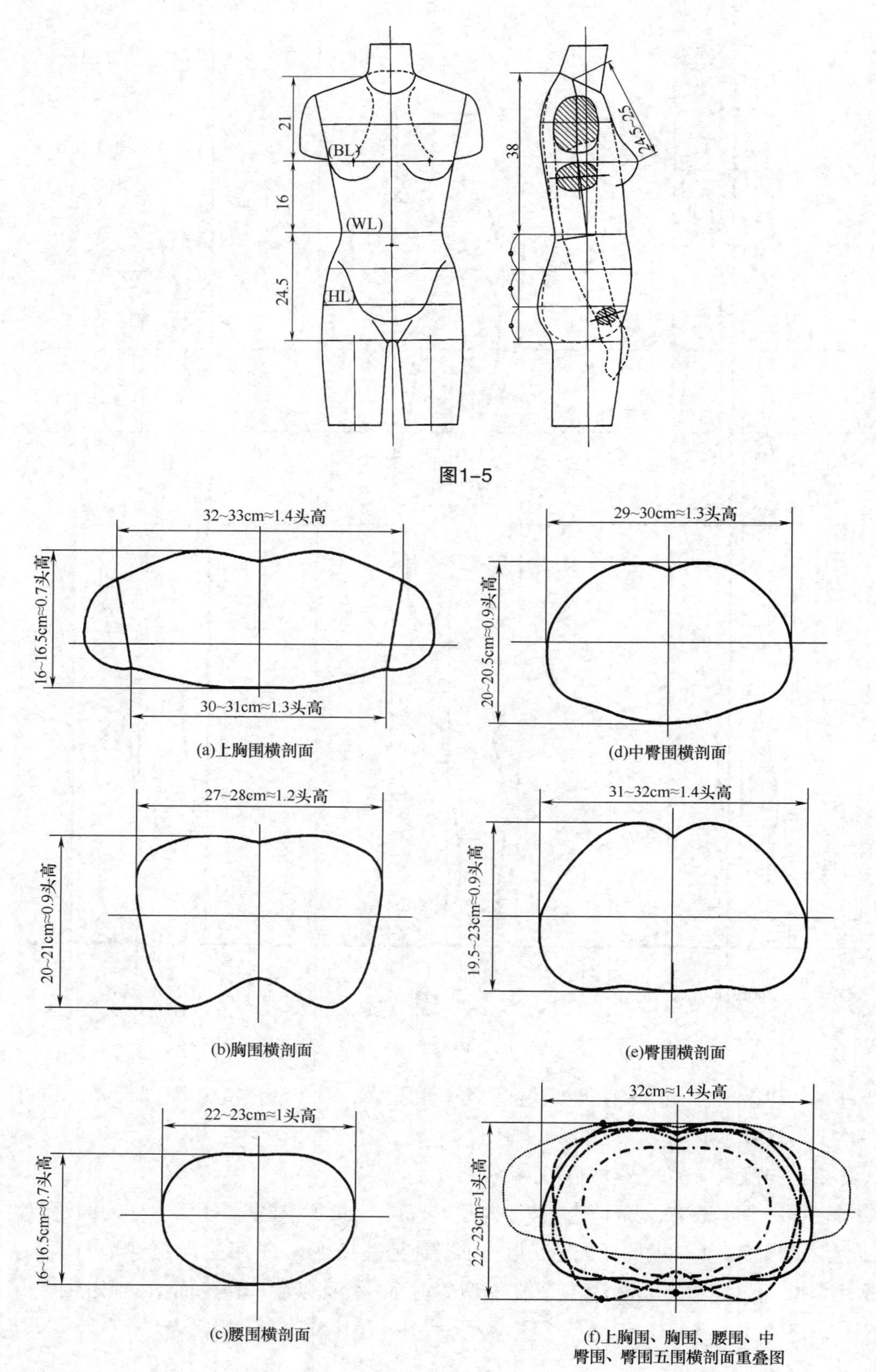

图1-5

(a)上胸围横剖面

(d)中臀围横剖面

(b)胸围横剖面

(e)臀围横剖面

(c)腰围横剖面

(f)上胸围、胸围、腰围、中臀围、臀围五围横剖面重叠图

图1-6

（六）人体坐标及人台标记线确定

1.人体坐标的建立

对物体进行测绘和研究，首先要在被测物体上建立坐标轴。以坐标轴为基准才能测量出物体的相对位置形状和尺寸。人体与服装板型的研究，也要首先在人体上建立坐标轴，即在人台上贴标记线。然后根据这些标记线，通过立体裁剪或其他方式，将人体的表面形状用分割裁片的方法在人台上复制，并将标记线位置标记在裁片上，然后取下来进行平面展开，整理、分析总结出平面服装板型及相邻裁片间的位置和尺寸关系。

由于现用的各种裁剪方法不统一，标记线的位置也没有明确的规定，不利于服装板型的研究与比较。因此本书考虑到传统习惯和服装结构本身的因素，结合人体工学的方法和数据，明确规定了标准体人台标记线的位置及尺寸（图1–7）。

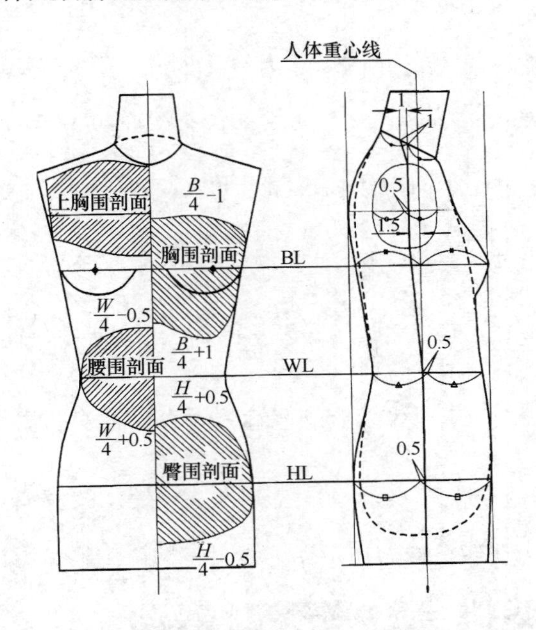

图1–7

2.人台标记线的位置及贴法

①前中心线。前中心线，经前颈中心点垂直向下。前颈中心点位于脖颈前面的中心处，与两侧的肩点在同一条水平线上（图1–8）。

②胸围线。胸围线，围绕胸部最丰满处水平一周。一般从侧颈点沿人体表面向下量至胸高点为24.5 ~ 25cm（图1–8）。

③背宽线。背宽线位于后颈中心点与胸围线之间高度的 $\frac{1}{2}$ 处，水平方向的线（图1–9）。

④后中心线。后中心线，经后颈中心点垂直向下。后颈中心点位于脖颈后面的中心处，高度比侧颈点高约1.5cm，是人体第七颈椎点的位置（图1–9）。

⑤领围线。领围线，围绕脖颈根部一周，分别通过后颈中心点、侧颈点和前颈中心点。160/84A号型人台领围线周长应为36～37cm。领围线应圆顺且左右对称，从侧面观察后颈中心点至前颈中心点近似一条斜直线，侧颈点处稍向上弧（图1–8）。

⑥腰围线。腰围线，围绕人体腰部最细处水平一周。160/84A号型人体，后背长38cm，也就是腰围线距后颈中心点的垂直高度为38cm（图1–8）。

⑦臀围线。围绕人体臀部最丰满处水平一周，一般在腰围线向下19～20cm（图1–9）。该尺寸只适合上半身人台做上衣用，下半身裤装人台该尺寸应为17cm。

⑧侧缝线。在腰围线上以前中心线至后中心线半腰围长度的$\frac{1}{2}$偏后0.5cm的位置为基准点（图1–7）。从人台侧面看这个点约在人体腰部厚度的$\frac{1}{2}$偏后0.5cm，距前中心线的腰围尺寸为$\frac{W}{4}$+0.5cm，距后中心线的腰围尺寸为$\frac{W}{4}$–0.5cm，由此点垂直向下为腰围线以下侧缝线位置，这条线从人体侧面观察与人体重心线重合。此线与臀围线的交点约在人台臀部厚度的$\frac{1}{2}$偏前0.5cm的位置，距前中线的臀围尺寸为$\frac{H}{4}$–0.5cm，距后中心线的臀围尺寸为$\frac{H}{4}$+0.5cm，见图1–7。腰围线以上的侧缝线，从腰围线开始逐渐向后倾斜，至胸围线的相交处，侧缝线偏离人体重心线约1.5cm，此交点距前中心线的胸围尺寸为$\frac{B}{4}$+1cm，距后中心线的胸围尺寸为$\frac{B}{4}$–1cm。胸围线以上的侧缝线垂直向上交于肩点。肩点一般在袖窿宽度的$\frac{1}{2}$偏前0.5cm的位置。侧缝线与胸围线、腰围线、臀围线及肩点的位置关系，对于非标准人台，可能会不符合上述条件，在贴标记线时需酌情调整（图1–10）。

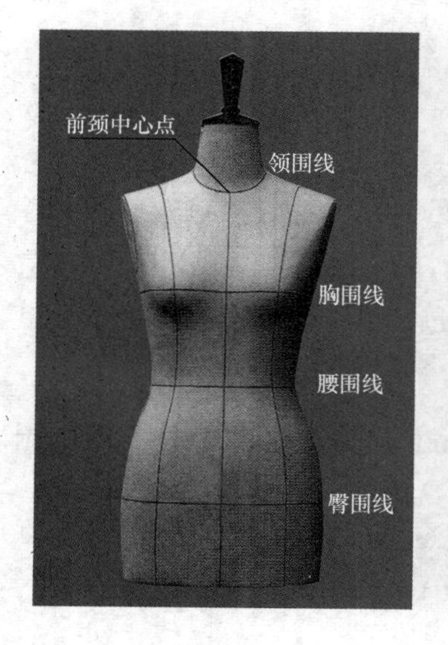

图1–8

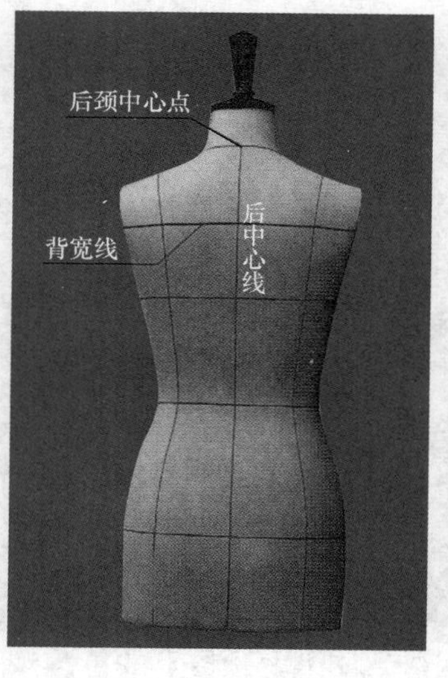

图1–9

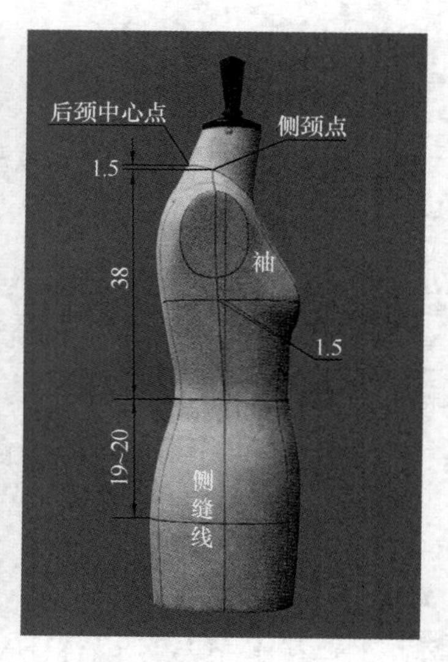

图1–10

⑨肩缝线。首先确定侧颈点，一般位于脖颈侧面$\frac{1}{2}$偏后约1cm的位置。同时还应测量前、后腰节的长度。在腰围线位置较标准的情况下，对于160/84A号型女体来说，前、后腰节的长度应相等或前腰节比后腰节长0.5cm，侧颈点确定后与肩点连接完成肩线。由人台上方俯视，左右肩线应是向后的弧形，肩点与侧颈点不在一条直线上，侧颈点比肩点偏后约1cm（图1–11）。

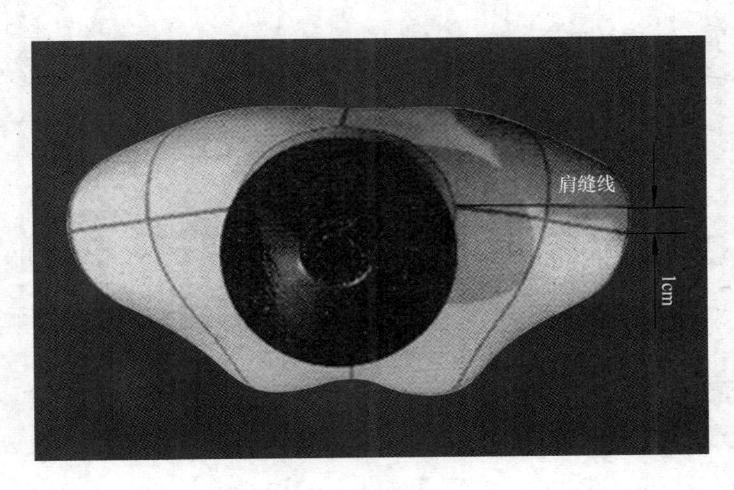

图1–11

⑩前公主线。侧颈点与肩点的连线一般称为小肩线，由小肩线的$\frac{1}{2}$处开始向下到BP点（BP点的位置距前中心线8.5～9cm），这一段公主线向前中心线一侧弧出约0.5cm。然后由BP点向下作垂线与臀围线交于一点，再向此点侧面1cm的位置确定一点。由BP点向这点作一直线，从人台前侧45°角方向观察直线并沿这个方向将标记线向人台靠拢贴好，臀围线以下垂直向下。然后分别从前正面和侧面不同的角度观察，将线条调顺。前公主线虽然从前面和正侧面看都是曲线，但从侧45°角方向看胸点以下部分是一条斜直线（图1–12）。

⑪后公主线。从小肩线的$\frac{1}{2}$处与前公主线对齐的位置开始，顺着后袖窿线平行的方向向下，交背宽线由后中心线到袖窿弧线的$\frac{1}{2}$处偏向袖窿一侧2cm的位置，顺着这条线的方向继续向下3～4cm的位置暂停，此时公主线距后中心线约10.5cm。然后由此点向下作垂线交于臀围线，与臀围线的交点距后中心线10.5cm。从人台后侧45°角方向观察后公主线是一条垂线，沿此方向将标记线向人台靠拢贴好，然后从后正面和侧面观察将线条调顺，就得到了优美的后公主线（图1–13）。

⑫常用的基准点和基准线英文代码。常用的基准点和基准线有：前颈点（FNP）、后颈点（BNP）、侧颈点（SNP）、肩端点（SP）、后腰中心点、前中心线（CF）、后中心线（CB）、胸围线（BL）、腰围线（WL）、臀围线（HL）。

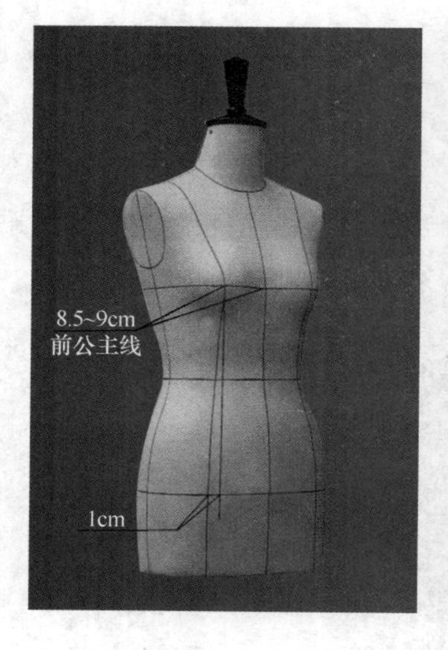

图1-12

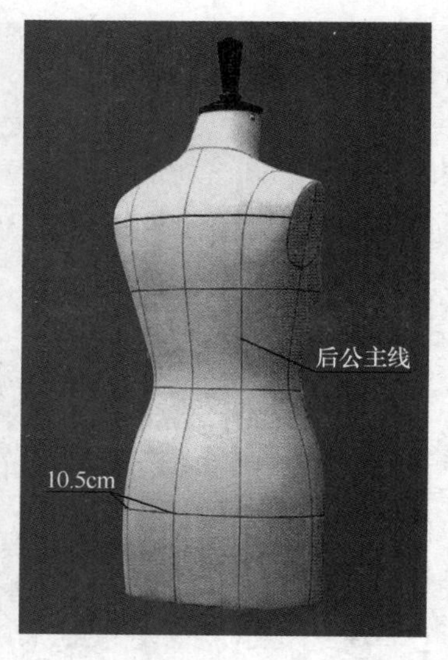

图1-13

（七）不同体型人体侧缝线位置及人体厚度和围度的分配比例

从图1-14中可以看出，不同体型人体侧缝线将人体侧面厚度分成前后两部分。在胸围、腰围、臀围三围线位置，不同体型两部分的分配比例不同。同时人体厚度前后分配比例与人体围度前后分配比例有关联。图中比例公式中的加减常数也适用于围度计算公式，对不同体型原型修正很有帮助，不同体型三围分配比例如下。

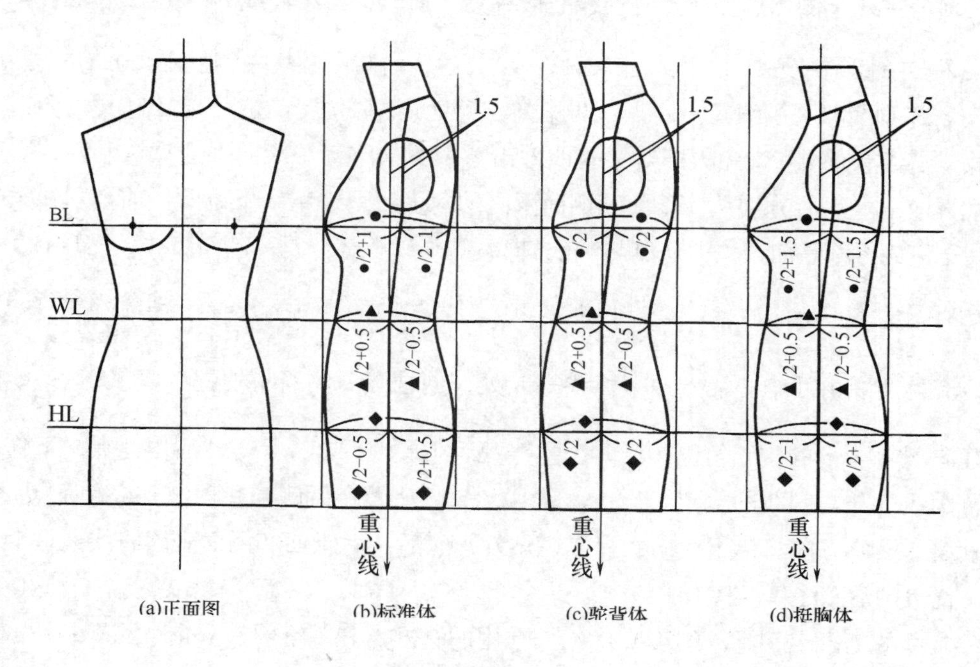

图1-14

1.标准体三围前后分配比例

①前胸围=$\frac{B}{4}$+1cm；后胸围=$\frac{B}{4}$-1cm。

②前腰围=$\frac{W}{4}$+0.5cm；后腰围=$\frac{W}{4}$-0.5cm。

③前臀围=$\frac{H}{4}$-0.5cm；后臀围=$\frac{H}{4}$+0.5cm。

2.驼背体三围前后分配比例

①前胸围=$\frac{B}{4}$；后胸围=$\frac{B}{4}$。

②前腰围=$\frac{W}{4}$+0.5cm；后腰围=$\frac{W}{4}$-0.5cm。

③前臀围=$\frac{H}{4}$；后臀围=$\frac{H}{4}$。

3.挺胸体三围前后分配比例

①前胸围=$\frac{B}{4}$+1.5cm；后胸围=$\frac{B}{4}$-1.5cm。

②前腰围=$\frac{W}{4}$+0.5cm；后腰围=$\frac{W}{4}$-0.5cm。

③前臀围=$\frac{H}{4}$-1cm；后臀围=$\frac{H}{4}$+1cm。

练习及思考题

1.以时装品牌为研究对象论述服装立体裁剪的应用。

2.请阐述你学习服装设计的动机是什么以及如何学习。

理论应用与实践——

材料与工具的准备

课程内容： 1.专业术语

2.立体裁剪使用的材料

3.立体裁剪使用的工具

4.人台的补正

5.布手臂的制作

6.大头针的固定、别合

上课时数： 8课时

教学提示： 介绍服装专业术语，了解人台的分类及用法。分析人台与人体以及原型的关系，讲解平面制袖与立体制袖的方法。

教学要求： 1.使学生了解服装专业术语和立体裁剪工具的性能及用法。

2.使学生掌握布手臂的制作方法。

3.使学生掌握大头针的使用方法。

课前准备： 选择标准化人台，准备所需的工具及白坯布。

第二章　材料与工具的准备

一、专业术语

1.面料纱向

掌握立体剪裁技术需要耐心与不断练习。操作时应该轻柔、娴熟地捋平人台上的白坯布，避免过分拉伸。立体裁剪所需要的白坯布需要预先测量并画上正确的经向线及纬向线。

2.经向线

面料的经向纱线总是与布边平行，称为经向线或直纱。布边是指布料两边坚固的机织边缘。经向纱线的强度最大，弹性最小。

3.纬向纱

纬向纱线横跨布边两侧，与经向纱线垂直，因此很容易识别，称为纬向线或横纱。纬向线比经向线更有弹性。立体裁剪时纬向线通常与地面平行。

4.正斜向

找出正斜向很容易，将面料折叠，使经向纱线与纬向纱线形成45°角，这就形成了正斜向。正斜向面料具有较大弹性，它比经向及纬向更容易拉伸。当设计既要体现形体曲线又不想加省道时通常采用斜裁。

5.胸点

人台或真实人体胸部最凸的位置。在立体裁剪中，胸点是在前片白坯布上建立纬向线的参考点。

6.顺直

对准纱线并调整部分样板。修正时，样板上的参考线应该与人体上的基准线及尺寸相对应。所有样板与人体之间都有一种明确的关系，人体穿着服装应能上下垂直并与地面平行。如果样板的经向线及纬向线不垂直，服装便会出现扭曲、松垂或上拉的现象。

7.袖窿圆顺

袖子悬垂时应稍前倾并符合袖窿曲线，为达到此种效果，后袖窿要比前袖窿大约1.3cm，且呈“马蹄形”。多出的1.3cm使后衣身延伸到前肩线，保持肩宽线在准确的纬向线上。

8.水平线

前胸线与臀围线应平行于地面。服装的纬向线应总是平行于这些线，否则，服装将会松垂或上拉。

9.垂直线

前中心线及后中心线应总是垂直于地面。因此服装的经向线应与这些线平行，否则服装将会扭曲或上拉。

10.侧缝顺直

前后侧缝的形状及长度应相同。紧身上衣或喇叭裙两侧侧缝与经向之间的角度应相同。长衣或直筒裙侧缝应与前后中心经向平行。

11.斜纱

面料上跨越纱线的一条斜线。它可以提供很好的弹性。正斜向是指45°角方向。

12.吃量

缝线的一边均匀分布很少的展开量，与稍短的另一边缝合，不出现抽褶或活褶。用于袖山及公主线及其他区域的造型。

13.点线

立体裁剪布料上的铅笔标记用于记录缝线或分割线，作为修正的依据。

14.松量

在立体裁剪样板基础上加放一定量，使服装更舒适、更易于运动。

15.布料余量

操作到待定区域（如肩部、腰部、颈部、侧缝、胸部）的多余布料。

16.折叠

将部分布料背对背合起，形成夹层，用于制作省道、褶裥、缝褶或折边。

17.抽褶

将布料展开量抽缩在一条缝线上。

18.对位

将两裁片上的裁口标记或将其他标记对在一起。

19.省道

将多余布料特定宽度折起，折出宽度向一端或两端逐渐缩小至点，用于符合人体曲线。

20.缝份

将服装不同部位缝合在一起时布料的缝合量。每一个需要缝合的边缘都需要加缝份。缝份的宽度取决于缝线的位置及服装价格。

21.省尖

省道逐渐变细的终点。

22.剪口

在连接布片时所产生的衣片绷紧或影响推移平展效果时所须剪裁的裂口，一般多出现在腰部。

23.纤维种类

用不同的纤维或复合纤维进行织造，可以形成不同质地的面料。纤维分为天然纤维、人造纤维两种。天然纤维包括棉、麻、毛、丝等；人造纤维包括腈纶、锦纶、涤纶、黏胶纤维及氨纶等。

纤维具有各自的基本特性，设计师应了解这些特性，并以此确定由这些纤维构成的面料是否适合某个特定设计，作为面料组合部分的纤维会改变面料的性能。面料可以全部由一种纤维构成，也可以混合不同的纤维。当单纯一种纤维不能满足设计面料所需的全部要求时，便可以混和不同的纤维。例如，棉纤维的一个弱点是容易起皱，而涤纶有出色的抗皱性，若将棉与涤纶混合，面料在减轻褶皱的同时仍可保持纤维的吸湿性和柔软性。

24.面料结构

尽管面料的织造方法有多种，但是最基本的两种方法是机织及针织。机织面料是由梭头在织布机上来回穿梭而织成的，分别由经纱、纬纱构成，经纱、纬纱呈交织状态。针织面料是由钩针在织布机上将纱线线圈彼此相互套结在一起的织物。不同的织造方法，不同种类的纤维及纱线性质都会影响面料的结构。

25.手感、外观及质地

手感是指手对面料的感觉。外观是指面料的柔韧性。质地是指面料的重量或垂感。面料的特性取决于不同种类纤维的性质、纤维与纱线不同的组合形式、不同的织造方法以及不同的染色及后整理方法。

二、立体裁剪使用的材料

1.立体剪裁使用的服装布料

一般情况下，除了有特殊材料要求或剪裁要求外，一般都会使用性质相类似的面料，如使用白坯布。白坯布比较经济，同时在造型的过程中不受颜色和图案的影响，便于整体造型的把握和局部的调整。在使用白坯布的时候还可以根据款式组合使用不同厚度的面料。

①棉布：在立体裁剪中经常使用的布料，用有色线按经纬方向织出方格的白色平纹布，我国有类似面料称为朝阳葛，非常容易辨认丝缕走向，便于操作和保持纱向。

②白坯布：通常在立体裁剪不同类型的服装时，会选择不同厚度的白坯布，使成品更接近应有的效果。较厚的白坯布用于大衣或厚外套的立体裁剪；薄的白坯布用于较轻薄款式的立体裁剪；而中等厚度也就是市面上常见的白坯布则可用于多种款式的立体裁剪，使用面较广。

③针织面料：由纤维或纱线编织而成，常见的针织面料包括单面针织物，双面针织物、螺纹针织物。这些针织物纬向弹性比经向弹性大。

④原面料或近似面料：当服装的面料有特殊要求的时候，使用白坯布不能很好地达到理想效果时，可使用原面料或与其质地相似的其他面料，尽量与服装设计要求相一致。考虑到经济性，一般会采用与面料相近似但较廉价的面料。

2.垫肩

根据服装款式或补正体形的需要，有时会使用垫肩。经常使用的有两种：一种是装袖垫肩，肩端呈截面和圆弧形两种；另一种是插肩袖垫肩，肩端是包住肩头的圆弧形。可以根据不同的设计要求和用途进行选择和使用。

三、立体裁剪使用的工具

1.人台

人台是立体裁剪中必不可少的重要用具，起到代替人体的作用，人台尺寸规格、质量的好坏直接影响服装成品的质量，因此应选用一个比例尺寸符合实际人体的标准人台。实际使用中可以见到很多类型的人台，一般分为以下几类。

①按人台形状分。可以分为上半身人台、下半身人台及全身人台，较为常见的和常用的是上半身人台（图2–1），包括半身躯干的普通人台，臀部以下连接钢架裙型和臀部以下有腿型的人台，可以根据不同的设计要求和用途进行选择和使用。

②按性别和年龄分。人台可以分为男体人台和女体人台，按年龄可以分为成人体人台和不同年龄段儿童体人台。较常见和常用的是成人体人台，现阶段在我国童装制造中较少使用立体剪裁，所以比较少用儿童体人台。

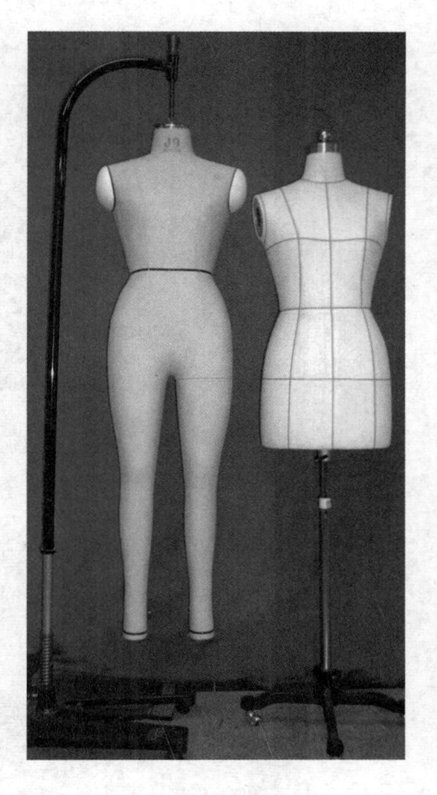

图2–1

③按国家和地区分。根据国家和地区人种体态特征的不同，各国会制作符合本国和本地区人种体型的标准人台，现在较常见的有英式人台、法式人台、美式人台、日式人台等。由于制订标准人台尺寸需要大量的科学数据，还涉及各个国家和地区的广大被测人群，是一项庞大的统计工程，我国目前还没有开展此项活动，因此我国使用的人台还没有统一的国家标准，多是模拟性的。

④专用人台。一些有特殊用途的人台。包括内衣使用的净围尺寸人台（也称裸体人台）；特殊体型人台，如胖体人台、瘦体人台等；另外在高级时装定制中各知名品牌或专卖店会根据顾客的体型尺寸单独制作人台，以便进行量体裁衣。

2.剪刀

立体剪裁中使用的剪刀要区别于一般裁剪用的剪刀，剪身应较小，通常以25.4cm（10英寸）的剪刀为宜，刀口合刃好，剪刀把使用顺手并便于操作。同时还应准备一把剪纸板专用剪刀，不能混用，以免损伤剪刀（图2–2）。

3.大头针和针插

立体裁剪专用大头针与常用大头针不同，多用钢制成，针身较长、有韧性，并且针尖锋利，很容易刺进人台及别合布片。有的大头针针顶部有各种颜色的小圆珠，可使插入针的部位较明显，适合教学使用，但有时会影响别合和造型。

针插用来在操作时插放大头针，取用方便。其通常使用耐用布料，内填头发、棉花或喷胶棉等，与手腕接触的一面垫上厚纸板或塑料板等，防止放置针时针尖刺伤手臂。针插内侧有皮筋，可以套在手腕上（图2–3）。

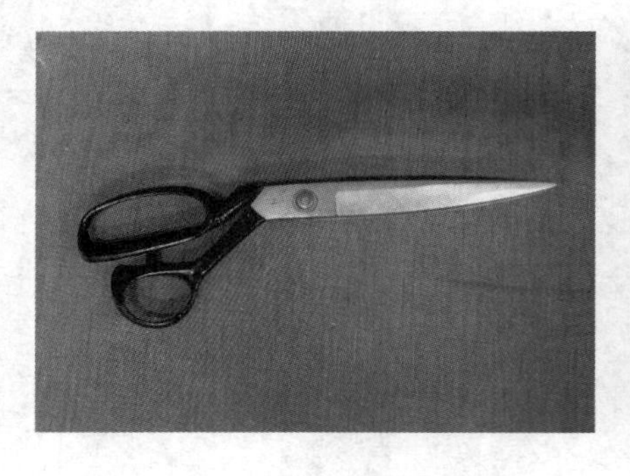

图2–2

图2–3

4.尺

立体裁剪中会用到不同的尺子。其中软尺（也称皮尺）用于测量身体或人台围度等尺寸，因此是必不可少的（图2–4）。直尺和弯尺、袖窿尺等用于各部位尺寸的测量和衣片上各线条的描画（图2–5）。

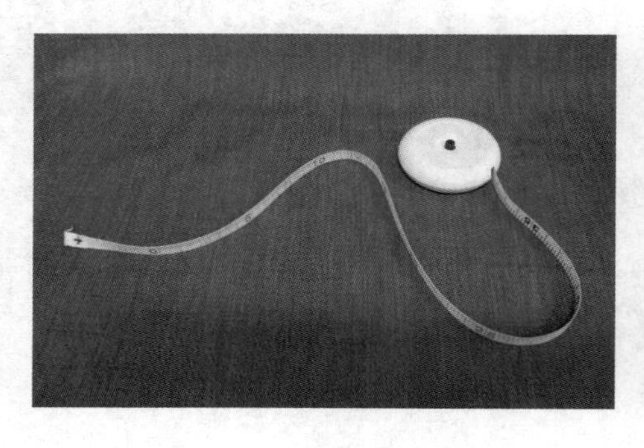

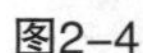

图2–4

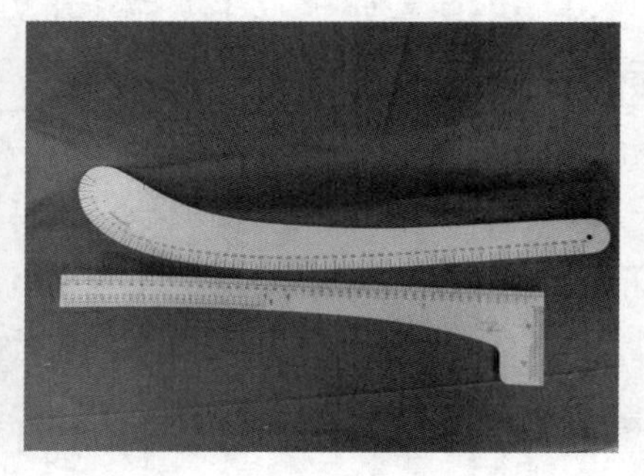

图2–5

5.喷胶棉

用于人台的补正或制作布手臂，也可用棉花代替。

6.标记线与滚轮

用来在人台上或衣片上做标记线的黏合带，一般为黑色或红色，可透过布看到，宽度在2～3mm；滚轮可在布样和纸板上做记号、放缝份，可在布样转换成纸板或是复制样板时使用（图2–6）。

7.蒸汽熨斗

在立体裁剪中用来熨烫布片使其平整和丝缕规整，还用于制作过程中的工艺整熨、定型等。

8.笔

常用的有铅芯较软的铅笔、记号笔等，可标注布片的丝缕方向、轮廓线和造型线，做点影和对合记号等。

9.手针和线

一般采用白色和红色的棉线进行临时假缝和做标记。

图2-6

四、人台的补正

虽然人台是采取标准尺寸制作而成的，但在根据个人体型特征和不同款式要求制作服装时，还需要进行不同部位尺寸的补正。人台的补正分为特殊体型补正和一般体型补正。特殊体型补正包括鸡胸体的补正、驼背体的补正等。一般体型补正包括肩部的垫起、胸部的补正、腰臀部的补正、背部的补正等。一般体型补正是在人台的尺寸不能满足穿着对象的体型要求或是款式有特殊要求时所进行的补正。人台的补正通常在人台表面补加垫棉和垫布使人台外形发生变化。

1.肩部的补正（图2–7）

①根据不同体型和款式要求，在人台的肩部加放喷胶棉，并修整形状。肩端方向较厚，向侧颈点方向逐渐变薄，前后向下逐渐收薄。

②根据需要的尺寸裁出三角形布片，将布片覆盖在喷胶棉上，周围边缘用大头针固定，调整补正的形状。

③沿补正布片边缘固定。也可直接用各类垫肩。

2.胸部的补正（图2–8）

①根据测量好的尺寸，在人台胸部表面加放喷胶棉，修整形状，使中间较厚，向边缘方向逐渐变薄。

②裁圆形布片，面积以能覆盖胸部为准，根据需要的胸型做省，省尖指向胸高点，省量的大小与胸高相关。将布片覆盖在喷胶棉上，周围边缘用大头针固定，调整补正形状。

③沿补正布片边缘固定，从各角度观察并调整。

3.肩胛骨的补正（图2–9）

为了使背部具有起伏变化的形态，以配合流行款式的需要，可使用倒三角形的棉垫贴附在肩胛骨部位，使其略为高耸（图2–9）。

4.臀部的补正

①将喷胶棉根据补正的要求加放在人台的髋部、臀部及周边，修整形状，要注意身体的曲线和体积感。

②根据需要的尺寸裁出布片，将布片覆盖在喷胶棉上，周围边缘用大头针固定，调整

补正形状。

③沿补正布片边缘固定（图2-10）。

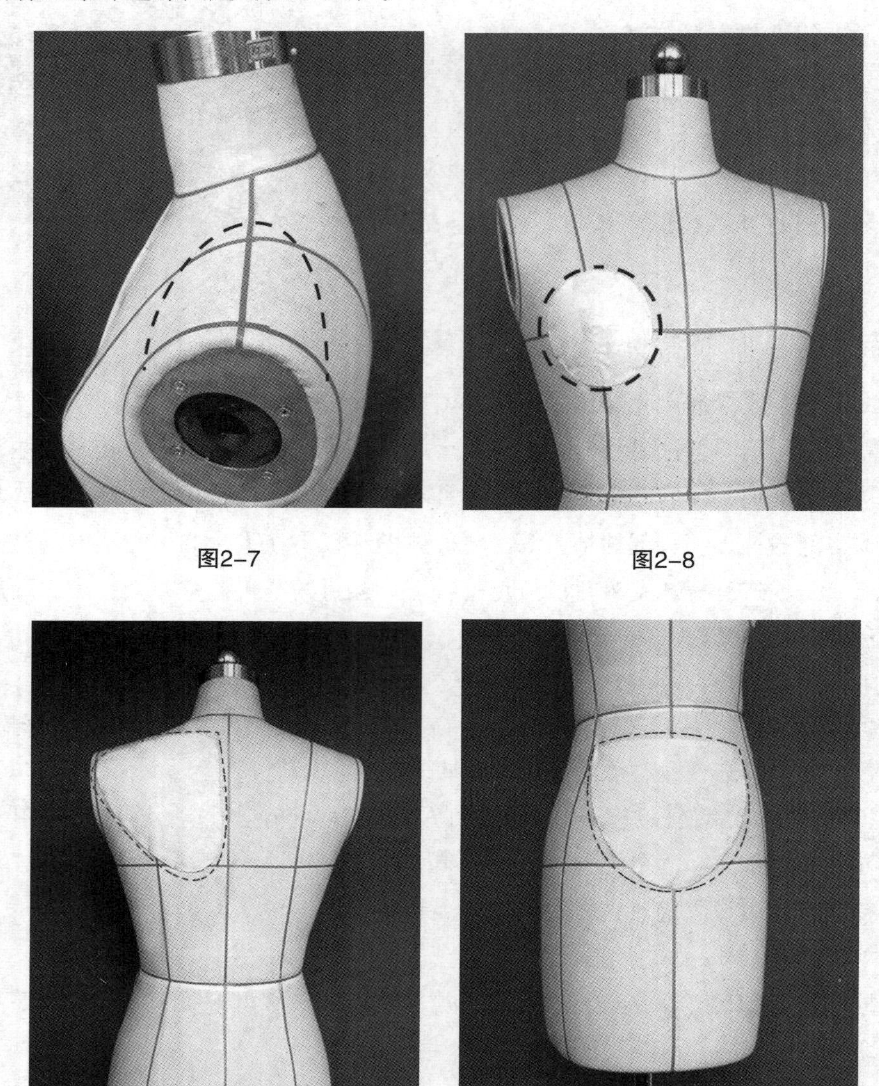

图2-7

图2-8

图2-9

图2-10

五、布手臂的制作

布手臂在人台上充当人体手臂的角色，是进行立体裁剪的重要工具。常用的人台一般不带有手臂，需要自行制作。手臂形状应尽量与真人手臂相仿，并能抬起与装卸。一般根据操作习惯只制作一侧手臂。

1.布手臂的制图

布手臂的围度和手臂的长度可根据具体要求，参考真人手臂尺寸确定。手臂根部的裆布形状与人台手臂根部截面形状相似（图2-11）。

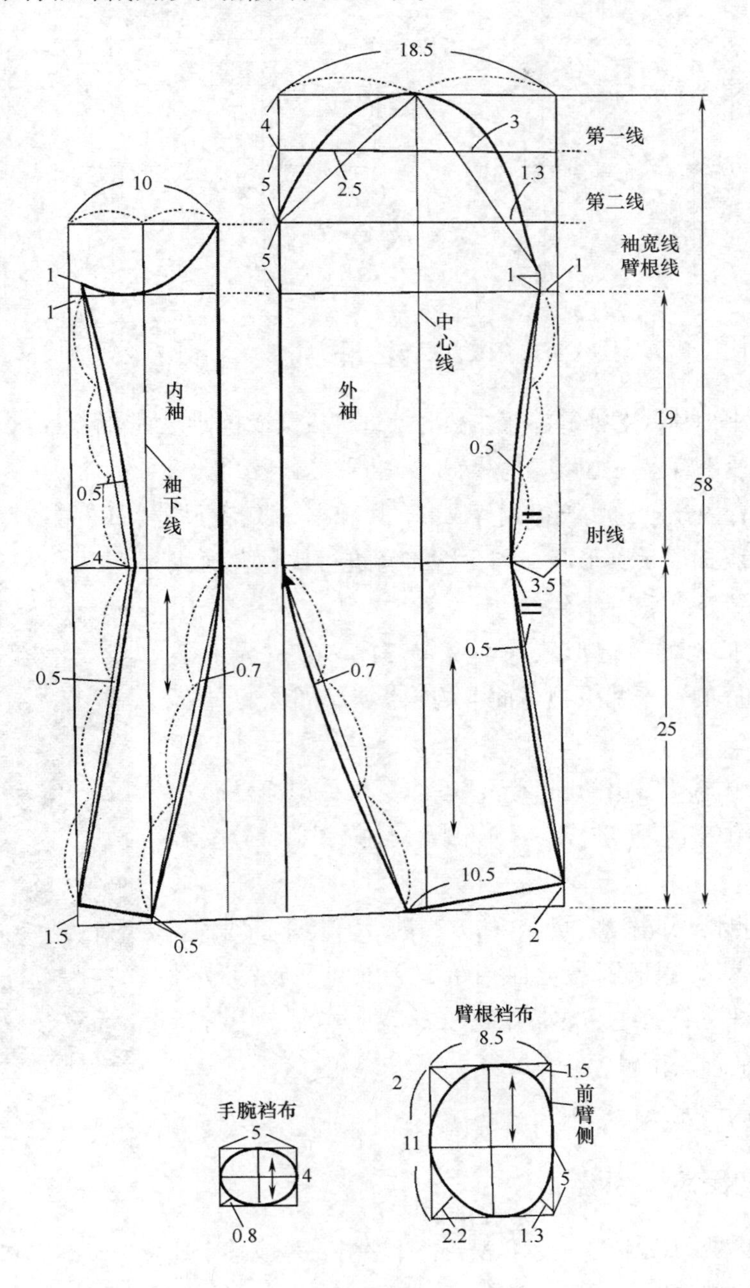

图2-11

2.布料的准备

估算大小袖片的用布量（即大小袖片的最长、最宽尺寸），备出布片，熨烫整理纱向。沿布的经纱、纬纱方向标出袖片的袖中线、袖山线和袖肘线。再用手臂的净板画在布料上，放出缝份，袖根和手腕截面处分别留2.5cm和1.5cm缝份（图2-12）。

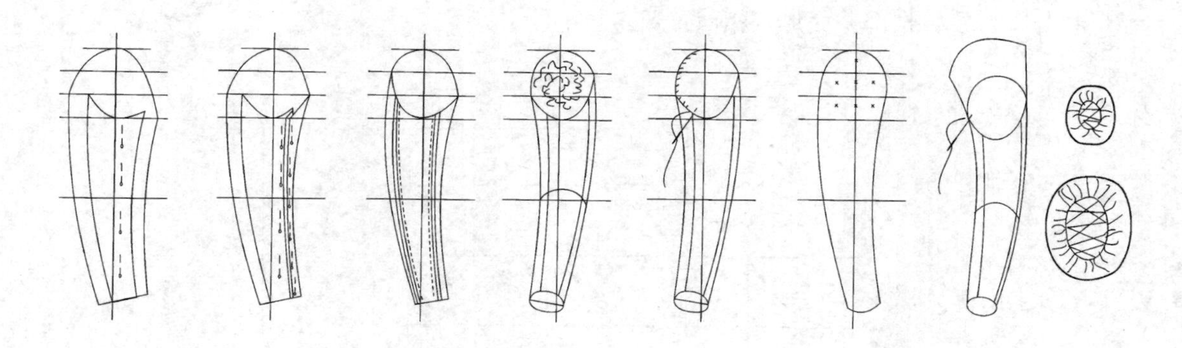

图2-12

①缝合大小袖片，对袖缝前弯的袖肘处进行拔烫或拉伸，后袖肘处缝合时加入适当缝缩量，缝合后使手臂呈一定角度自然前倾。将臂缝分烫开。

②将布手臂内充满的喷胶棉裁剪成形，可根据喷胶棉的厚度和手臂的软硬度来确定。

③缝合喷胶棉成手臂形状，与手臂布套进行比较，确认其长短和肥度是否合适。

④将喷胶棉制的手臂形装入手臂布套内，整理光滑平顺。同时将剪好的臂根和手腕截面形的纸板放入准备好的布片中，做袖缩缝。

⑤整理好臂根处露出的喷胶棉的毛边，在袖山净缝向外0.7cm宽处，以0.2cm针距进行缩缝，根据手臂根部形状分配缩缝量，并整理。

⑥手腕处也使用同臂根处同样的方法进行缩缝并整理。

⑦将布手臂的臂根围与臂根裆布、手腕与手腕裆布固定，使用缲针法进行密缝。准备净宽2.5cm对折布条，用密针固定在布手臂的袖山位置。

⑧布手臂制作完成（图2-13）。

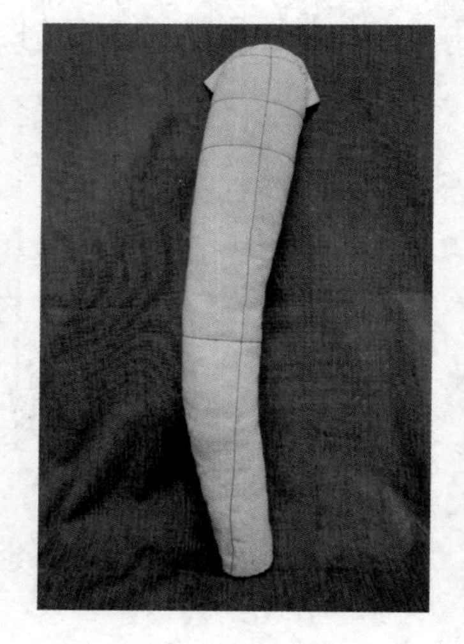

图2-13

六、大头针的固定、别合

在进行立体裁剪操作时，使用必要的针法对衣片或某个部位加以固定和别合，是使操作简便并保证造型完好的重要手段。

1.大头针的固定

①单针固定。用于将布片临时性固定或简单固定在人台上，针身向布片受力的相反方向倾斜（图2-14）。

②交叉针固定。固定较大面积的衣片或是在中心位置等进行固定时，使用交叉针法固定，用两根针斜向交叉插入一个点，使面料在各个方向都不移动。针身插入的深度根据面

料的厚度决定（图2–15）。

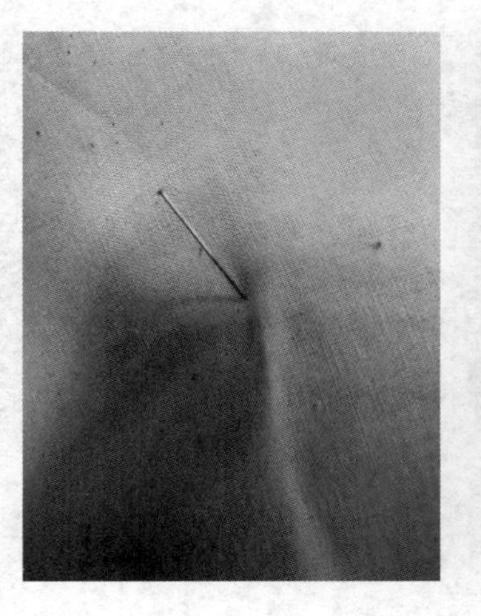

图2–14

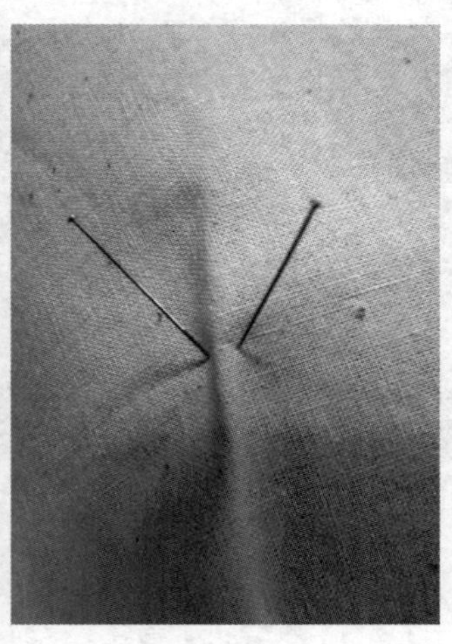

图2–15

2.**大头针的别合**

①重叠法。将两布片平摊搭合后，重叠处用针沿垂直、倾斜或平行方向别合，此方法适用于面的固定或上层衣片完成线的确定（图2–16、图2–17）。

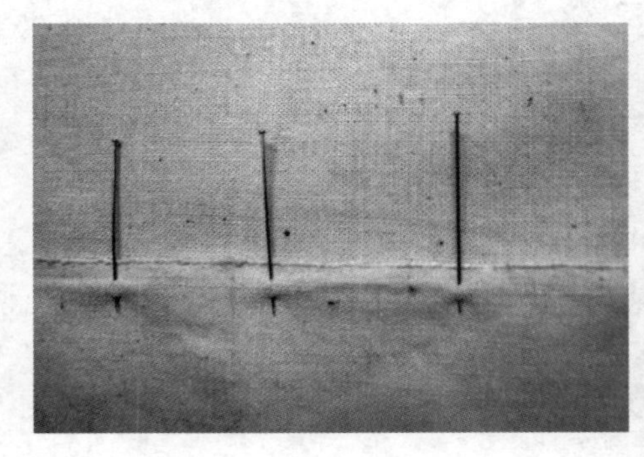

图2–16

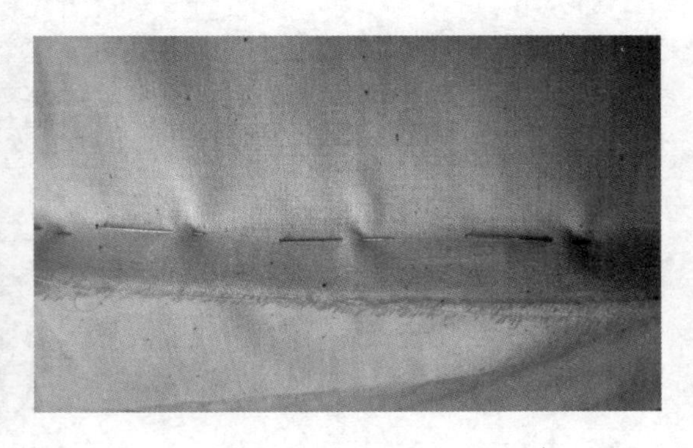

图2–17

②折别法。一片布折叠后压在另一布片上，用大头针别合，针的走向可以平行于折叠缝，也可垂直或有一定角度。需要清晰地确定完成线时多使用此针法（图2–18）。

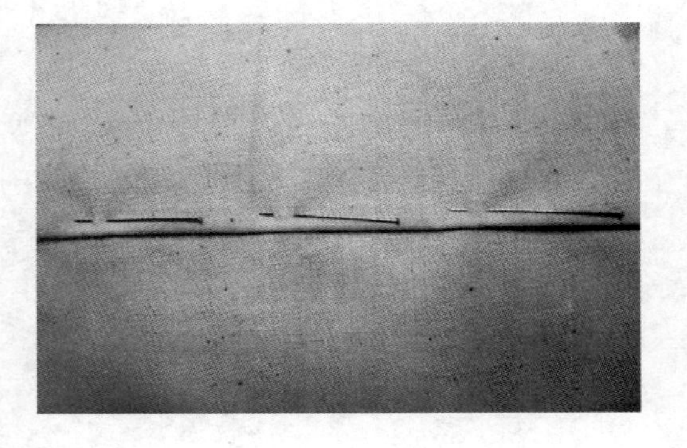

图2–18

③抓合法。抓合两布片的缝份或抓合衣片上的余量时，沿缝合线别合，针距要均匀、平整。一般用于侧缝、省道等部位（图2–19）。

④藏针法。将大头针从上层布的折痕处插入，挑起下层布，针尖回到上层布的折痕内。

其效果接近于直接缝合，精确美观，多用在绱袖时（图2-20）。

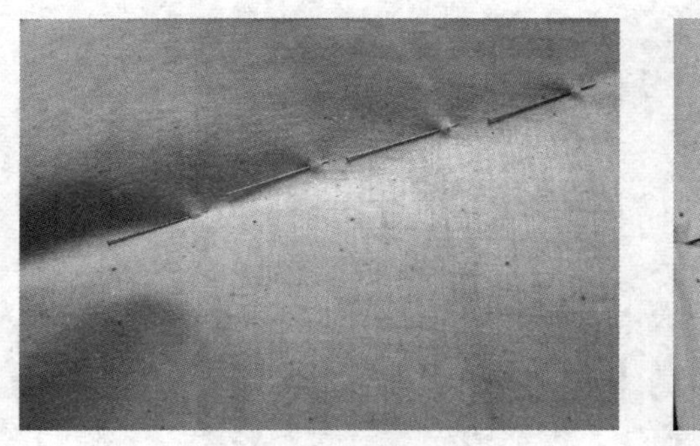

图2-19

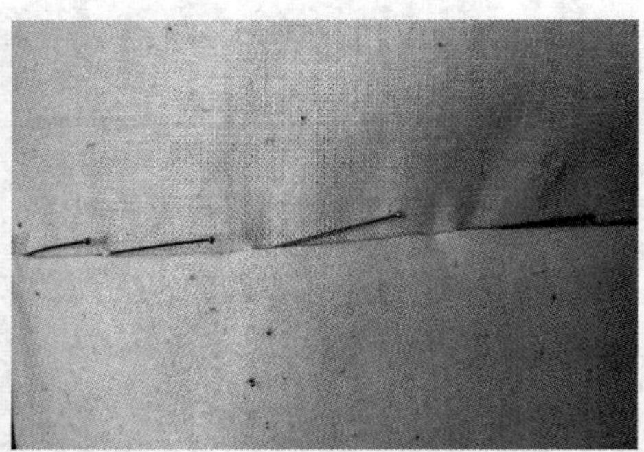

图2-20

练习及思考题

1.熟记服装专业术语。

2.整理有代表性的袖型，分析袖型与服装的关系。

理论应用与实践——

衣省的变化与局部设计

课程内容： 1.上衣省道设计

2.平面裁剪一片袖和两片袖的制图方法

3.两片袖的立体裁剪方法

上课时数： 16课时

教学提示： 介绍省道设计与服装的关系，讲解平面制袖与立体制袖的方法。

教学要求： 1.使学生了解服装省道产生的原因及设计用法。

2.使学生掌握省道转移的方法。

3.使学生掌握平面制袖与立体制袖的方法。

课前准备： 选择标准化人台，准备所需的工具及白坯布。

第三章 衣省的变化与局部设计

胸省的变化是服装造型设计变化的基础，是学习者了解服装结构、建立服装立体空间概念的过程。设计师通过省道不同部位的变化和组合，可以完成结构设计、分割和造型设计。学习好省道的变化与设计可以为服装整体造型设计奠定良好的基础。

进行服装立体裁剪时所选面料的尺寸一般是在实际款式用料尺寸基础上的上下左右各加6～10cm，特殊服装的用料尺寸根据实际情况而定。

一、上衣省道设计

1.领口省

（1）款式特点

此款原型将前片省量转移到领口部（图3–1）。

（2）前片造型重点步骤

①将前片的中心线对准人台中心线，胸围线与人台胸围线保持一致，固定BP点，保持胸围线水平，从侧缝向前中线方向轻推，如图中箭头指示方向，为前衣片加入松量，在侧缝处固定。将侧缝处衣片抚平，保证胸部和腰部的空间，确定侧缝，在腰围线处固定，腰围缝份打剪口。在前片领围上确定省位，将袖窿处的余量向肩部转移，再继续推向领口，形成指向BP点的领口省（图3–2）。

②BP点周围留松量0.3cm用大头针别合，侧面留松量，观察省的方向、位置及省量，抓合并用大头针别住省道。将领围、肩线、袖窿以及侧缝等余布剪去（图3–3）。

③将前片与侧缝线别合，画好点影线，取下大头针并调整板型。重新别合后穿回人台，进行再次观察和调整（图3–4）。

④完成效果（图3–5）。

图3–1

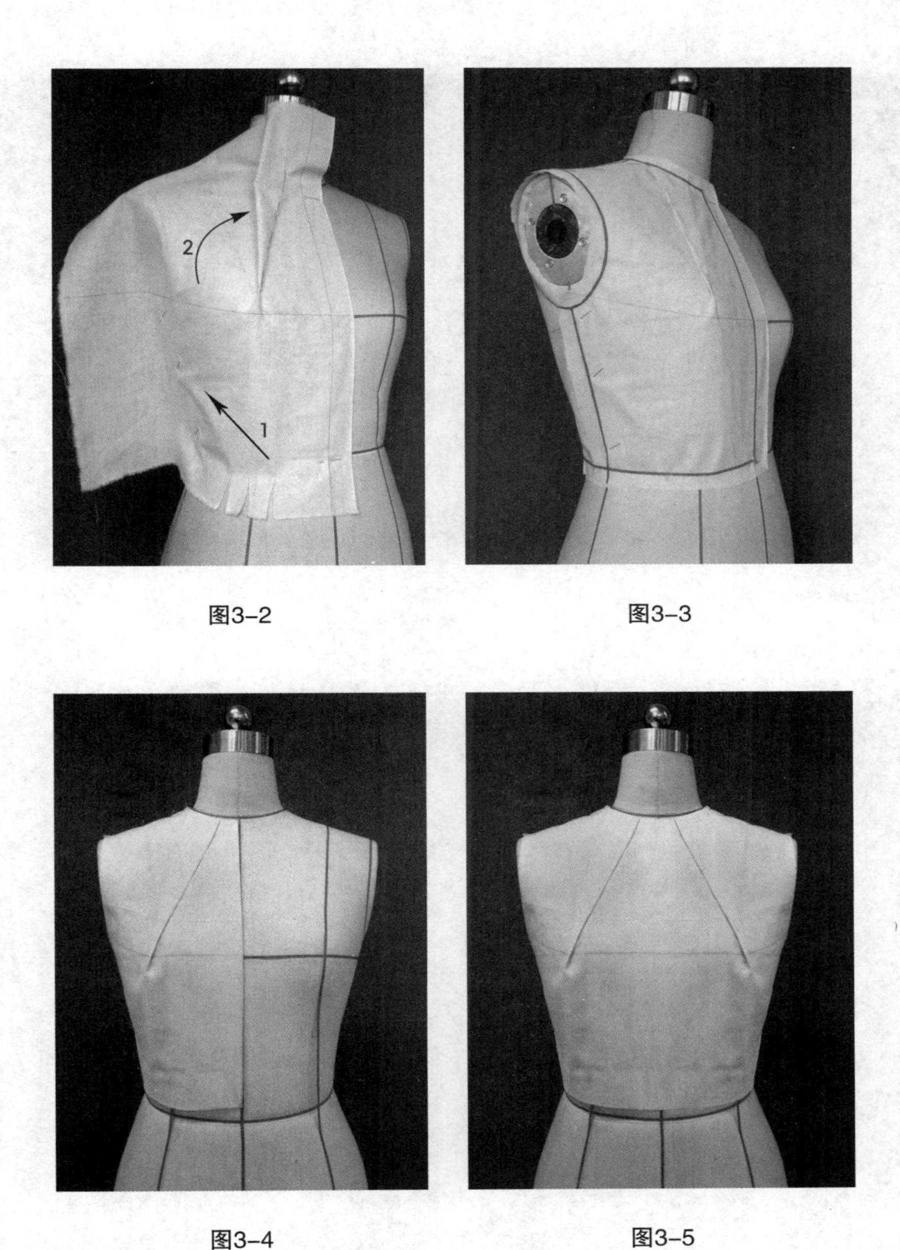

图3-2　　图3-3

图3-4　　图3-5

（3）后片造型重点步骤

①将面料后中心线、胸围线与人台中心线、胸围线相贴合，注意背宽线与后中线要垂直（图3-6）。

②如图3-7所示按照箭头所指方向依次将衣片调整平顺，将后背省移至后公主线，抓合省量（图3-7）。

③调整衣片，腰部打剪口使衣片平顺自然，并留有一定松量，将省量别合，去掉袖窿及侧缝部位的余布（图3-8）。

图3-6

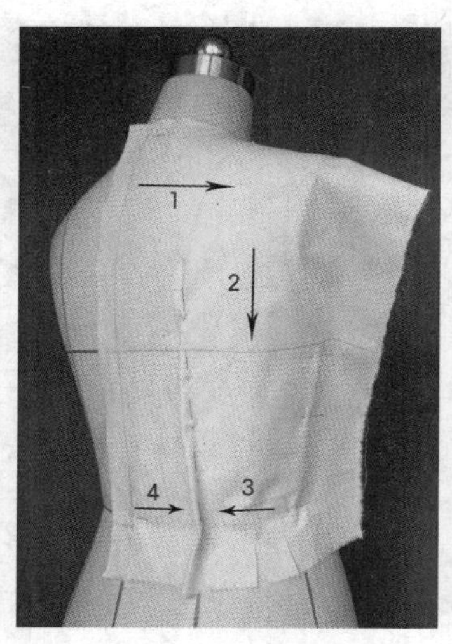

图3-7

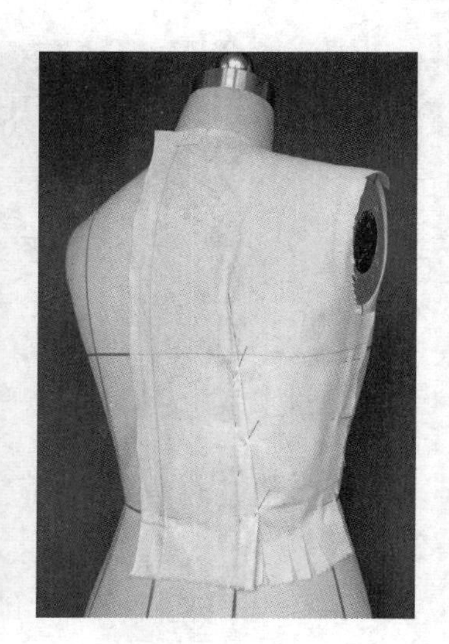
图3-8

④将后片与前片相别合，画好点影线，取下大头针并调整板型。重新别合后穿回人台，进行再次观察和调整（图3-9）。

⑤完成效果（图3-10）。

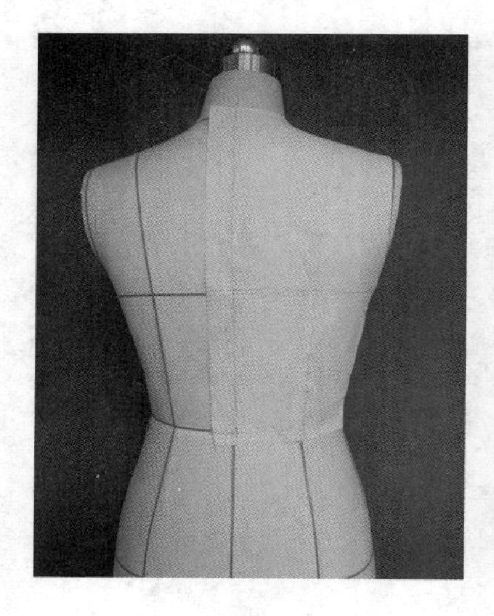
图3-9

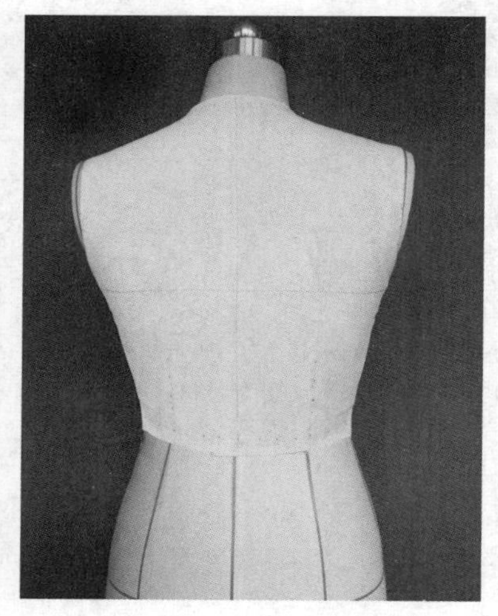
图3-10

⑥取下衣片，拓印前后片纸样（图3-11）。

图3-11

2.侧缝省

（1）款式特点

此款原型将前片省量转移到侧缝部（图3-12）。

（2）造型重点步骤

①将前片中心线、胸围线与人台相对应的基准线重合，固定前颈点下方和BP点，并留松量0.3cm，向上抚平衣片，剪去领部多余的量，打剪口使领部平伏。如图3-13中箭头所示，将颈部到肩部向胸侧平推衣片，使余量倒向侧缝。

②从侧缝向前轻推，在胸围线上加放2.5cm松量。腰部放1.5cm左右松量，用大头针固定侧缝，同时在腰部打剪口，使布符合人台曲线。其余省量推向侧面胸围线。以胸围线为省的中心线，抓合省量，省尖方向指向BP点，BP点距离省尖3cm左右。注意要圆顺地收到省尖，表面不可产生尖角。轻拉衣片侧边，形成箱型转折面。观察外形及松量，在腰围线侧缝处固定，腰围缝份打剪口。剪去肩线、袖窿及侧缝余布（图3-14）。

图3-12

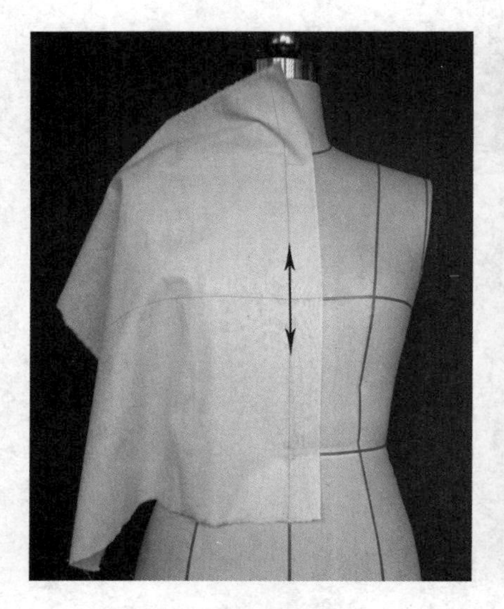

图3-13

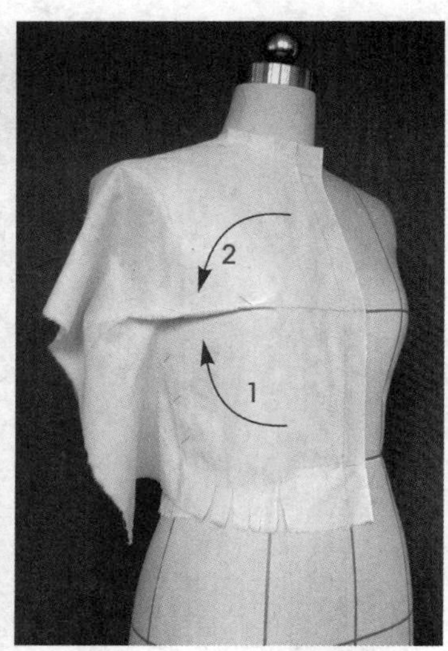

图3-14

③沿净缝做出点影，取下修整板型，用折叠法直接进行省的别合，并完成与后片的成型别合操作（图3-15、图3-16）。

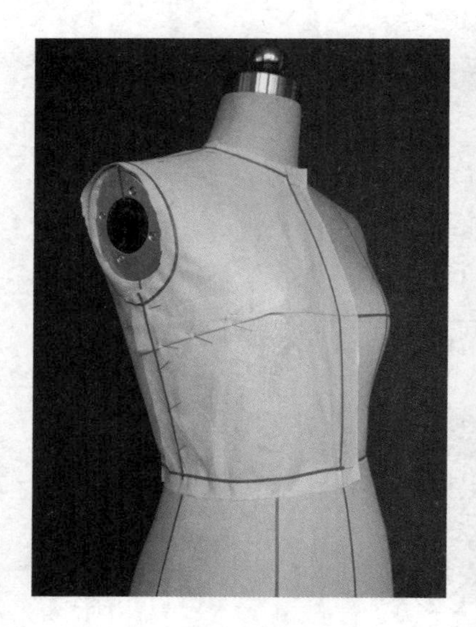

图3-15

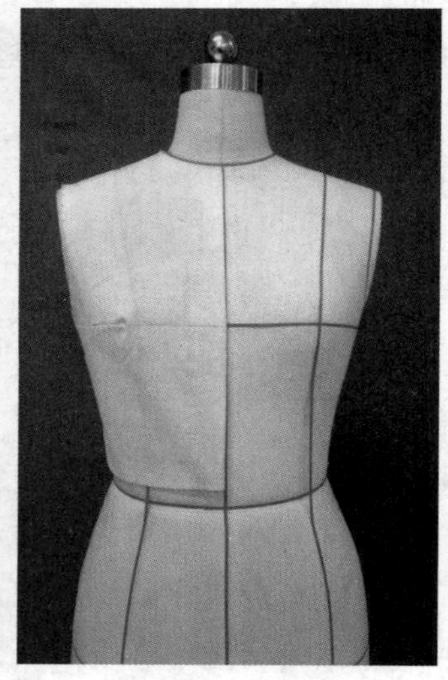

图3-16

④完成效果（图3-17）。

⑤最后将调整好的衣片取下，修正、拓印纸样（图3-18）。

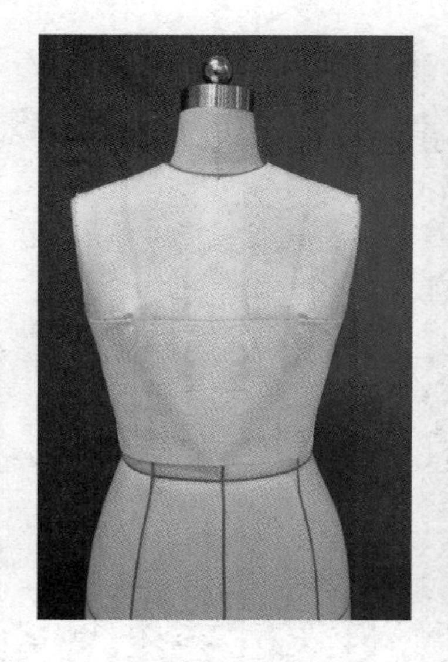

图3-17

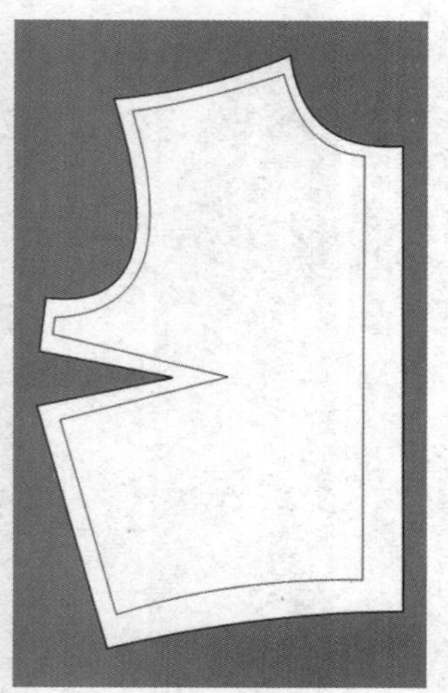

图3-18

3.胸沟省

（1）款式特点

此款设计是将胸腰省量转移到前中心线与BP点之间，前中心线处做收省处理，使腰部收紧，胸部符合人台曲线（图3-19）。

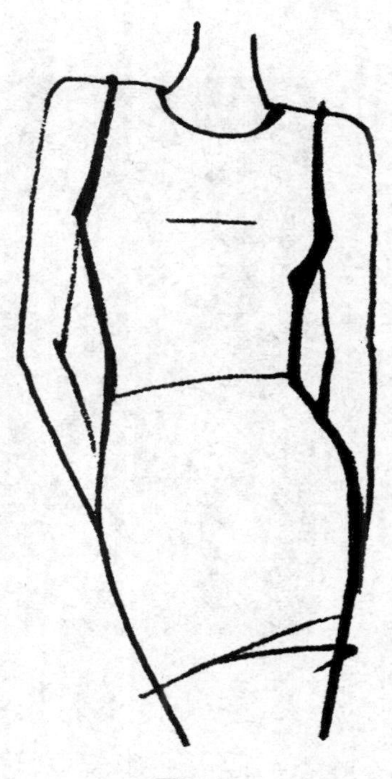

图3-19

（2）造型重点步骤

①前片中心线、胸围线与人台对应的基准线重合，在前颈点下方和BP点处用大头针固定，剪出领围线。在侧颈点固定，顺势找出肩线，在肩端点固定（图3-20）。将胸围线以上抚平，多余的量向下推向前中心处，此时的胸围线向下移动。前胸宽加入一定的松量，在侧缝固定，顺势向下在腰围线固定大头针。将胸腰部多余量推向前中心。

②如图中箭头所示，沿前中心线自下而上剪开，并在胸围线附近捏出横向省，找出省尖位置，并剪开省道。注意保持省图道两侧褶量对称（图3-21）。

③别合好横向省道。在腰部留出一定的松量，将上下多余的部分沿前中心线用重叠法别合。调整后剪去多余的量（图3-22）。

④用折别法直接将中心省别合，剪去腰部的余布，观察衣身的松量和造型，进行调整。修剪肩部和袖窿的多余布，与后片别合成型（图3-23）。

图3-20

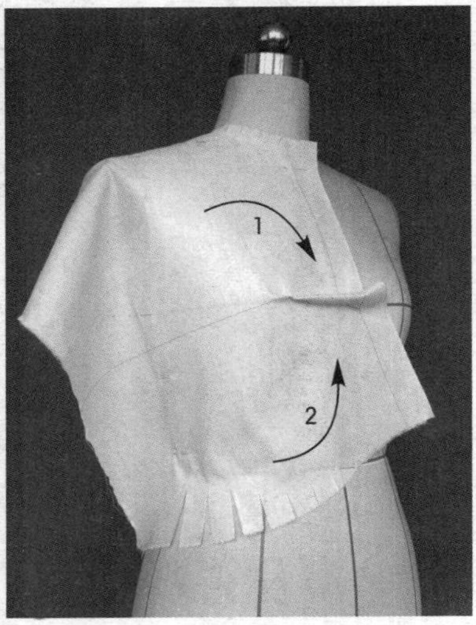

图3-21

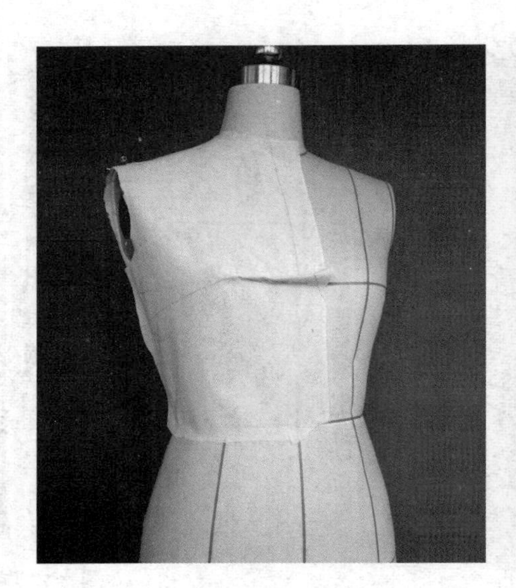

图3-22

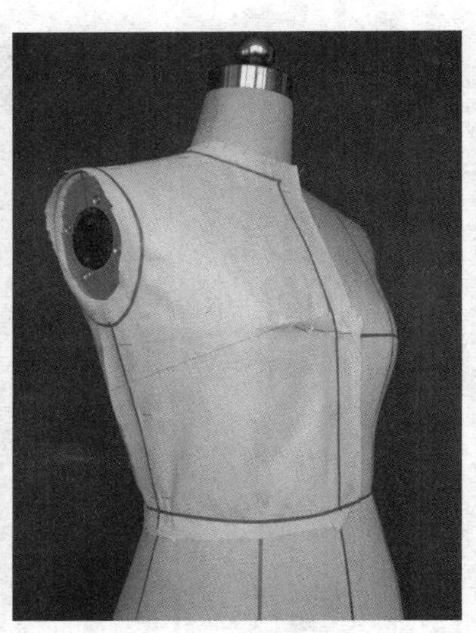

图3-23

⑤取下大头针并调整板型。重新别合后穿回人台，进行再次观察和调整（图3-24）。

⑥完成效果（图3-25）。

⑦根据款型做标记绘出衣片，取下后修正完成的衣片，拓印出纸样（图3-26）。

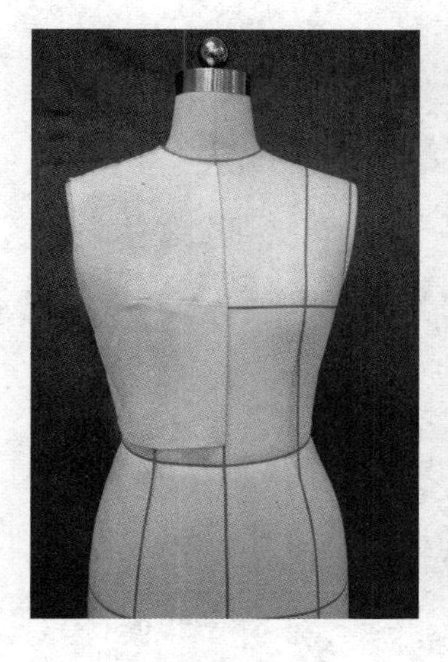

图3-24

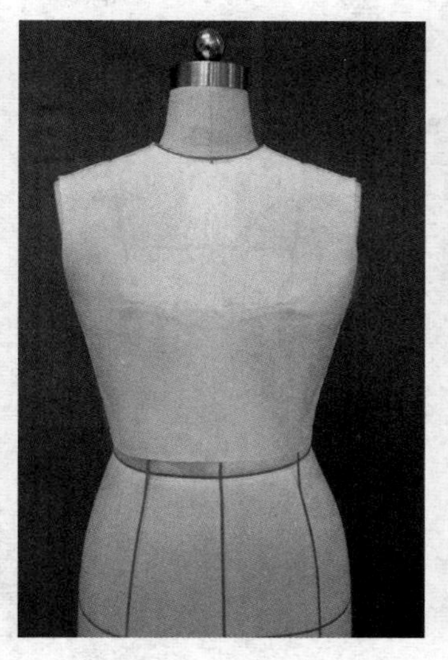

图3-25

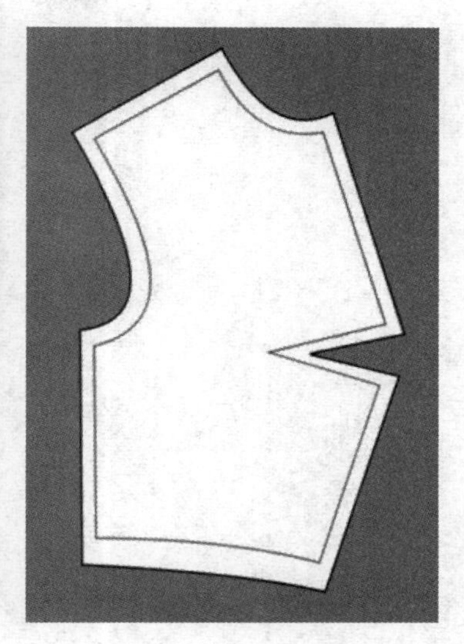

图3-26

4.胸下斜省

（1）款式特点

此款将胸省分解成两个指向BP点的省道，增加胸部结构的分割，丰富其视觉效果（图3-27）。

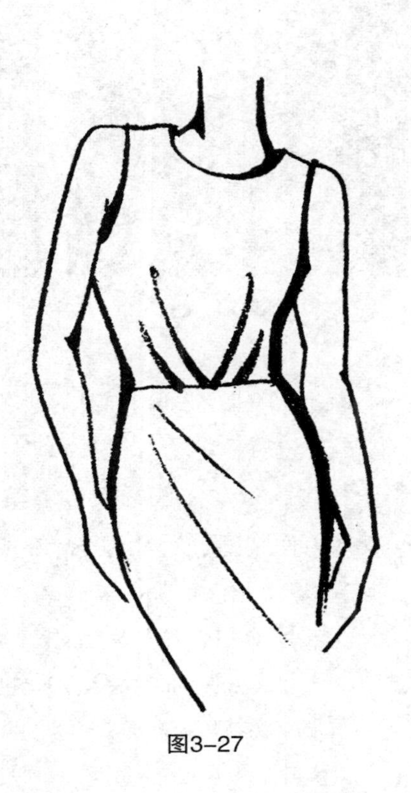

图3-27

（2）造型重点步骤

①将衣片前中线、胸围线与人台前中心线、胸围线相重合，将胸省分为两部分（图3-28）。

②如图中箭头所指方向，分步骤抓和省量，使省尖方向指向BP点，省尖与BP点保持3cm左右距离，注意省尖要圆顺，表面不能产生尖角（图3-29）。

③调整衣片松量，不宜过紧，用折别法直接进行省的别合。并做出标记线在腰部打剪口，使衣片平顺（图3-30）。

④剪去肩部、袖窿及侧缝的余布，并将前后片别合（图3-31）。

⑤完成效果（图3-32）。

⑥根据款型做标记绘出衣片，取下衣片后进行修正并拓印出纸样（图3-33）。

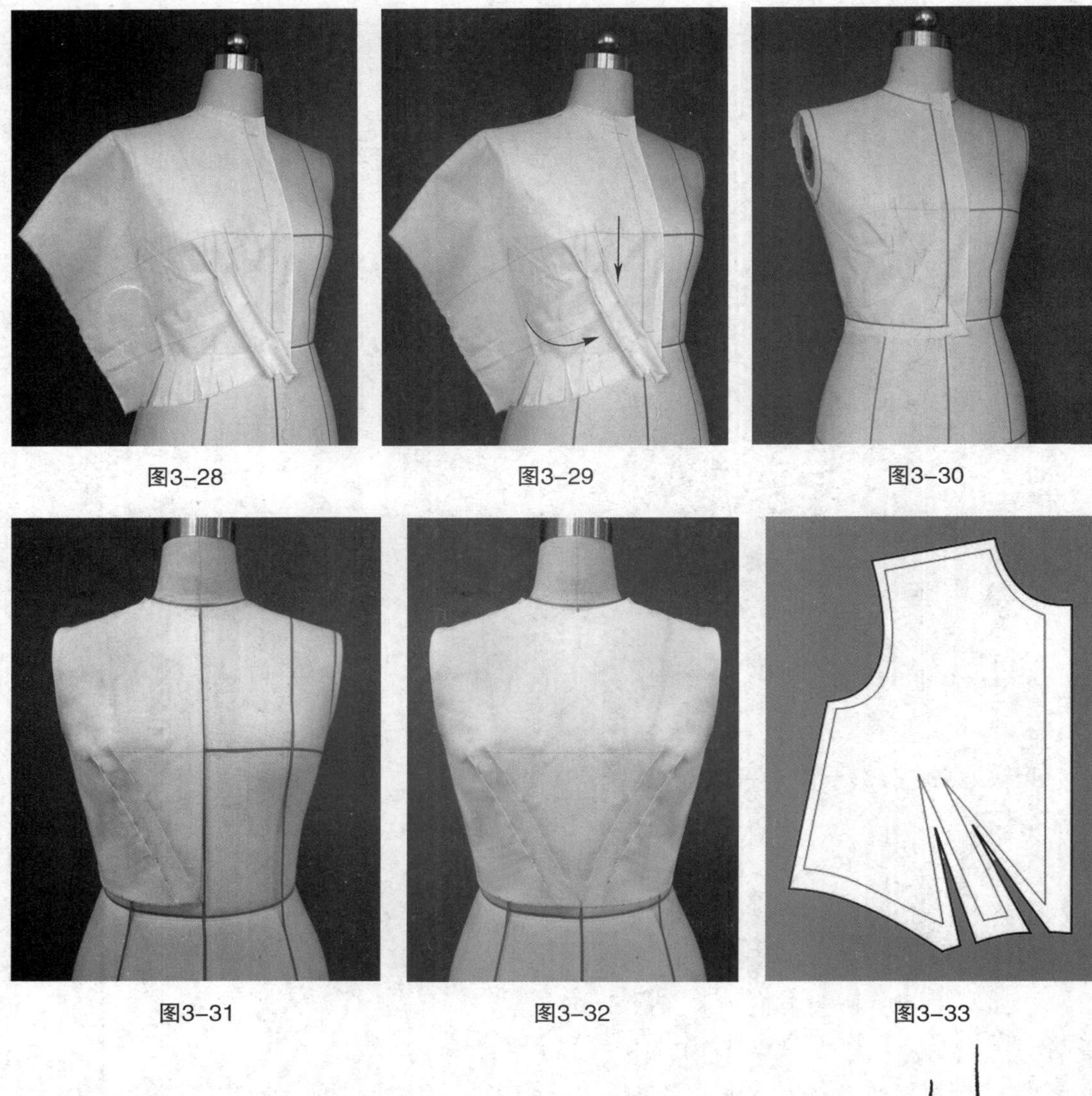

图3-28　图3-29　图3-30

图3-31　图3-32　图3-33

5.褶皱省

（1）款式特点

此款将胸省移至胸窝点，并分解成若干小省，形成褶皱，其效果使胸型更加丰满（图3-34）。

（2）造型重点步骤

①将衣片前中心线与人台相对应的中心线重合，固定BP点并留有余量，将胸省沿箭头方向推向胸窝点（图3-35）。

②将胸省余量分解成若干小的省量，注意不要过于均匀，省量大小自然分布并固定（图3-36）。

③将腰部推平，使衣片圆顺自然，并贴出标记线，将余布剪去（图3-37）。

图3-34

④完成效果（图3-38）。

⑤将前后片别合，调整好衣片曲线，修正后描图，画出纸样（图3-39）。

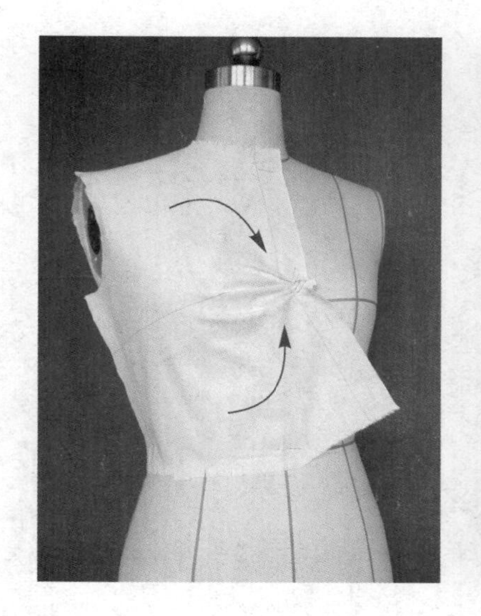

图3-35

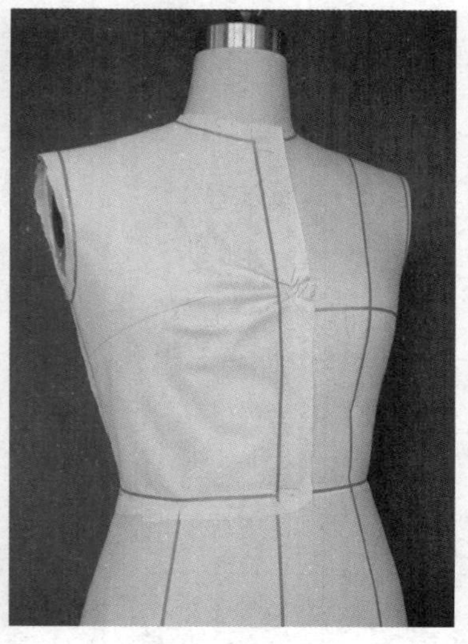

图3-36

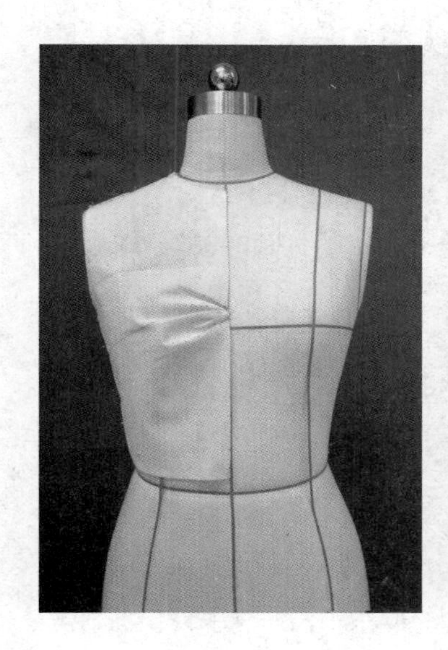

图3-37

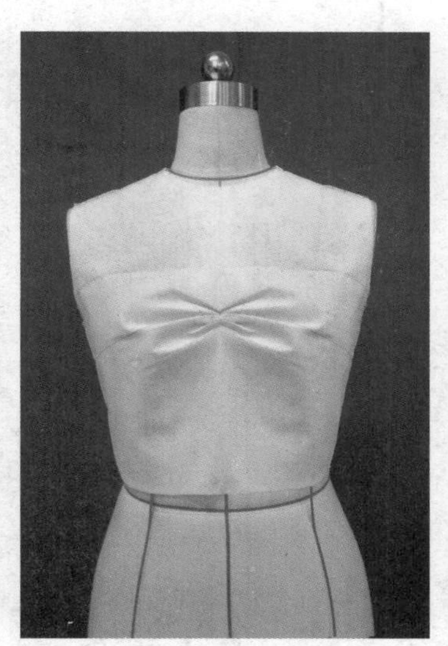

图3-38

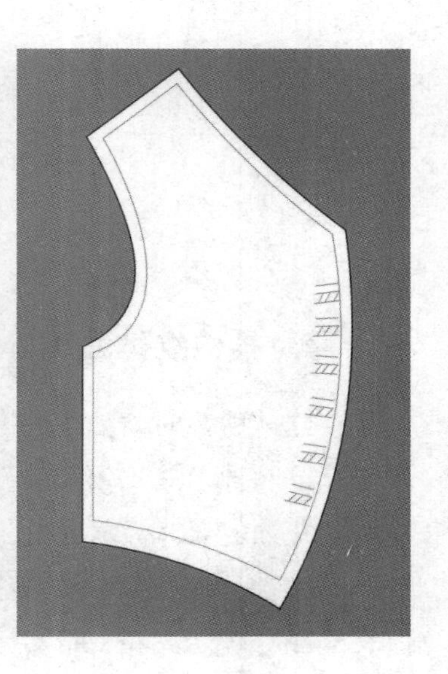

图3-39

二、平面裁剪一片袖和两片袖的制图方法

平面裁剪一片袖与两片袖的纸样如图3-40所示，制袖所需的前后袖窿弧线（AH）尺寸及袖山高尺寸以立体裁剪衣片的袖窿尺寸为准。

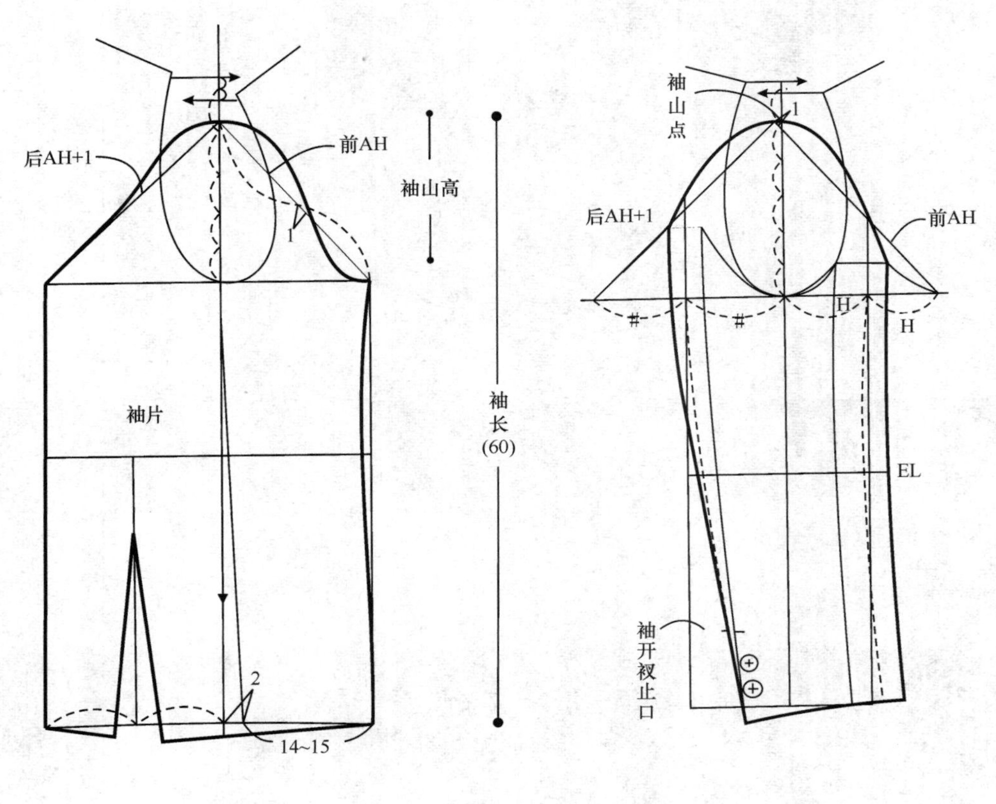

图3-40

三、两片袖的立体裁剪方法

在立体剪裁时，袖子的制作方法可以采用平面制袖方法，也可以采用立体制袖方法，由于立体制袖方法比较复杂，在一般的立体剪裁时大多采用平面制袖方法，下面简单介绍一下两片袖的立体裁剪方法，以便学习者选用。

①大袖片取长65cm、宽38cm的布片，袖山高19cm，画出袖中线及袖山深线；小袖片取长55cm、宽26cm的布片，袖山高15cm，画出袖中线，将大袖片袖中线与手臂中线相贴合（图3-41）。

②在袖中线处抓出2.5～3cm的松量并别合，并与手臂固定（图3-42）。

③将小袖片中线、袖山深线与手臂内侧的袖底线相贴合，固定袖中线与袖山深线的交点，肘部与袖口部固定、别合（图3-43）。

④小袖片在袖中线处抓出1～1.5cm的松量并别合，将大袖片与小袖片在手臂两侧别

合，注意调整衣袖造型，并将袖窿处的余布剪去（图3–44）。

⑤经调整后，放开大、小袖片袖中线的松量，将两袖片按衣袖缝合方法对应别合，并进一步调整其袖型（图3–45）。

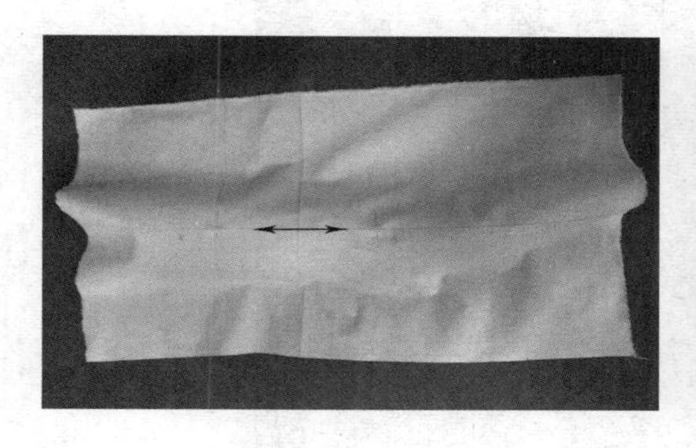

图3–41

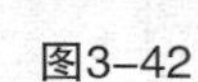

图3–42

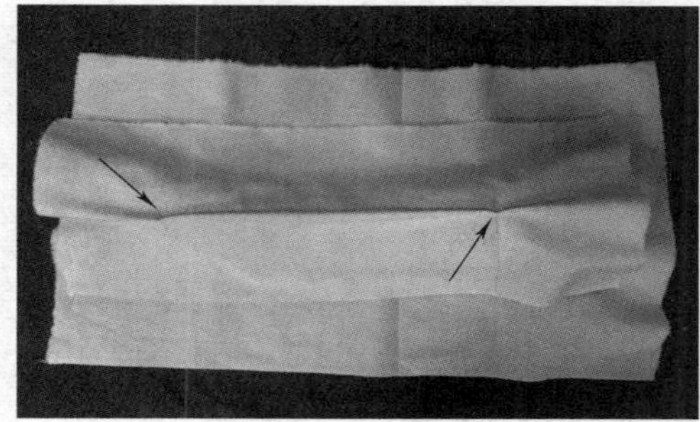

图3–43

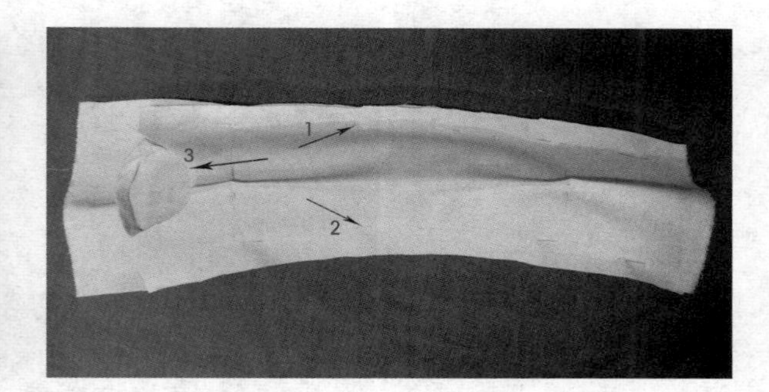

图3–44

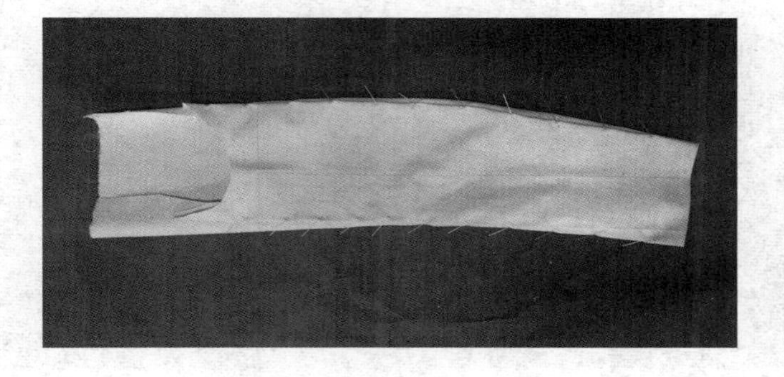

图3–45

⑥将调整好的袖型与上衣袖窿相连，注意袖中线布丝方向，使之略向前倾（图3–46）。

⑦将调整后的袖型与袖窿底线别合（图3–47、图3–48）。

⑧沿衣身袖窿线依次向前别合，组装时注意袖山留有2～2.5cm松量，以备调整袖型之用（图3–49）。

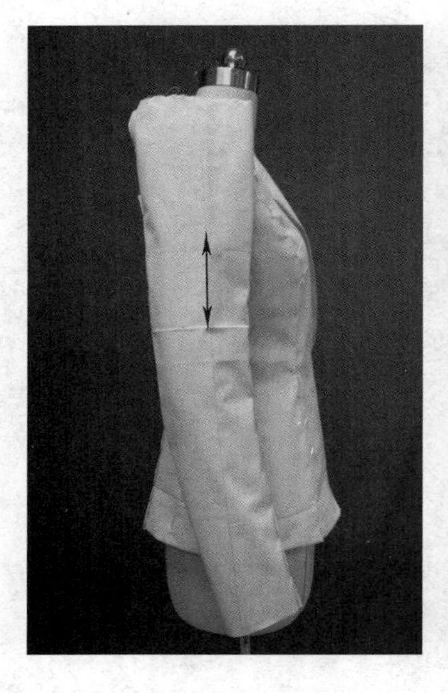

图3-46

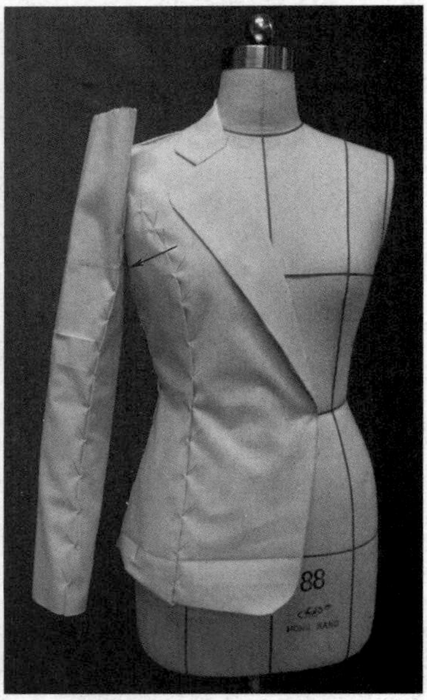

图3-47

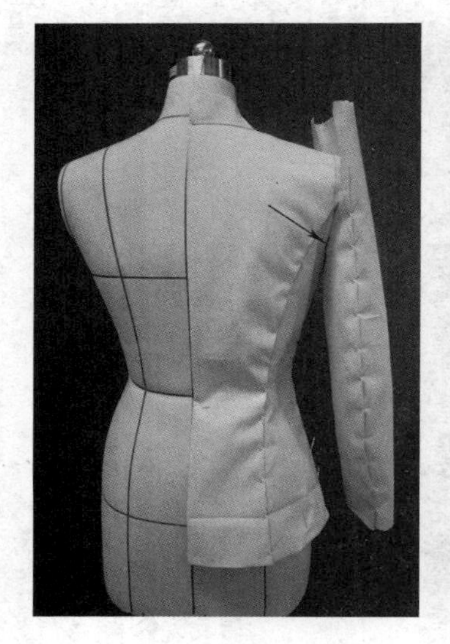

图3-48

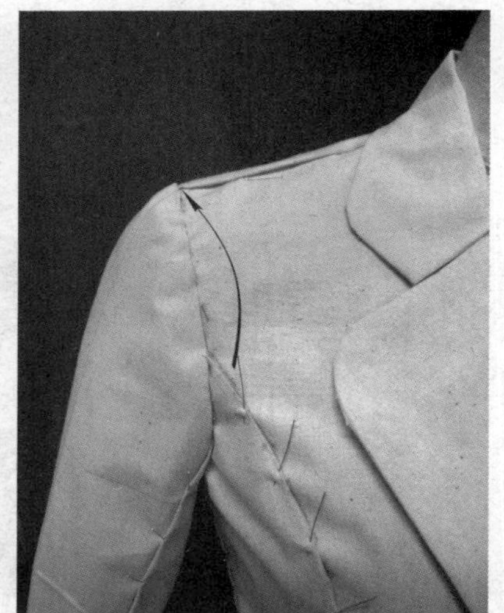

图3-49

⑨完成正面、侧面、背面效果图（图3-50～图3-52）。

⑩修正袖片后描图，画出纸样（图3-53）。

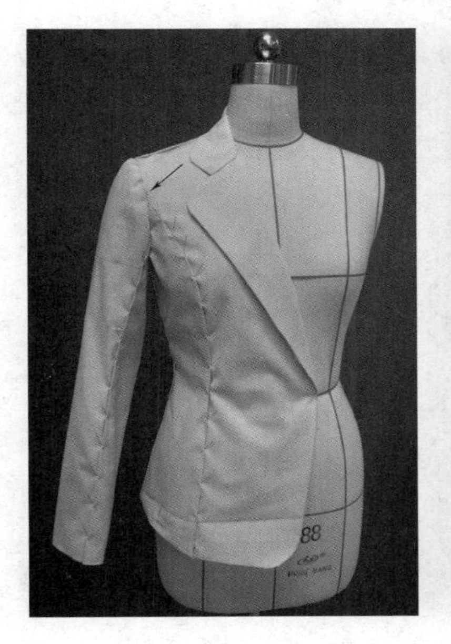

图3-50

图3-51

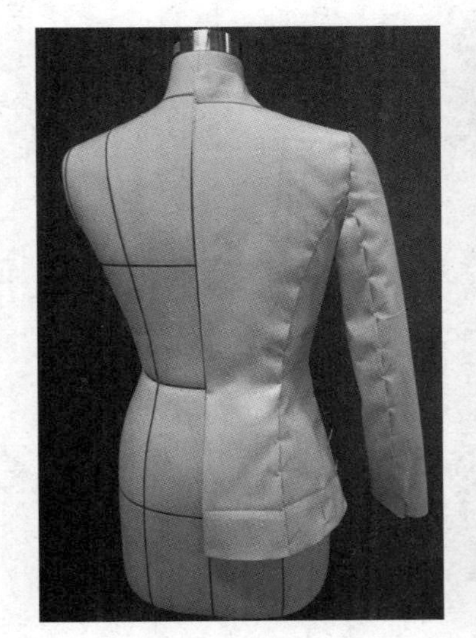

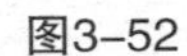

图3-52

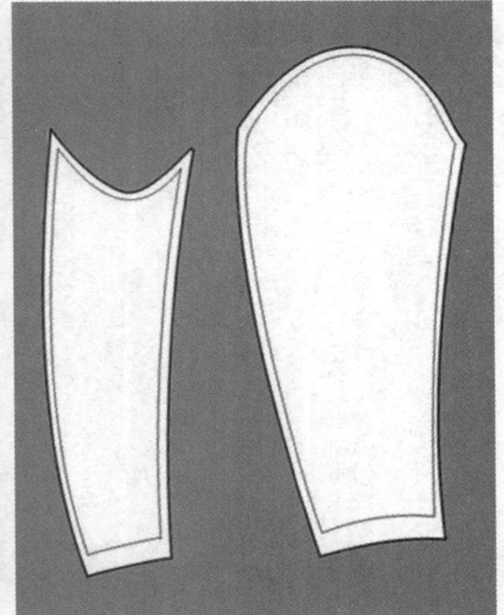

图3-53

练习及思考题

1.熟记服装平面裁剪一片袖、两片袖的制图方法。

2.省道训练，选择有代表性的服装款式练习省道设计。

3.平面制袖与立体制袖的区别是什么？简述其制作方法。

理论应用与实践——

领型的变化

课程内容： 1.无领

2.立领

3.企领

4.平领

5.翻领

6.垂坠褶领

上课时数： 18课时

教学提示： 服装领型是服装款式中的重要元素，它直接影响服装的整体美感。领子形状和尺寸的微小变化都会影响服装的整体效果。因此，本书将领型变化与款式结合讲解，利于阐述领型设计在服装设计中的重要性。讲解流行中的领型结构与传统领型结构的关系，使学生能够活学活用。

教学要求： 使学生掌握六种领型的裁剪方法。

课前准备： 分析款式，准备所需白坯布。

第四章 领型的变化

一、无领

无领是服装款式设计的主要分类之一，无领多用于连衣裙、衬衫等类型的服装，是结构最简单的领型。因此，以无领设计的服装款式适用人群非常广泛，它看似简单的设计却能满足不同年龄、不同阶层的人着装需求，本节选用连衣裙款式讲解无领上衣的设计要点，方便大家学习。

1.方形无领

（1）款式特点

该款式为方形无领长款连衣裙，胸前加褶裥，服装廓型为A字型，喇叭袖。本款式可与多种服饰搭配组合，适用人群较广泛，面料可选用中厚型材料（图4–1）。

图4–1

（2）造型重点步骤

①根据款式在人台上贴出领型标记线和胸前分割线（图4–2）。将衣片前中心线、胸围线与人台前中心线、胸围线相贴合，使面料自然下垂形成款式需要的活褶（图4–3）。

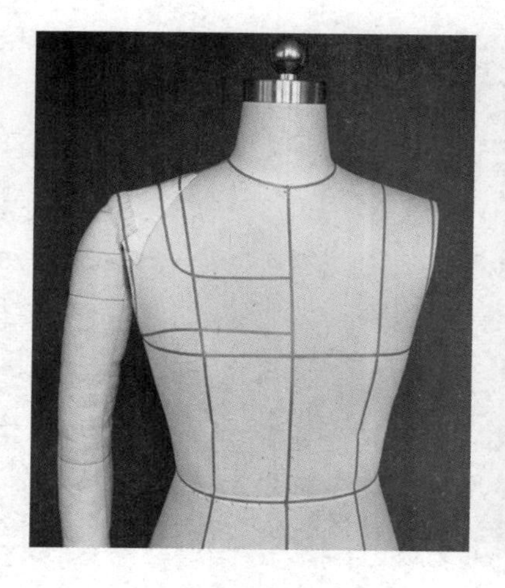

图4–2

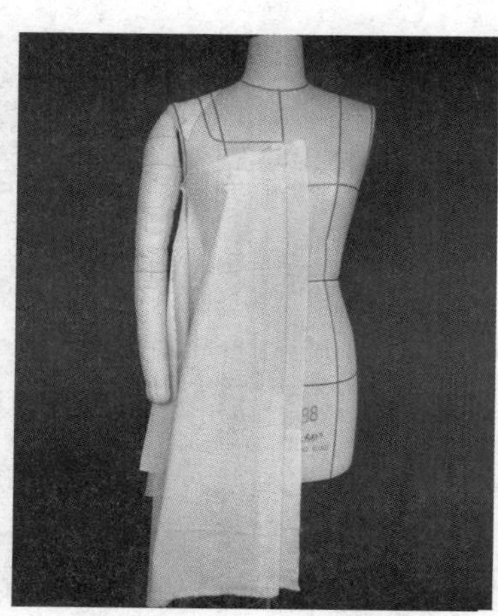

图4–3

②在BP点加放松量，使服装造型成A字型，将侧缝线余布剪去并与人台侧缝线别合（图4–4）。

③将上衣前中心线与人台前中心线贴合，领部打剪口，将肩部推平（图4–5）。

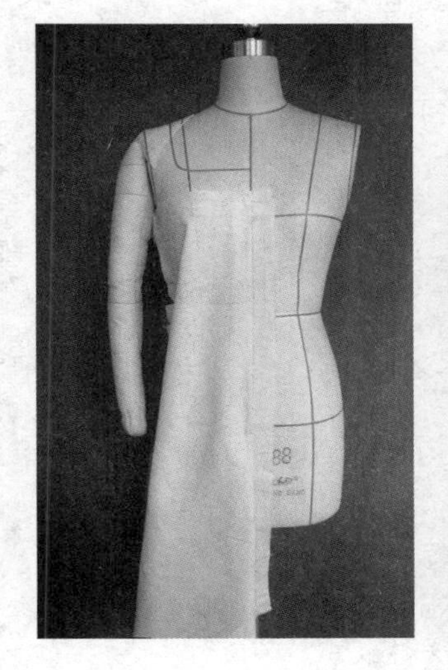

图4–4

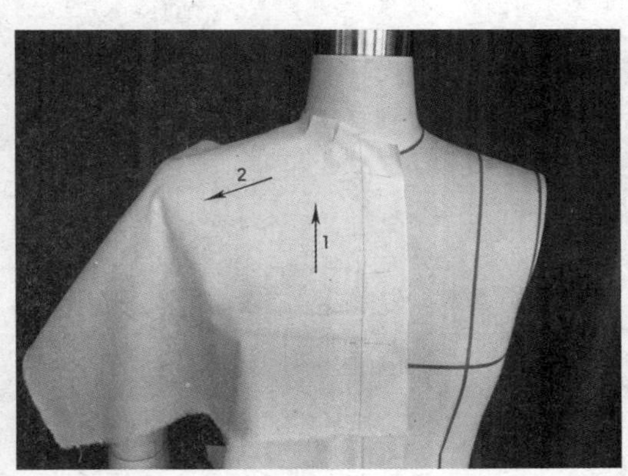

图4–5

④根据领型标记线将领口及袖窿部位的余布剪去，将领片与衣片别合（图4–6）。

⑤后片褶折叠量约3cm，将后中心线与人台后中心线贴合（图4–7）。

⑥调整后衣片，将腰部与下摆整理平顺，剪去侧缝余布，将后片与前片别合（图4–8）。

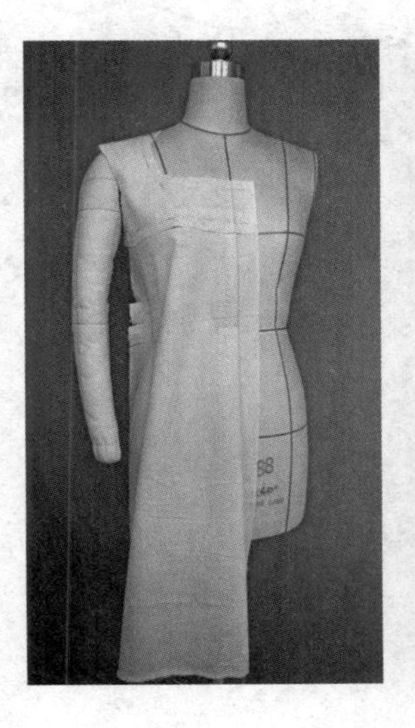

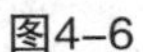

图4–6

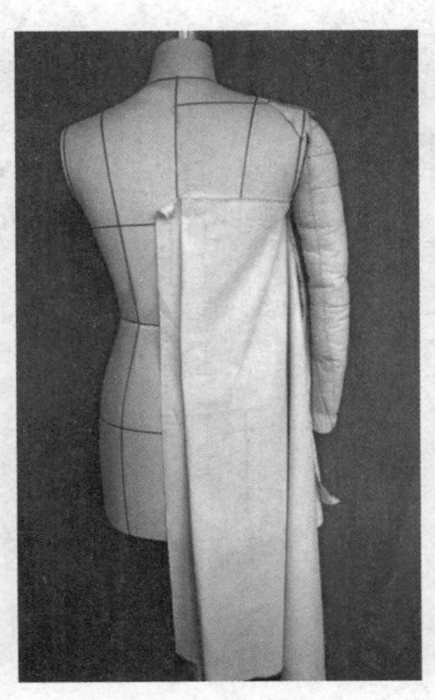

图4–7

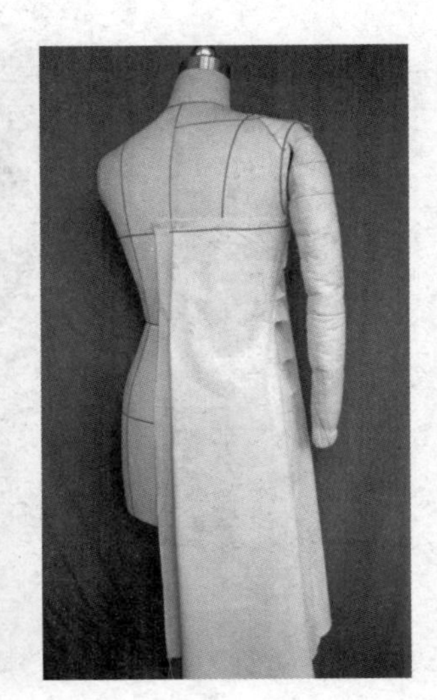

图4–8

⑦后领片中心线与人台后中心线贴合，背宽线与后中心线平行，剪去领部、肩部及袖窿部位余布，贴出袖窿标记线（图4-9、图4-10）。

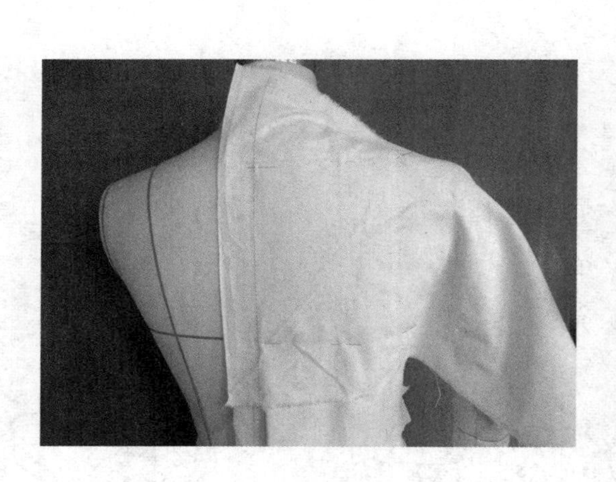

图4-9

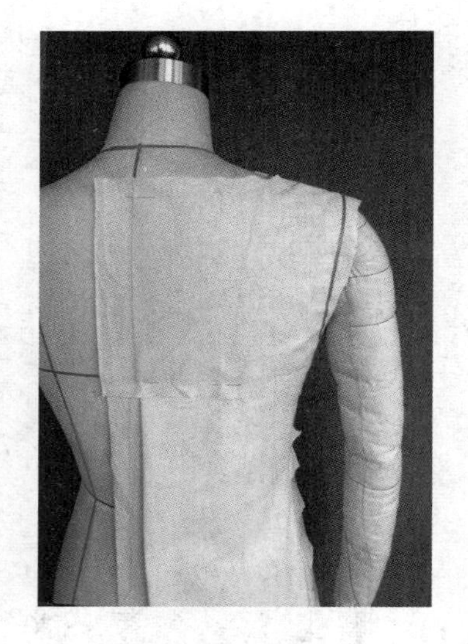

图4-10

⑧上衣袖为一片袖，可以用平面裁剪方法制出，袖山高度与袖窿的前后长度采用上衣袖窿尺寸，根据款式将袖型整理完成后别合，与上衣组合。别合方法是将手臂抬起，然后将袖内侧中线与上衣袖窿侧缝线别合（图4-11）。

⑨将手臂插入袖型内，并将袖山与袖窿别合，调整袖型，使其平顺自然（图4-12）。

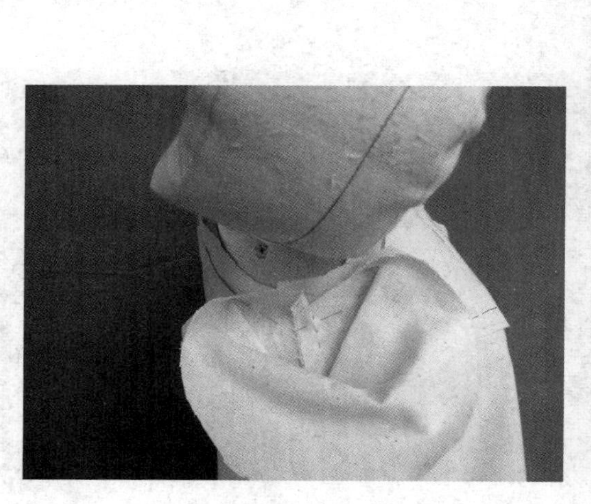

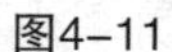

图4-11

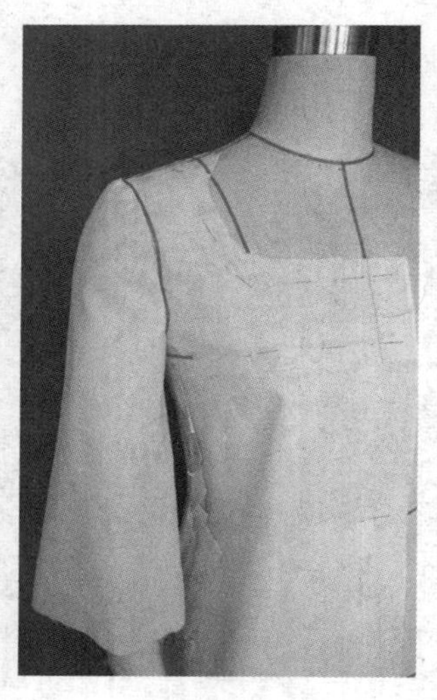

图4-12

⑩调整服装整体造型（图4-13）。

⑪完成正面、侧面、背面效果图（图4-14～图4-16）。

⑫将调整好的衣片取下，修正、拓印纸样（图4-17）。

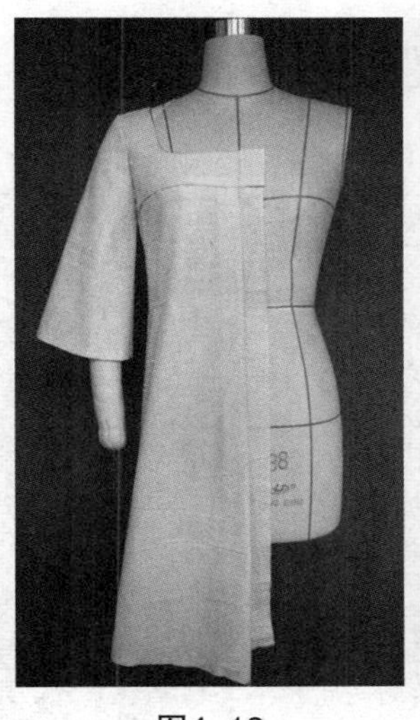

图4-13

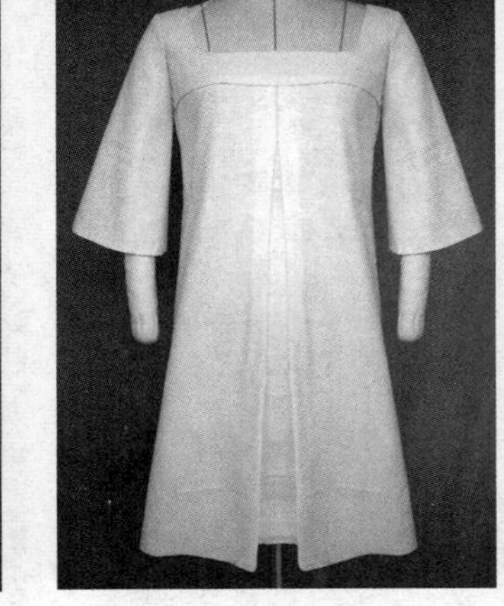

图4-14

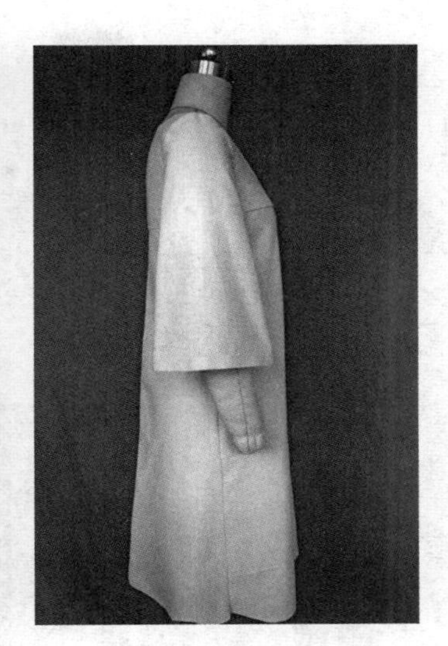

图4-15

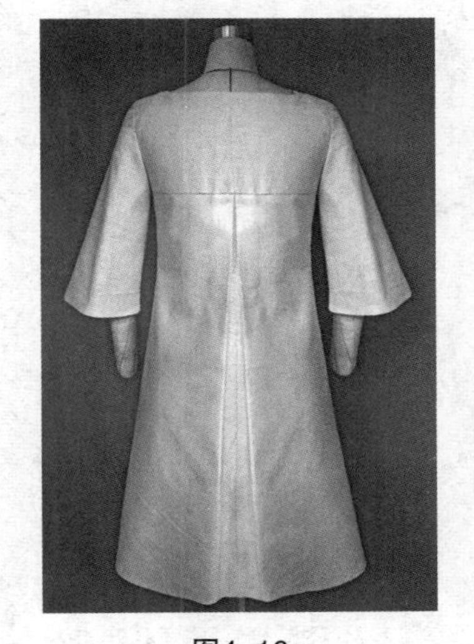

图4-16

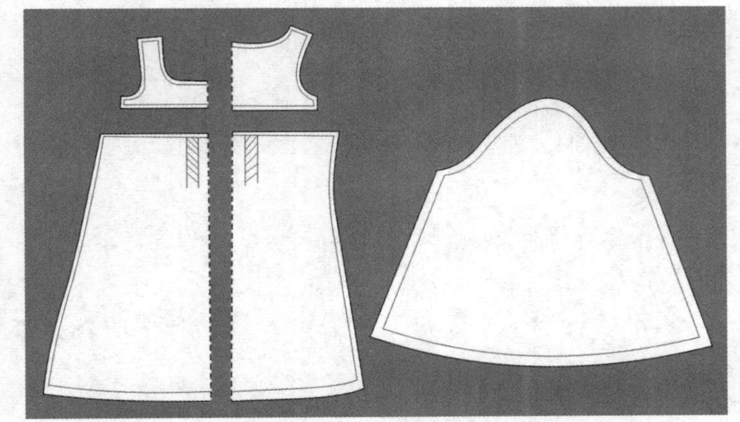

图4-17

2.有褶皱的无领

（1）款式特点

该款式是无领并带有双褶皱的短款上衣，宽松，上衣下摆有松紧设计，穿着时前门襟会自然斜向分开，体现出自然活泼的效果，注意放松量的把握是本款裁剪的要点（图4-18）。

图4-18

（2）造型重点步骤

①根据款式在人台上贴出标记线（图4-19）。

②将上衣片前中心线、胸围线与人台前中心线、胸围线贴合（图4-20）。

③将胸省转移至领部，分成两个活省，如图4-21箭头所指方向，省尖指向胸点，领部别合。

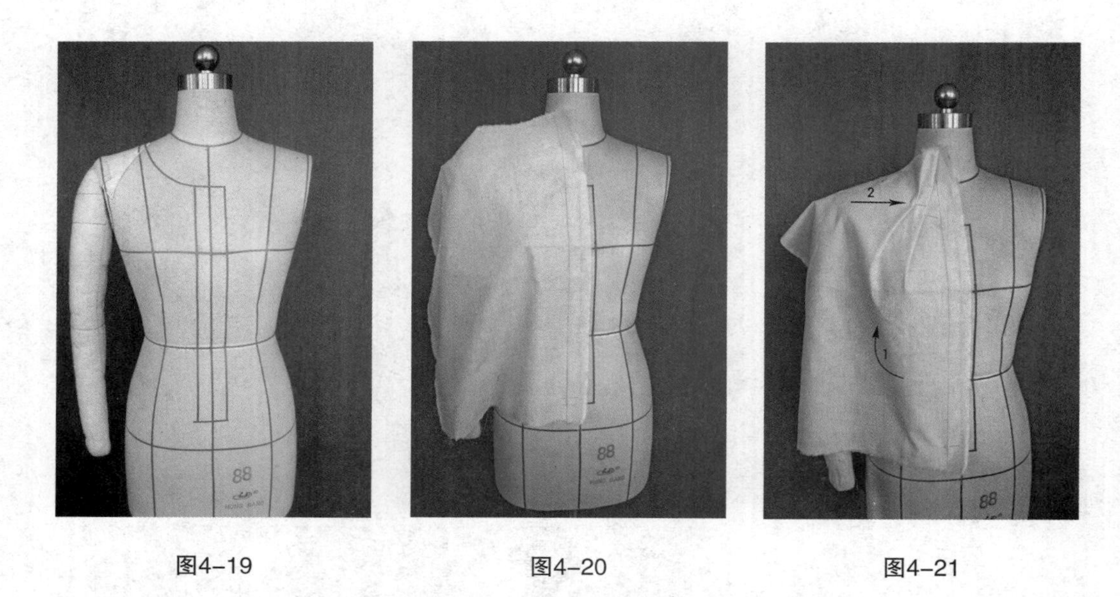

图4-19　　图4-20　　图4-21

④将肩部、袖窿处余布剪去，衣片侧缝与人台侧缝线别合，注意保持松量（图4-22）。

⑤在衣片领部贴上领口线，将下摆松量别合，将前门襟中心线与人台中心线贴合，调整上衣造型（图4-23）。

⑥将后衣片中心线与人台后中心线贴合，使肩宽布丝方向与后中心线垂直（图4-24）。

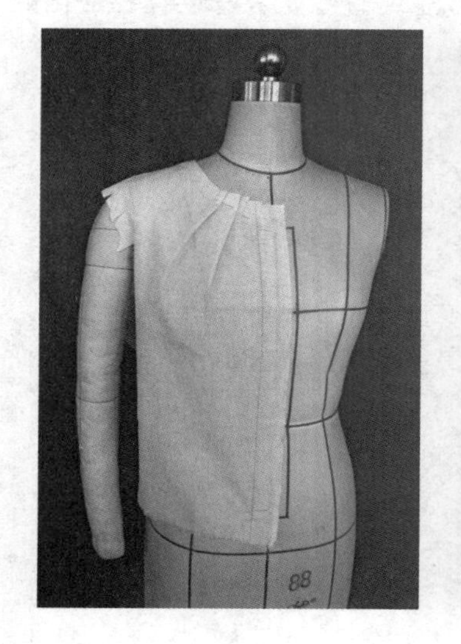

图4-22

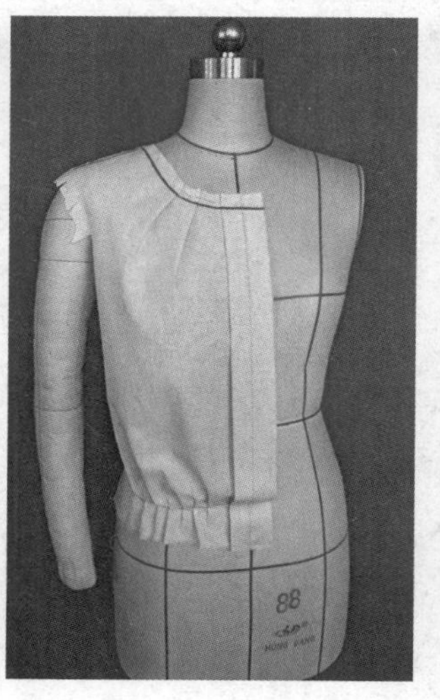

图4-23

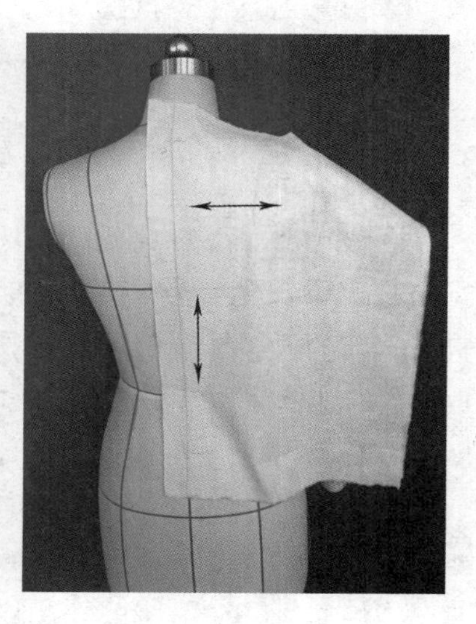

图4-24

⑦将衣领、肩部、袖窿及侧缝部位余布剪去，将下摆松量别出并与前片别合（图4–25）。

⑧上衣袖为一片袖，可以用平面裁剪方法制出，袖山高度与袖窿的前后长度采用上衣袖窿尺寸（图4–26）。

⑨将衣袖与上衣组合，调整其造型（图4–27）。

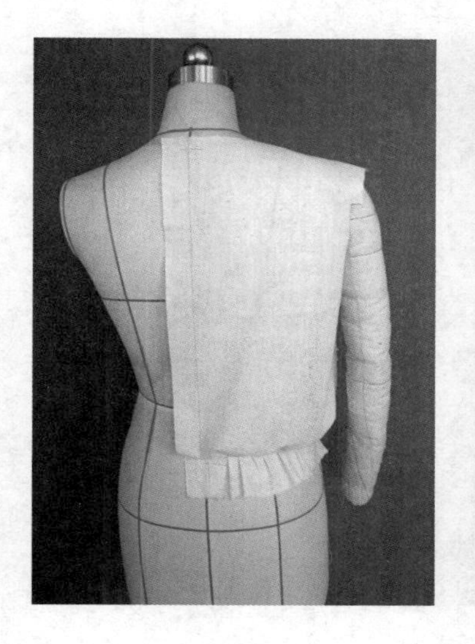

图4–25

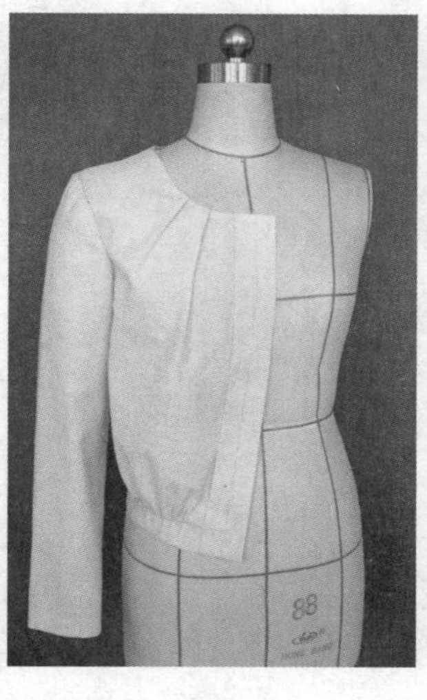

图4–26

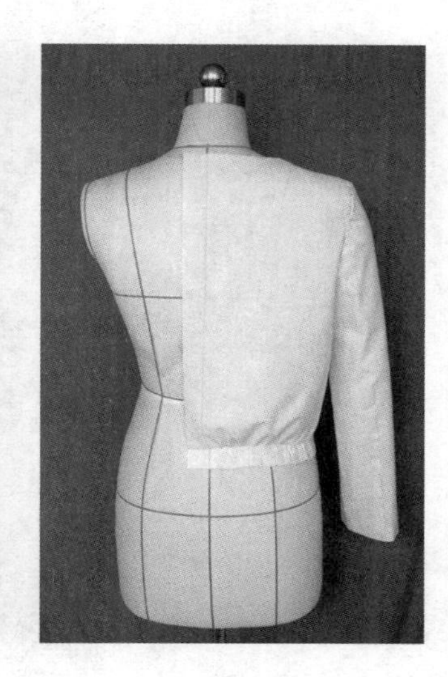

图4–27

⑩完成侧面、正面、背面效果图（图4–28～图4–30）。

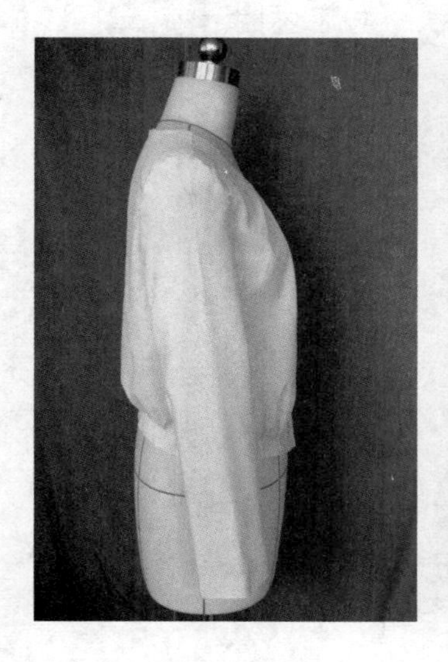

图4–28

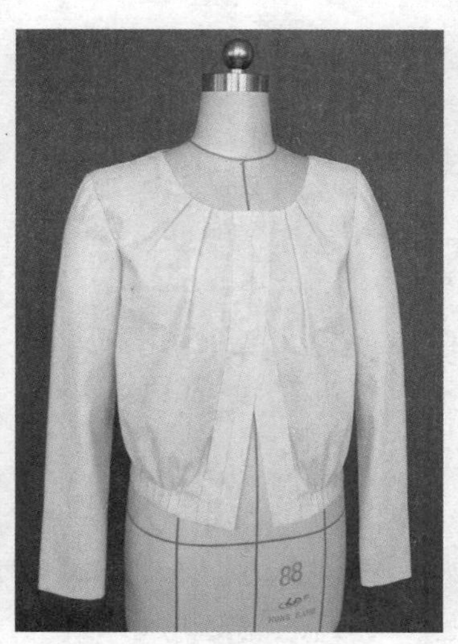

图4–29

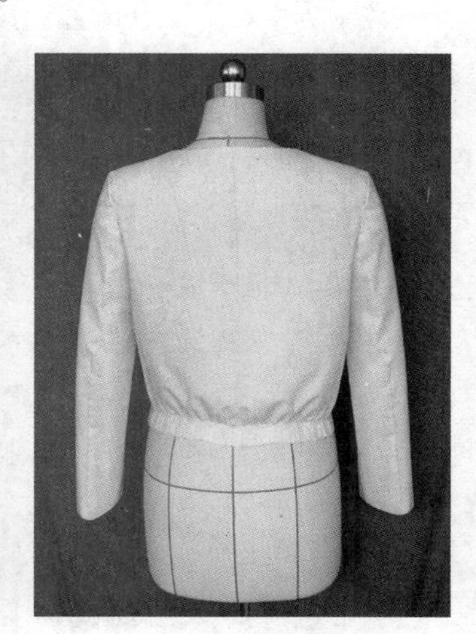

图4–30

⑪将调整好的衣片取下，修正、拓印纸样（图4–31）。

图4–31

二、立领

立领在服装中应用比较广泛，它诞生于军装，多适用于衬衣及职业装。立领虽然在设计上并不复杂但其设计点表现在细节上是多种多样的，如我国的旗袍款式多为立领设计，多在上领口线的弧度及领面积上进行变化，具体的剪裁方法如下。

1.圆角立领

（1）款式特点

该款为立领衬衣，胸部设计有褶皱，下摆呈弧形，该款式也被称为衬衣中的经典款式，应用比较广泛（图4–32）。

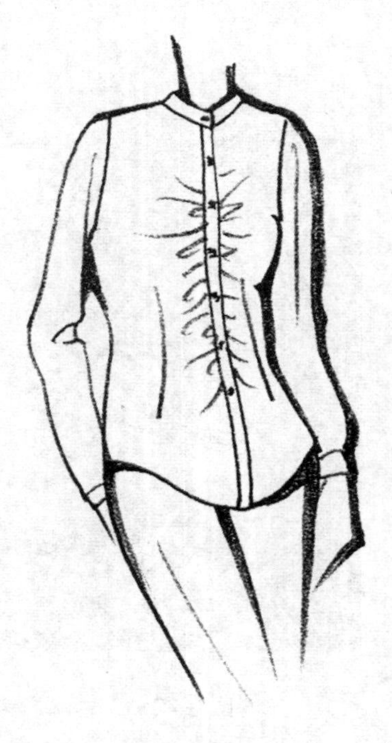

图4–32

（2）造型重点步骤

①按照款式在人台上贴出标记线（图4–33 ~ 图4–35）。

②将育克衣片后中心线与人台后中心线贴合，并用大头针固定，使布丝方向与后中心线平行（图4–36）。

③将领部及袖窿处余布剪去，贴上育克标记线（图4–37）。

④将前衣片中心线、胸围线与人台中心线、胸围线贴合，用大头针固定布片与人台，胸围线以上衣片布丝要平顺（图4–38）。

⑤如图所示，将胸省移至胸窝点，抓合成褶皱并固定，将腰部余量抓合成腰省并别合（图4–39），再将前中心、侧缝及下摆余布剪去并修正（图4–40）。

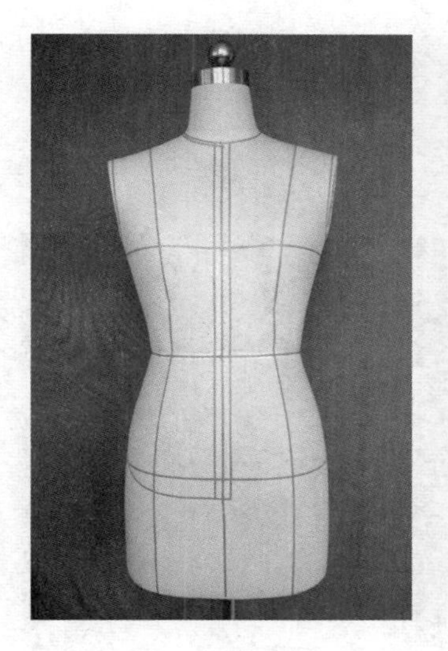
图4-33

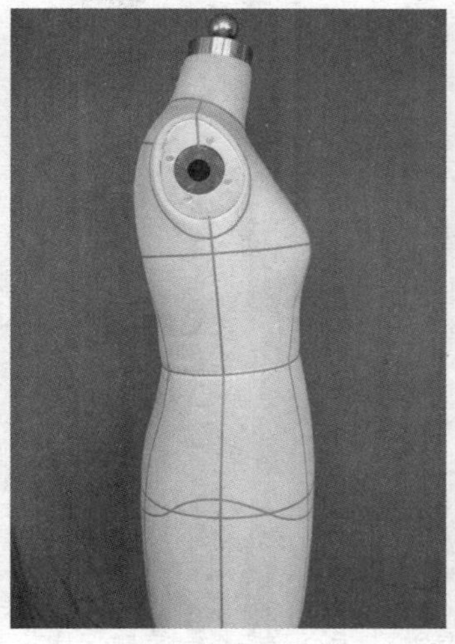
图4-34

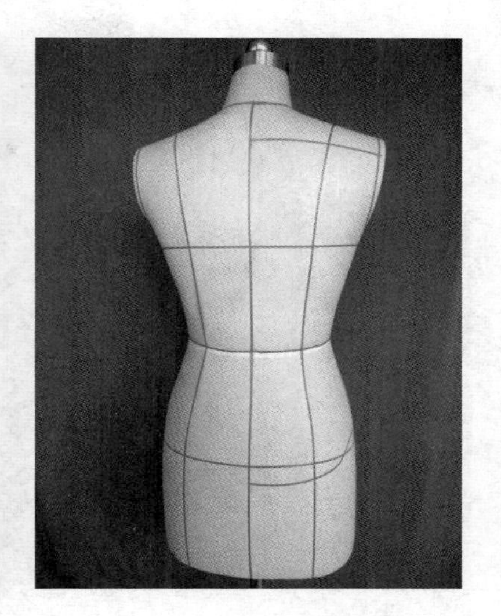
图4-35

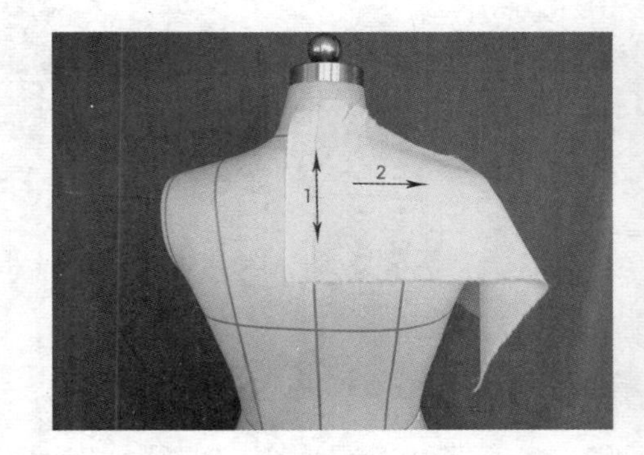

图4-36

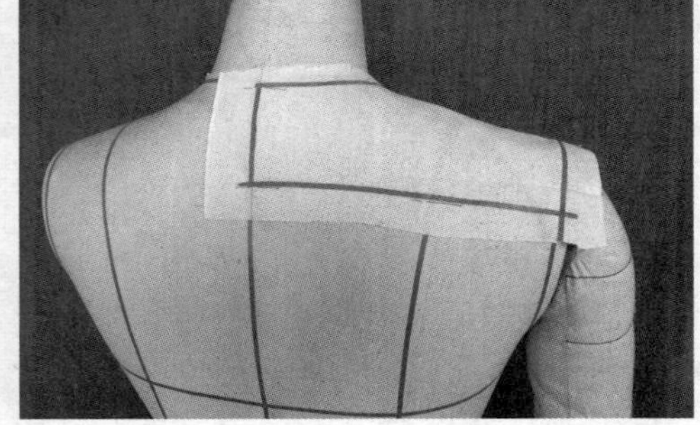
图4-37

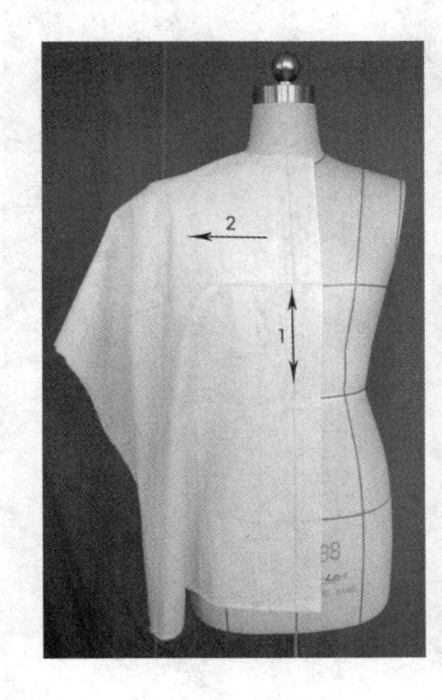

图4-38

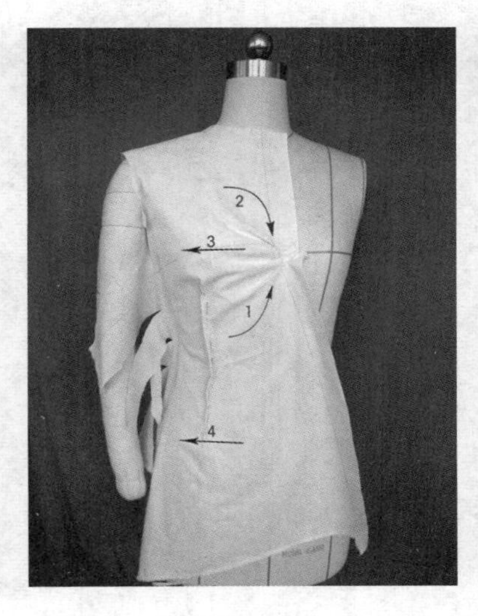

图4-39

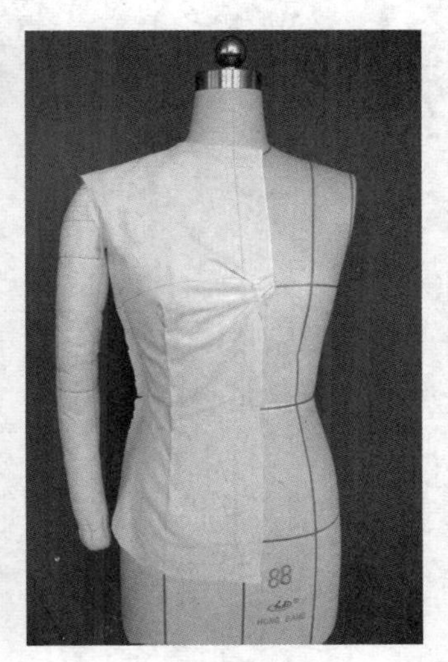

图4-40

⑥将后衣片中心线、胸围线与人台后中心线贴合，抓出腰省并别合（图4-41）。

⑦衣片与育克线用大头针别合，并将袖窿与侧缝余布剪去（图4-42）。

⑧调整衣片后重新贴合标记线（图4-43）。

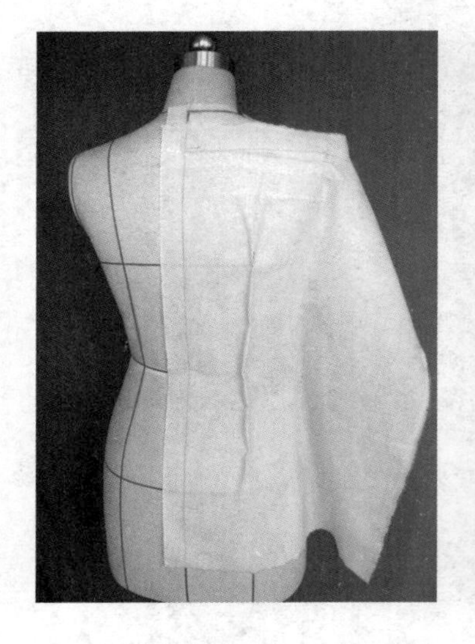

图4-41

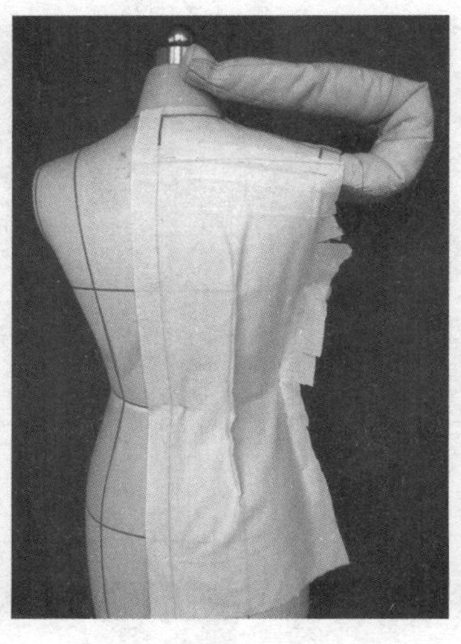

图4-42

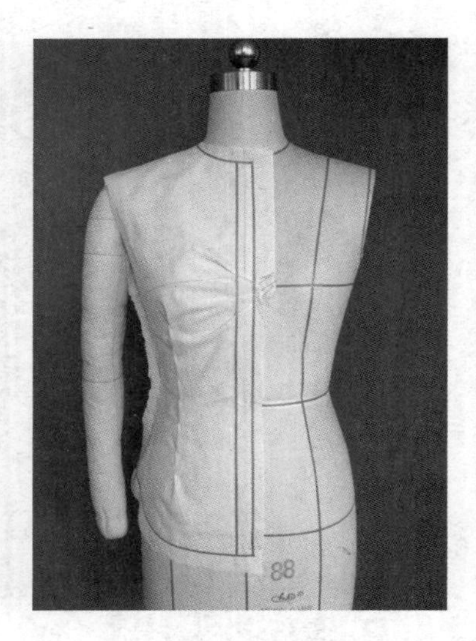

图4-43

⑨如图中箭头所示，将领片布丝与后中心线垂直并固定，沿领口线拉伸领片向前逐渐别合，遇绷紧处打剪口，使领型平顺（图4-44）。

⑩整理好领型，贴出所需要的领型标记线，将余布剪去（图4-45）。

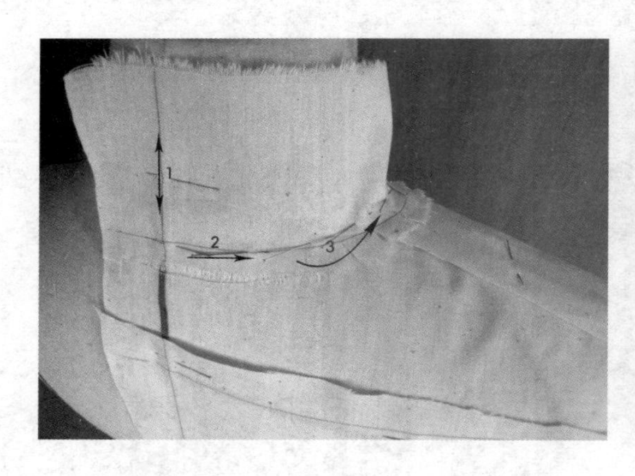

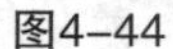

图4-44

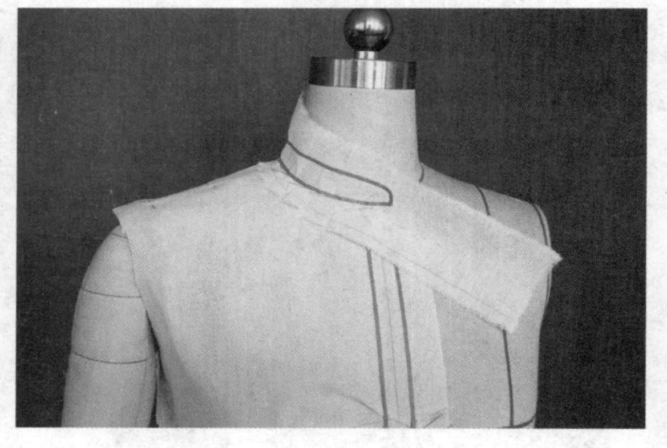

图4-45

⑪用平面裁剪方法制作袖型，并与袖窿别合（图4-46）。

⑫调整立领衬衣造型（图4-47、图4-48）。

⑬完成正面、背面效果图（图4-49、图4-50）。

⑭将调整好的衣片取下，修正、拓印纸样（图4-51）。

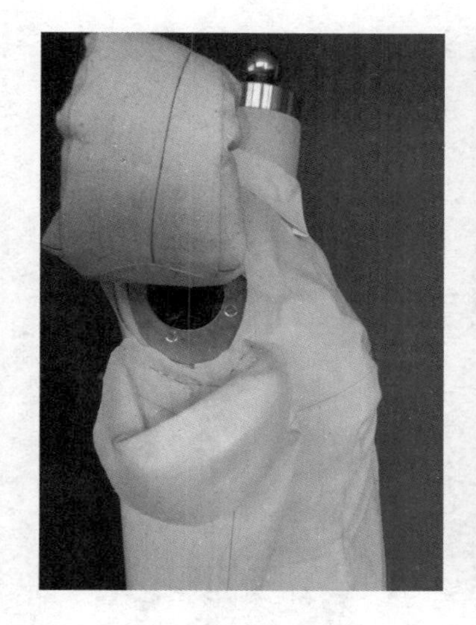

图4-46

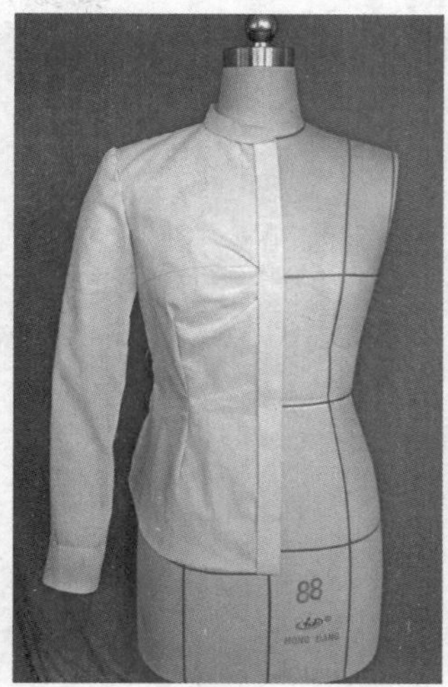

图4-47

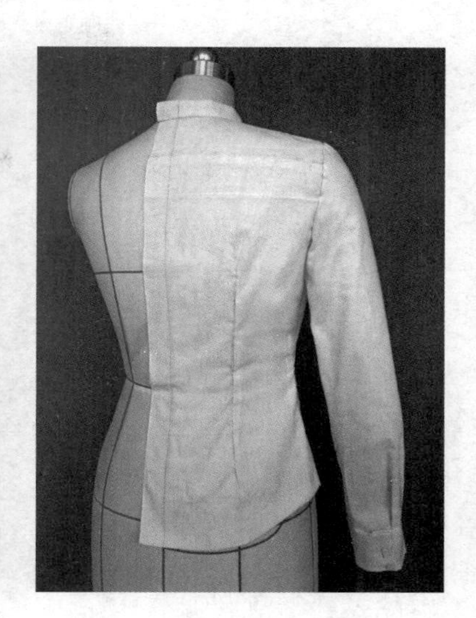

图4-48

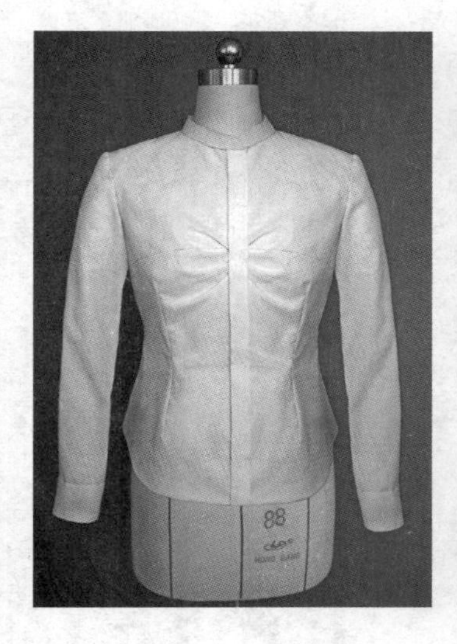

图4-49

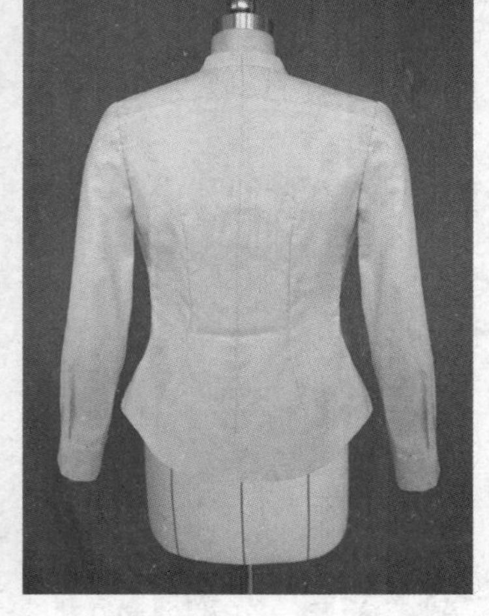

图4-50

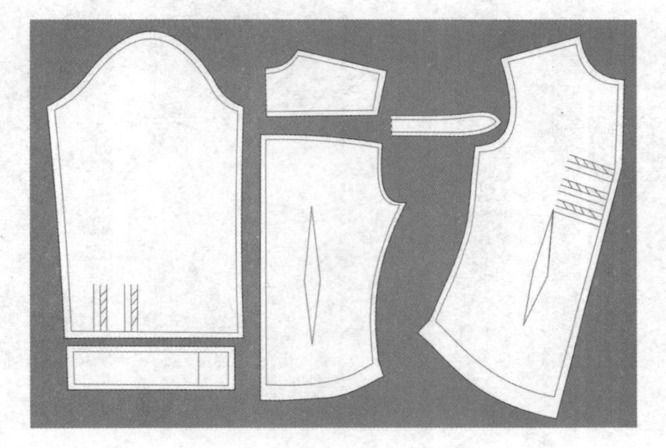

图4-51

2.直角立领

（1）款式特点

该款式是以衬衣造型为基础变化而成的外衣长款时装，穿着场合广泛，应用性较强。多使用较薄质地的平纹面料（图4–52）。

（2）造型重点步骤

①按照款式在人台上贴出育克标记线（图4–53）。

②将育克衣片后中心线与人台中心线贴合（图4–54）。

③按照图中箭头所指方向将衣片推至前育克线，剪去余布后重新贴上标记线（图4–55、图4–56）。

④将前片的前中心线、胸围线与人台前中心线、胸围线贴合，BP点留有松量（图4–57）。

⑤按图中箭头所指方向调整好衣片造型，胸部抓出省道并固定，注意臂围线要留有松量，不宜过紧。剪去领部、肩部余布（图4–58）。

⑥将胸部调整好转折面，剪去侧缝线余布并与人台别合（图4–59）。

⑦衣片后中心线、胸围线与人台后中心线、胸围线贴合，如箭头所示方向调整好布丝走向并固定后背对折省，剪去侧缝余布并与前片别合（图4–60）。

⑧根据款式要求将腰饰与后衣片别合并固定（图4–61）。

⑨直角立领裁剪方法与圆角立领相同（图4–62）。

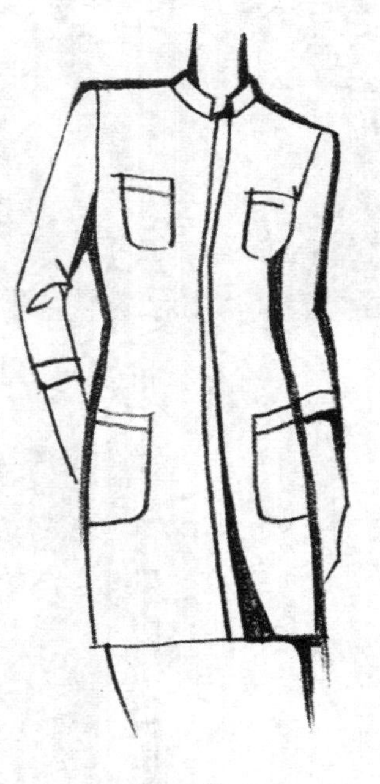

图4–52

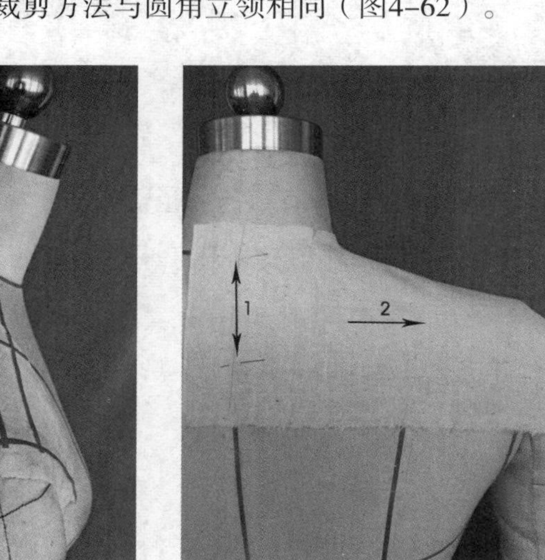

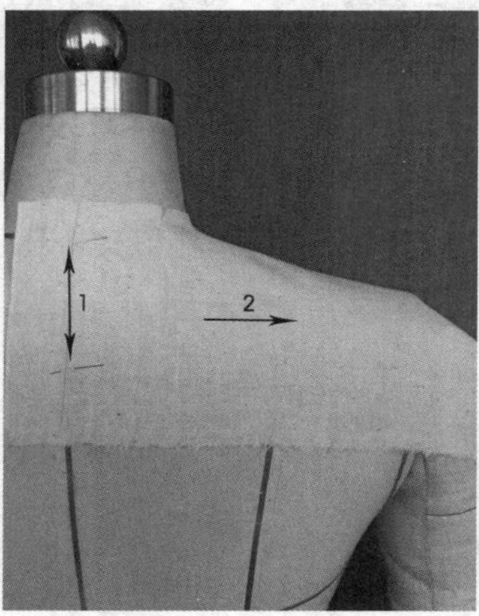

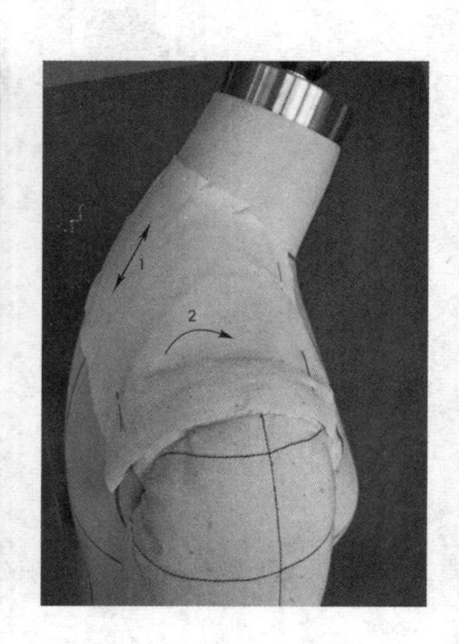

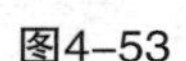

图4–53　　图4–54　　图4–55

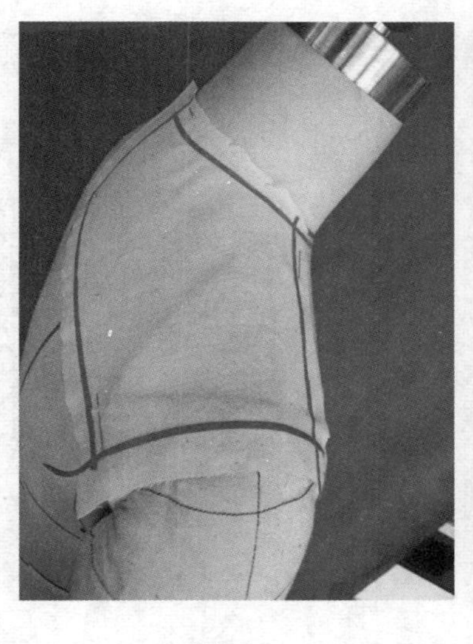
图4-56

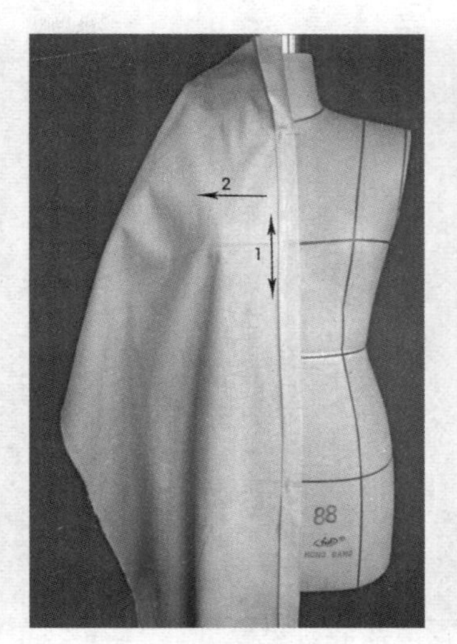

图4-57

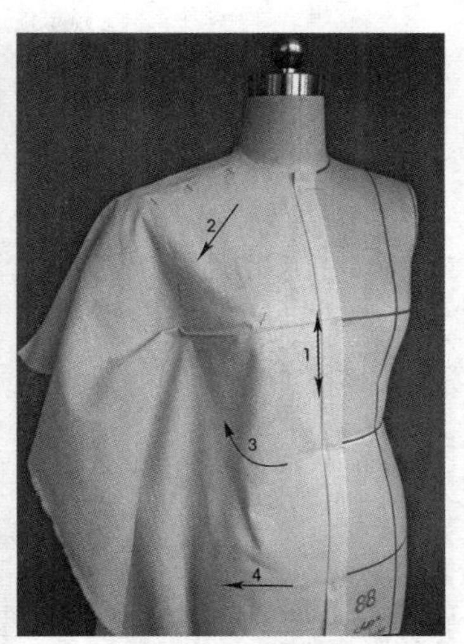

图4-58

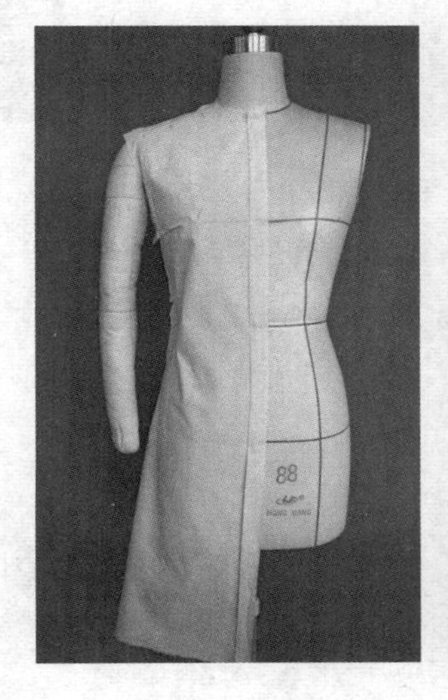

图4-59

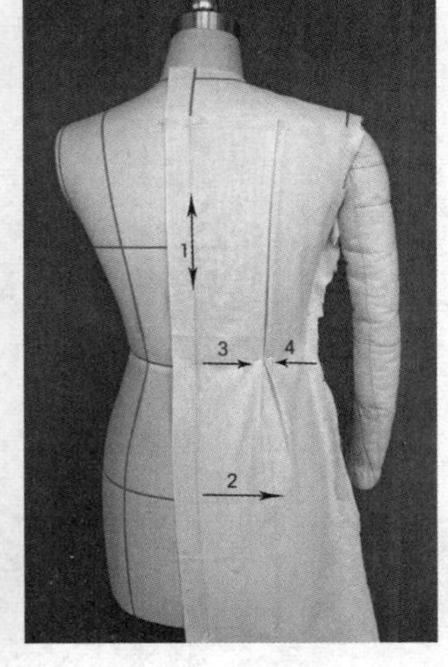

图4-60

图4-61

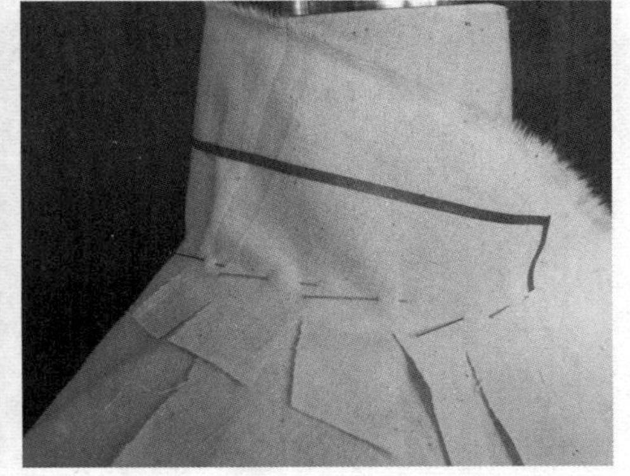
图4-62

⑩贴出直角立领标记线及袖窿线（图4–63）。

⑪衣袖用平面制作方法完成，与衣身袖窿别合（图4–64）。

⑫袖山设计成较为宽松的泡泡袖并与上衣别合，调整好袖型（图4–65）。

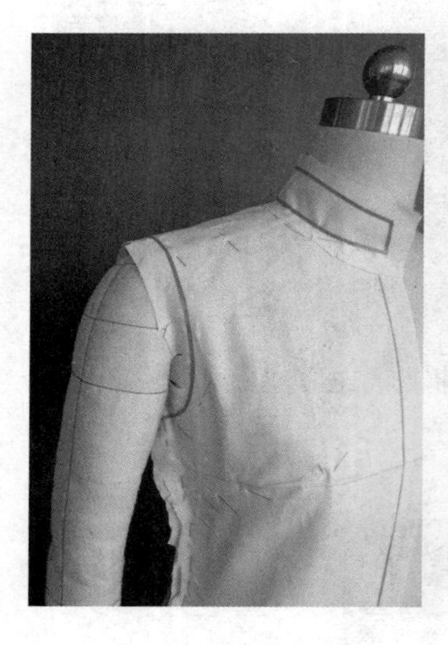

图4–63

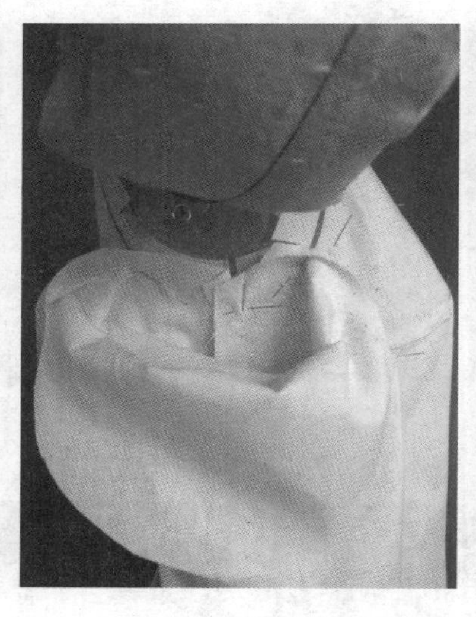

图4–64

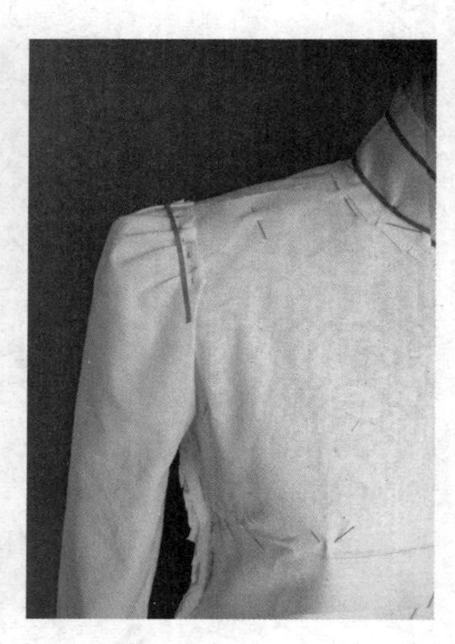

图4–65

⑬将上衣口袋位置用标记线标出（图4–66）。

⑭调整前后衣片造型，检查腰部及臀部松量是否合适，将剪裁好的口袋衣片与上衣片别合。（图4–67、图4–68）。

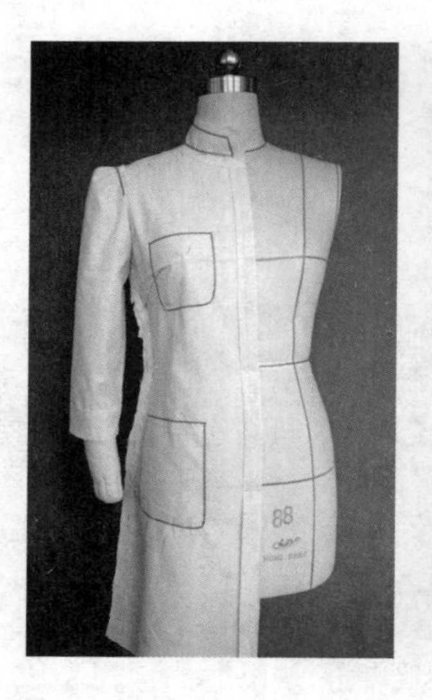

图4–66

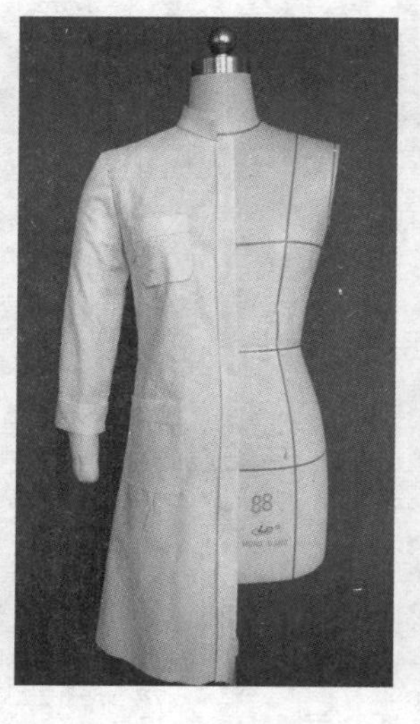

图4–67

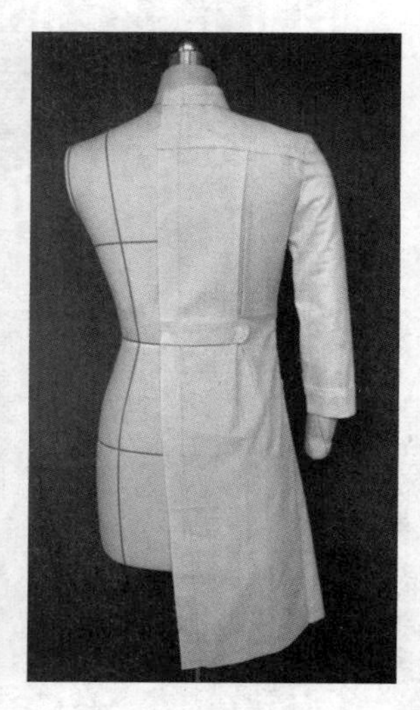

图4–68

⑮完成正面、侧面、背面效果图（图4-69～图4-71）。

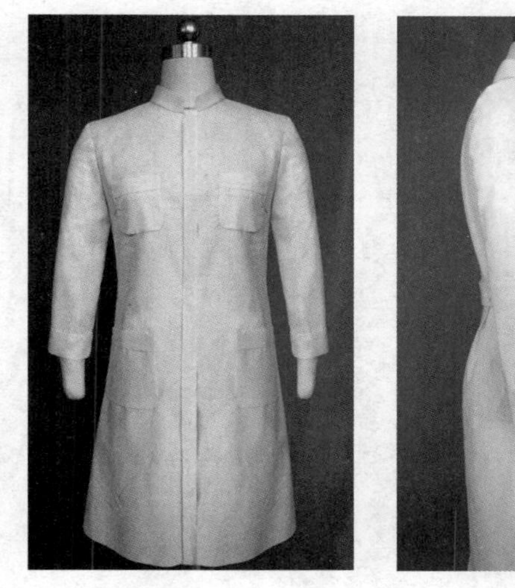

图4-69

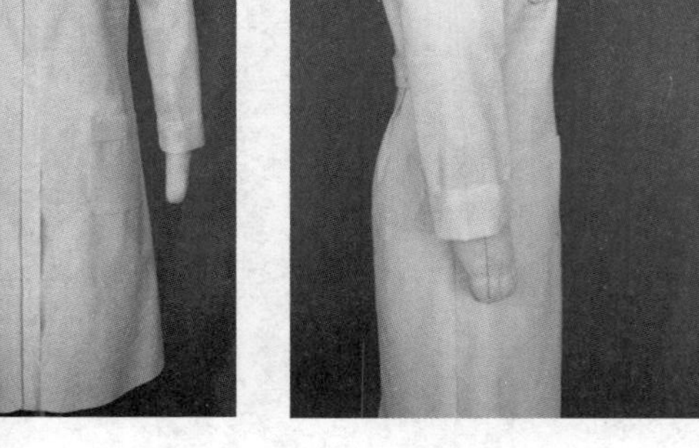

图4-70

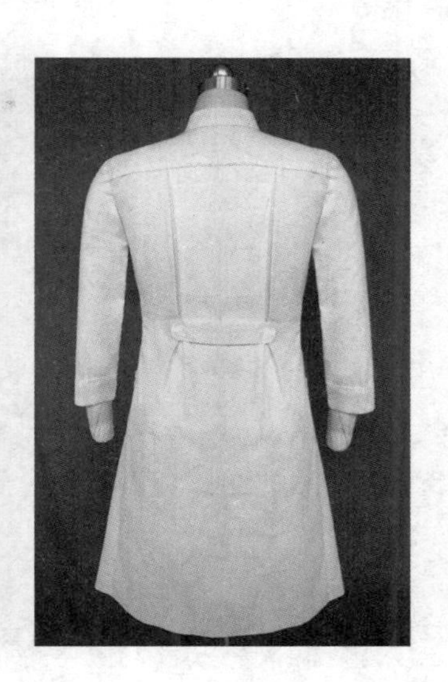

图4-71

⑯将调整好的衣片取下，修正、拓印纸样（图4-72）。

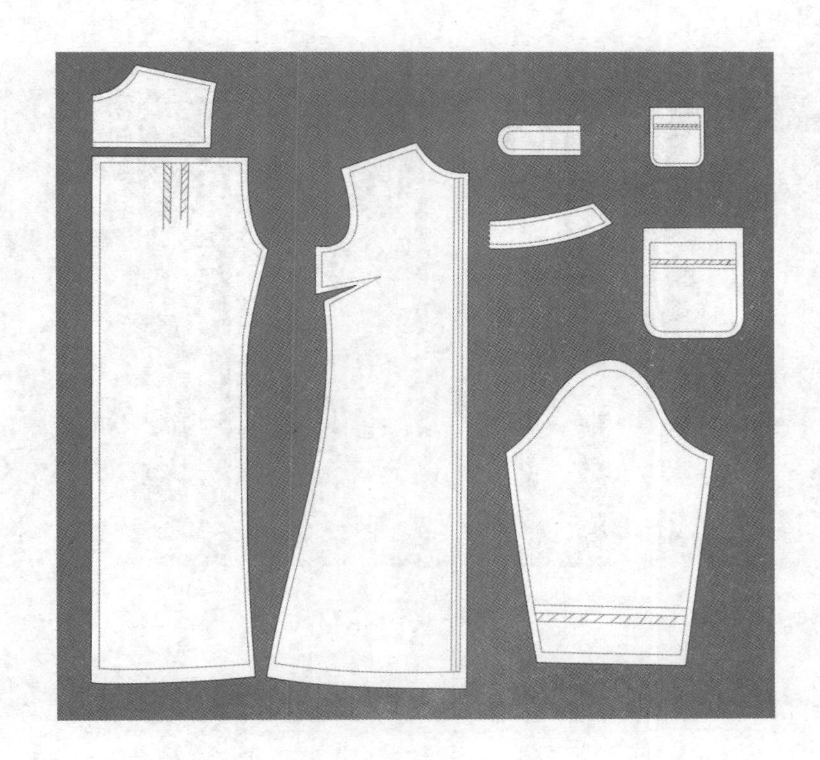

图4-72

三、企领

企领是衬衣款式中运用最为广泛的领型之一，尤其在男式衬衣中已成为首选的领型，因此企领的立体裁剪方法是学习者必须掌握的。

1.圆角企领

（1）款式特点

该款式为胸部多褶皱圆角企领衬衣，袖型为半插肩袖，其风格活泼，适用于青年人，通过对该款式的学习，可以了解企领与插肩袖的立体裁剪方法，面料以轻薄平纹织物为主（图4-73）。

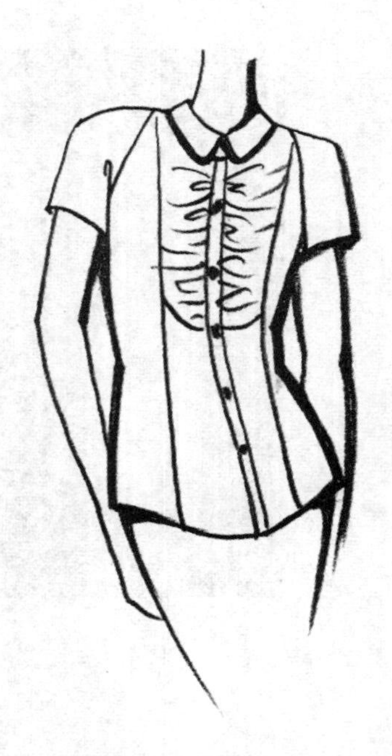

图4-73

（2）造型重点步骤

①根据款式在人台上做好标记线（图4-74）。

②将衣片前中心线与人台中心线贴合，肩部调整平顺，剪去领口余布（图4-75）。

③根据图中箭头所示方向，依次做出自由的褶皱并固定于前中心线（图4-76）。

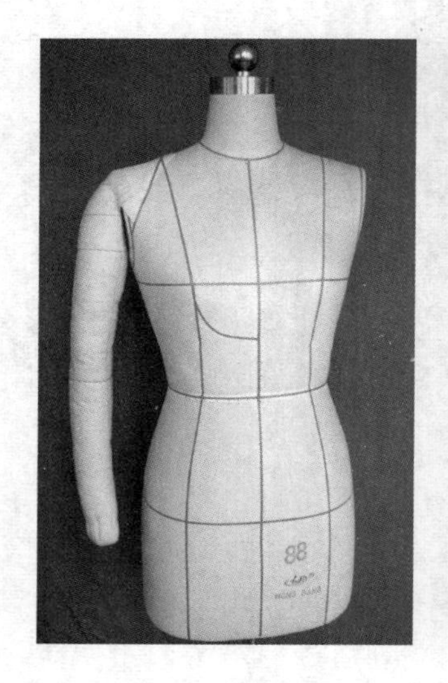

图4-74

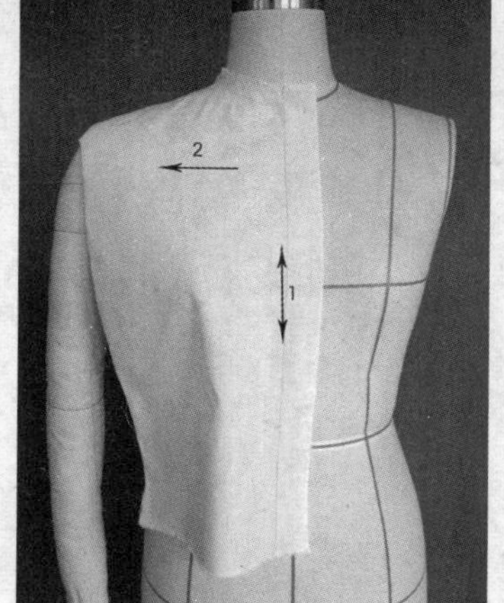

图4-75

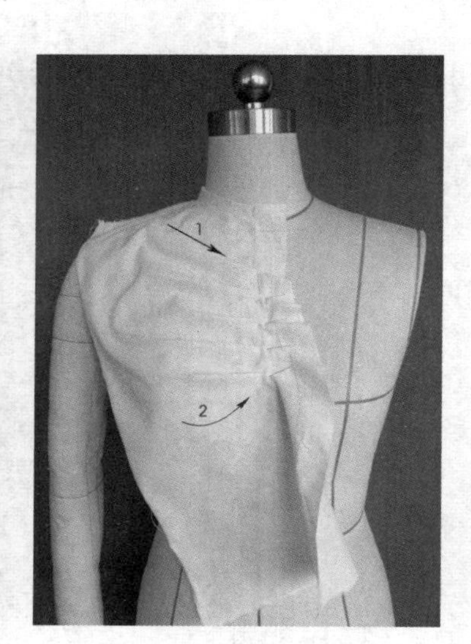

图4-76

④将胸部BP点松量调整适中，注意褶皱在BP点附近不宜起伏过大（图4-77）。

⑤调整后的褶皱要求自然而平顺，并再次贴出款式标记线（图4-78）。

⑥沿款式线将与褶皱衣片相连接的衣片裁剪完成并做好标记线（图4-79）。

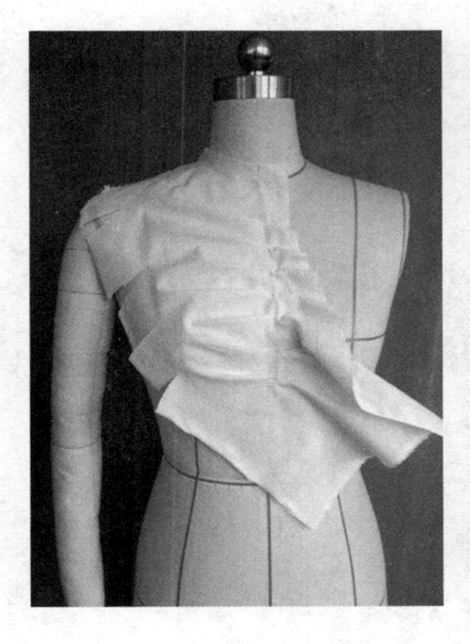

图4-77

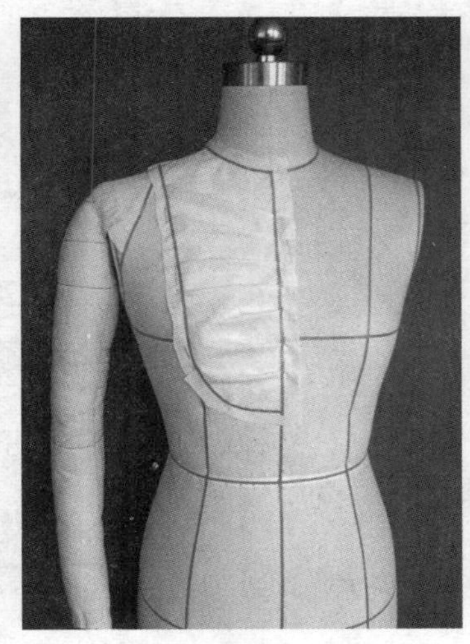

图4-78

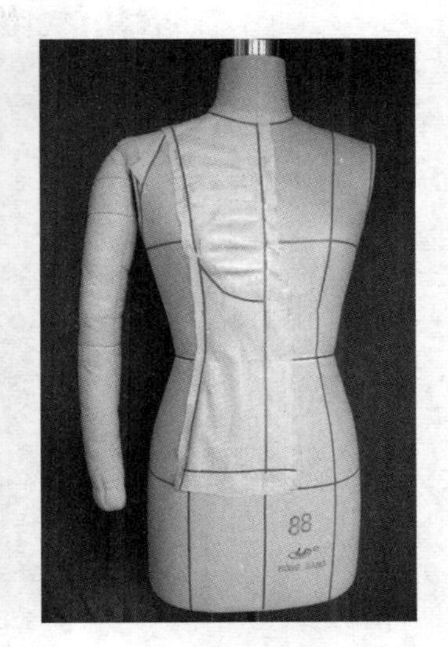

图4-79

⑦调整侧衣片经纱布丝，使其与地面垂直，在胸围与臀围部位留有松量（图4-80）。

⑧侧衣片调整后与前衣片别合，再次贴上标记线，并剪去余布（图4-81）。

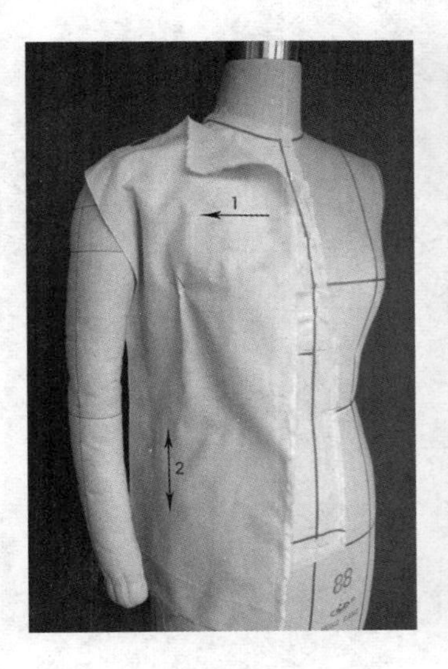

图4-80

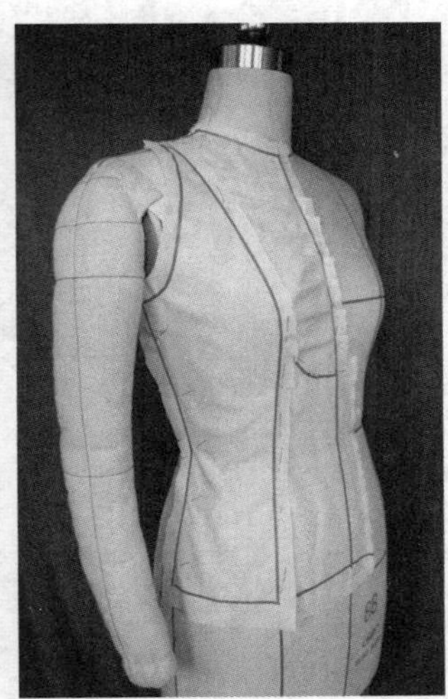

图4-81

⑨衣片后中心线、胸围线与人台中心线、胸围线相贴合，在腰部抓出腰省，在腰部及臀部留有一定松量，调整后贴上标记线（图4-82、图4-83）。

⑩企领的领底部分与立领的剪裁方法基本相同，根据款式要求贴上标记线（图4-84）。

⑪将企领布片后中心线与领底后中心线相垂直并别合（图4-85）。

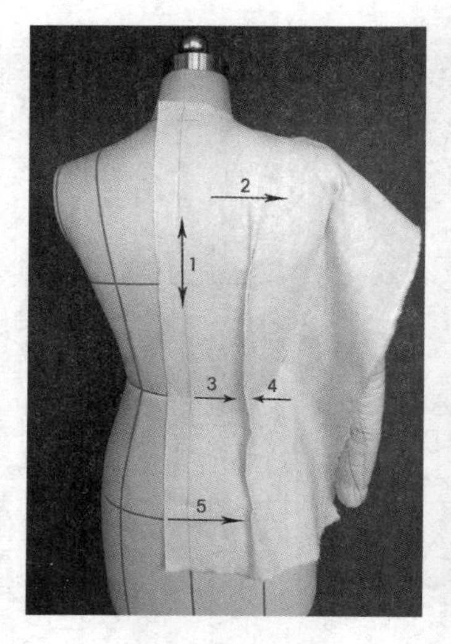

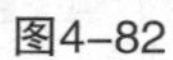
图4-82

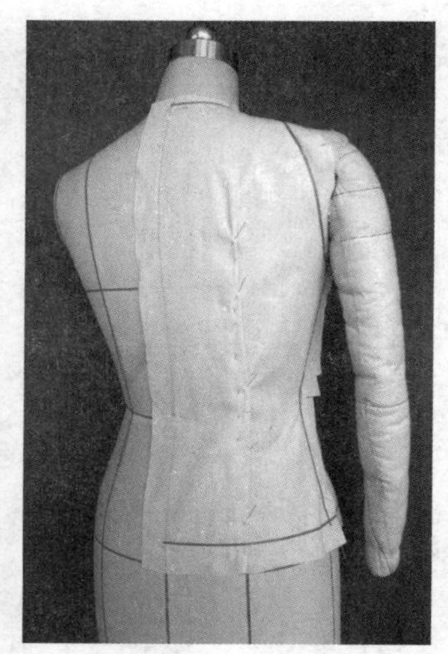

图4-83

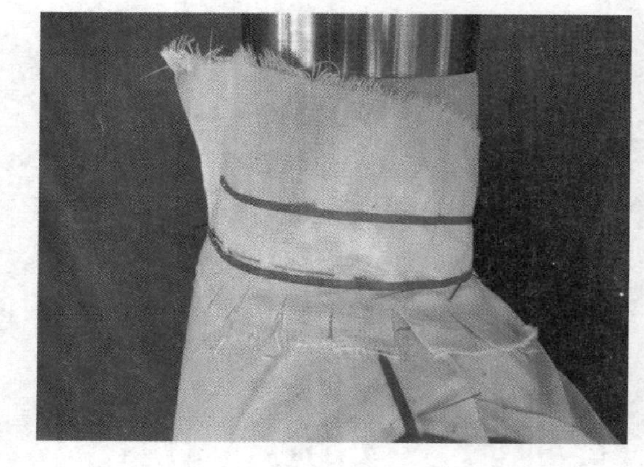

图4-84

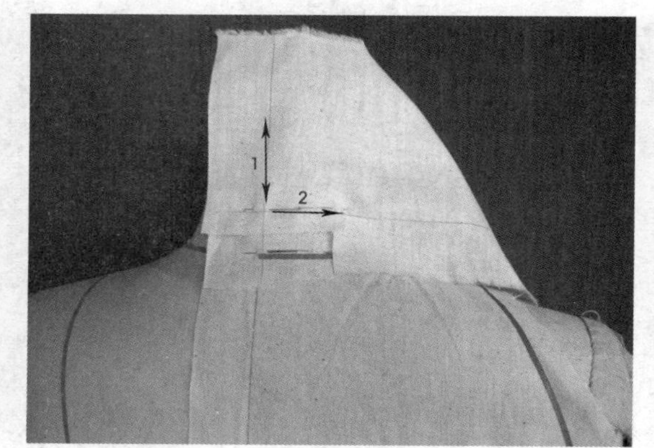

图4-85

⑫沿领底上口标记线别合企领布片，注意领口向前移动时要平顺（图4-86）。

⑬将领片向下翻折调整圆顺，并贴出标记线（图4-87）。

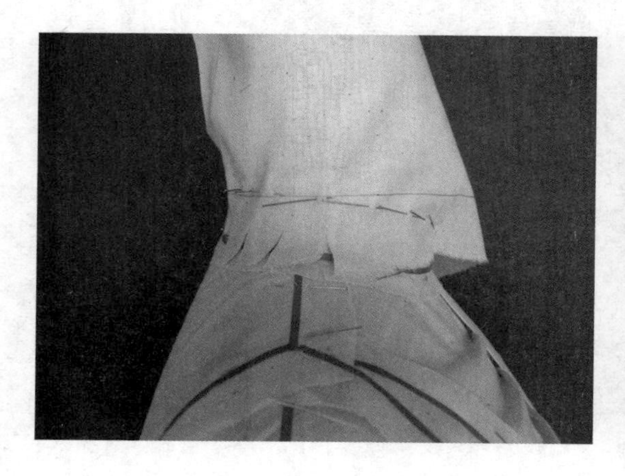

图4-86

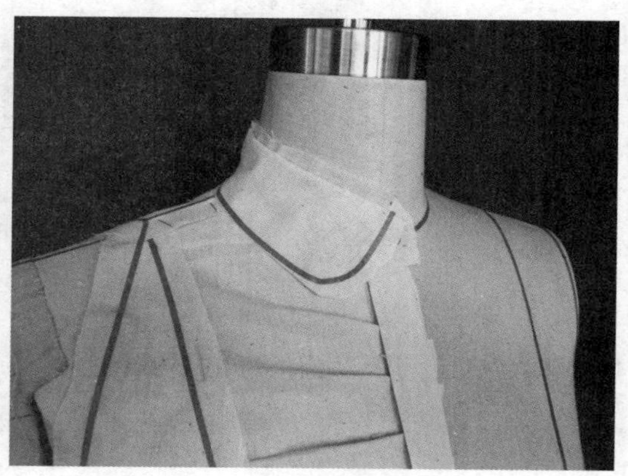

图4-87

⑭制作半插肩袖时，其插入点是肩部长度的一半。将该款式袖片中线与手臂中线相贴合，并顺势抚平肩部，将余量拉起别合于肩线（图4–88）。

⑮沿袖窿标记线别合袖片并调整袖型（图4–89）。

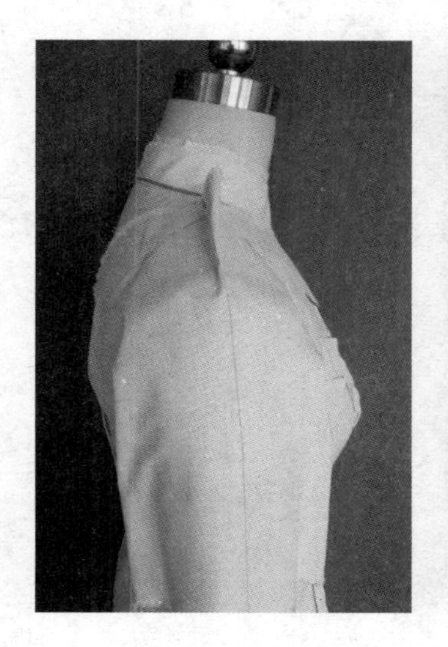

图4–88

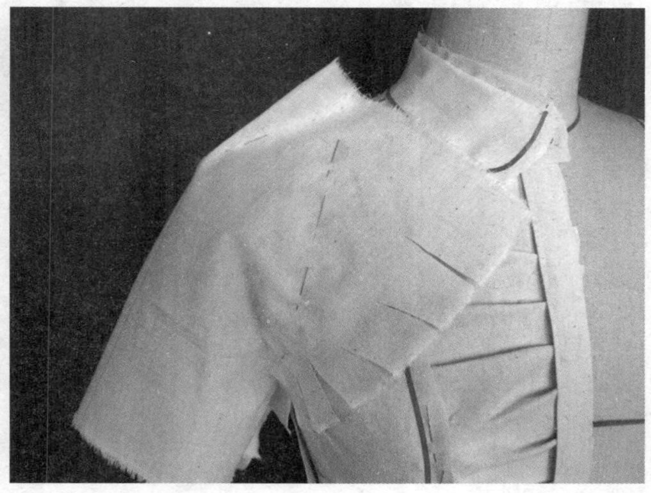

图4–89

⑯将肩部及袖窿余量剪去，袖口做对褶造型，调整后再次贴上标记线（图4–90）。

⑰进一步调整袖型与上衣片，检查胸围、腰围、臀围松量是否适中并整理完成（图4–91、图4–92）。

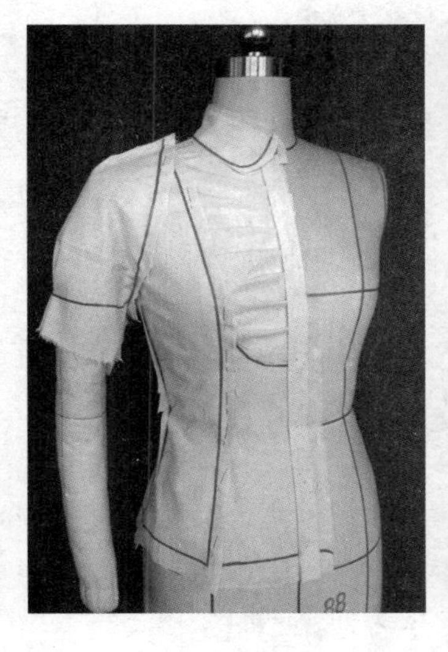

图4–90

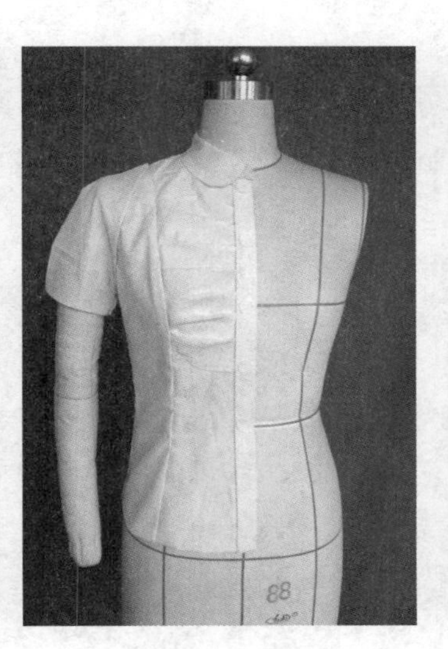

图4–91

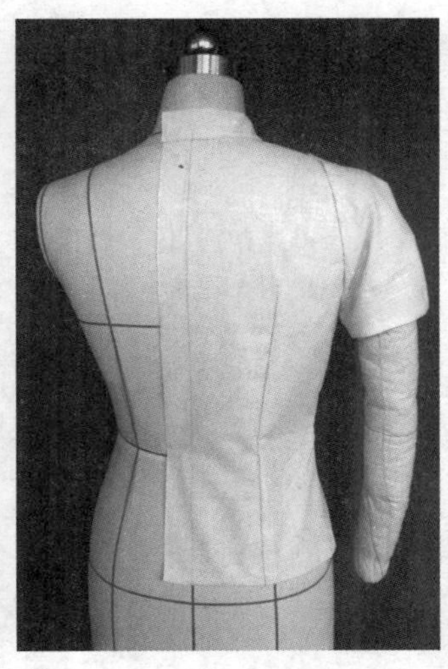

图4–92

⑱完成正面、侧面、背面效果图（图4–93 ~ 图4–95）。

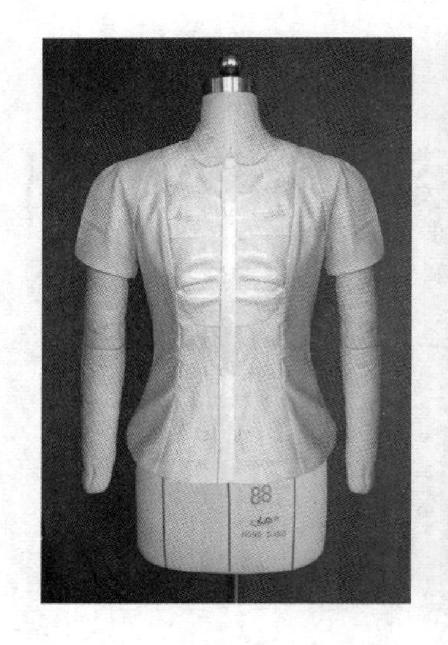

图4–93

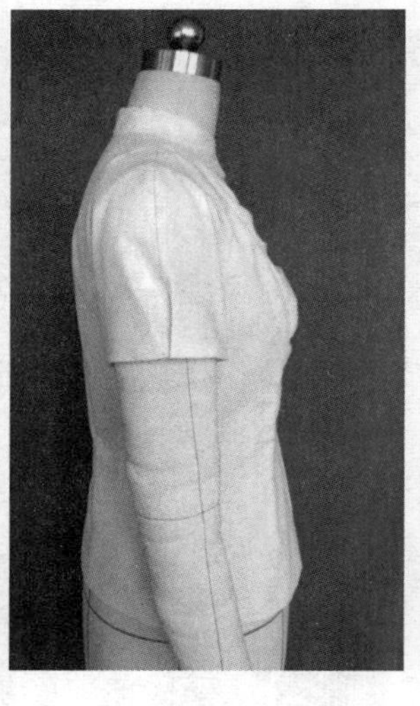

图4–94

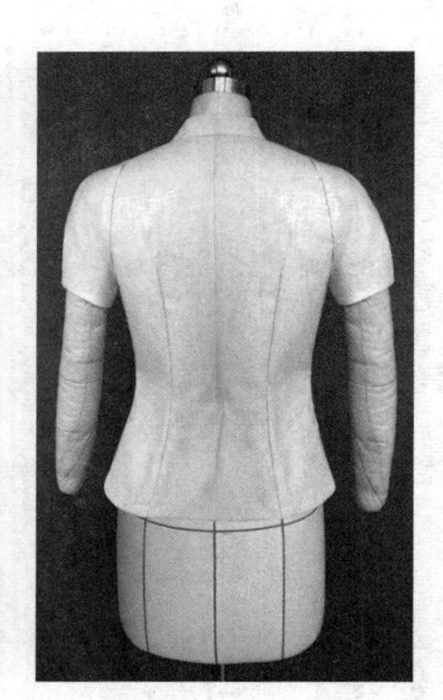

图4–95

⑲将调整好的衣片取下，修正、拓印纸样（图4–96）。

图4–96

2.尖角企领

尖角企领多与衬衫组合，用途广泛，本款借用立领衬衣的造型讲解其剪裁方法。

（1）款式特点

此款衣身部分与圆角立领衣身相同，在此就不再重复讲解（图4–97）。

图4–97

（2）造型重点步骤

①底领部分沿图中箭头所示方向将领片与衣片别合（图4–98）。

②调整后将底领贴合标记线（图4–99）。

③将领面布片如图中箭头所示方向与底领上口线别合（图4–100）。

④调整领片松量，使其圆顺自然（图4–101）。

⑤领片抚平后打剪口，将企领款式线用标记线标出并剪去余布（图4–102、图4–103）。

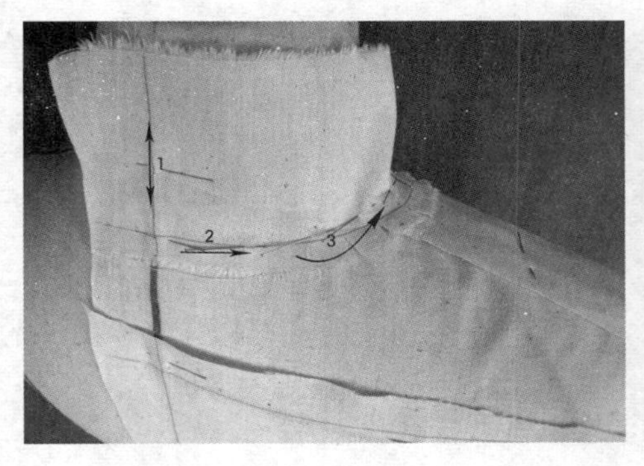

图4–98

图4–99

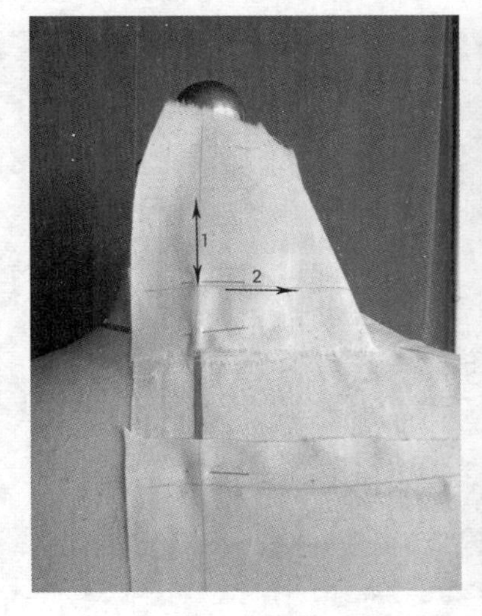

图4–100

图4–101

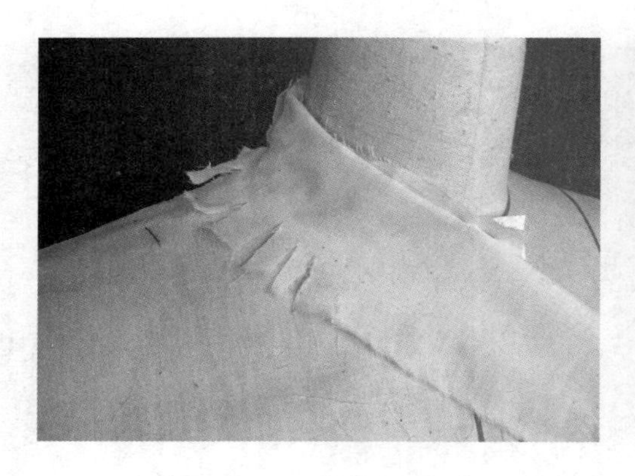

图4–102

图4–103

⑥完成正面、背面效果图（图4–104、图4–105）。

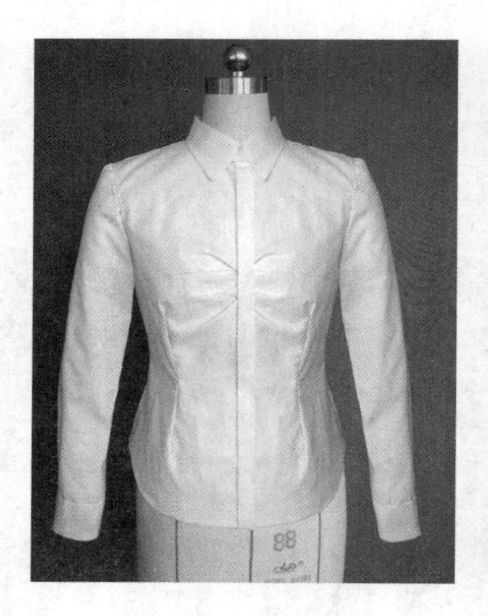

图4–104

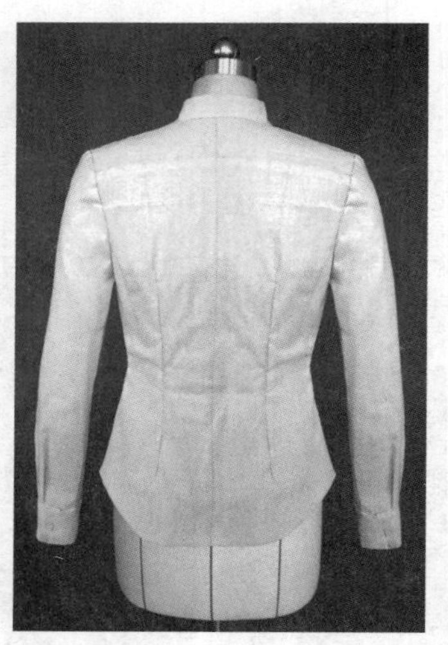

图4–105

⑦将调整好的衣片取下，修正、拓印纸样（图4–106）。

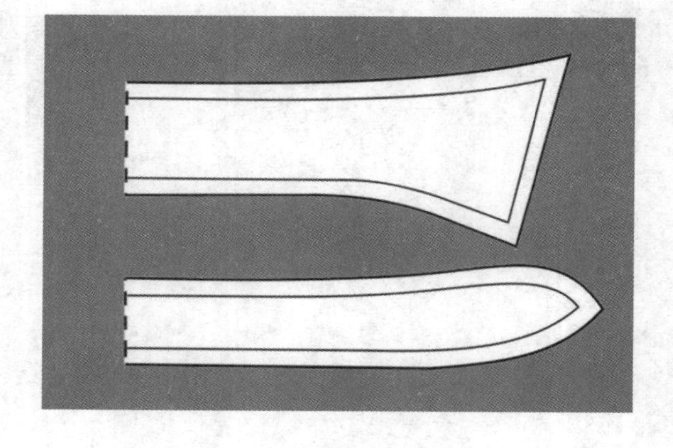

图4–106

四、平领

平领也称扁领，其特征是没有领座，服帖于肩部与背部，选择该服装领型能增强颈部修长感，适用的人群多为儿童与青年。

1.圆角平领

（1）款式特点

该款式为有腰饰，下摆为裙式的短款上衣，通过对本款式的学习可以了解平领的剪裁方法，并能够掌握多片组合上衣的松量分布方法，注意该款式的爹（张开）度设计也是一个重要学习要点，因此要求学习者认真领会其学习要点，掌握其剪裁方法（图4–107）。

图4–107

（2）造型重点步骤

①根据款式要求贴上标记线，并装上手臂（图4–108）。

②将上衣片前中心线、胸围线与人台中心线、胸围线相贴合（图4–109）。

③按照图中箭头所示，在公主线附近抓合省道，并做出胸部转折面（图4–110）。

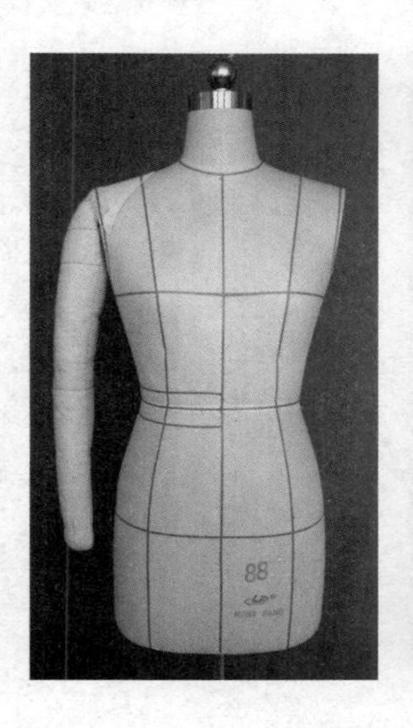

图4–108

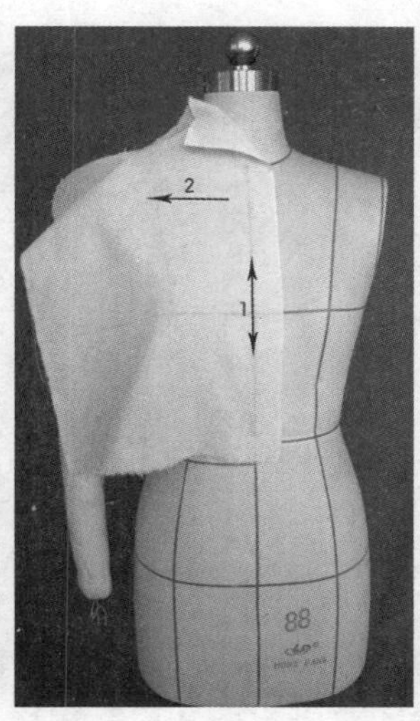

图4–109

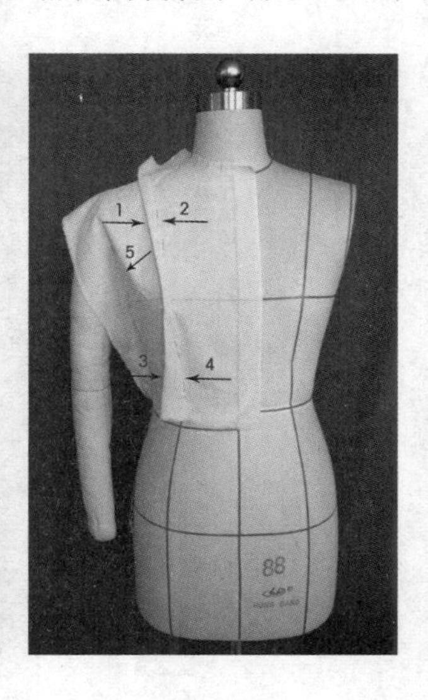

图4–110

④将抓起的省道别合，将肩部、侧缝的余布剪去并与人台别合（图4–111）。

⑤按照图中箭头所示方向在后片公主线附近抓出省道，注意后背转折面要留有松量，其造型要有方形转折效果（图4–112）。

⑥调整好省道松量及转折面造型后贴上袖窿、腰饰及标记线（图4–113）。

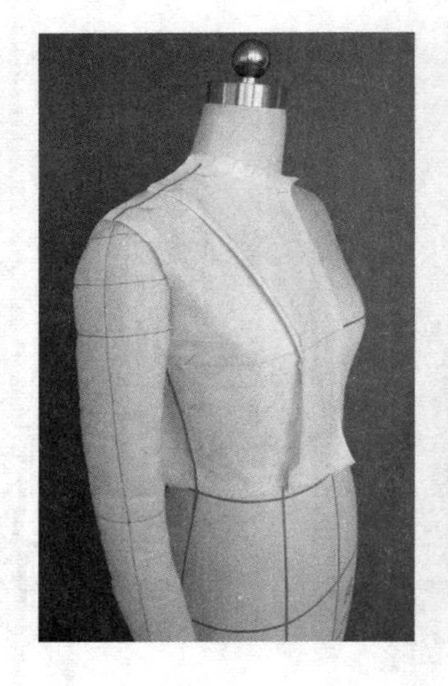
图4-111

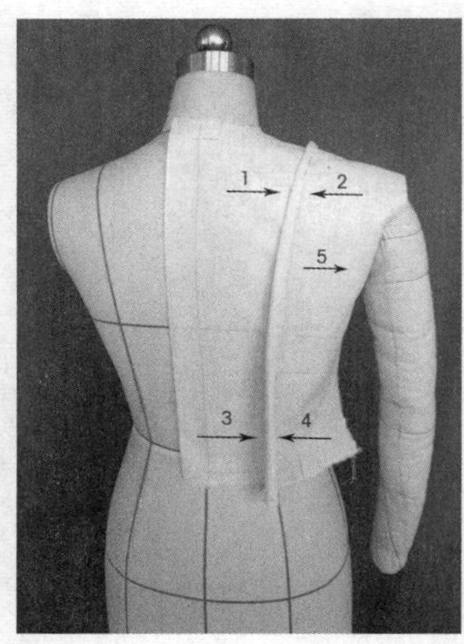

图4-112

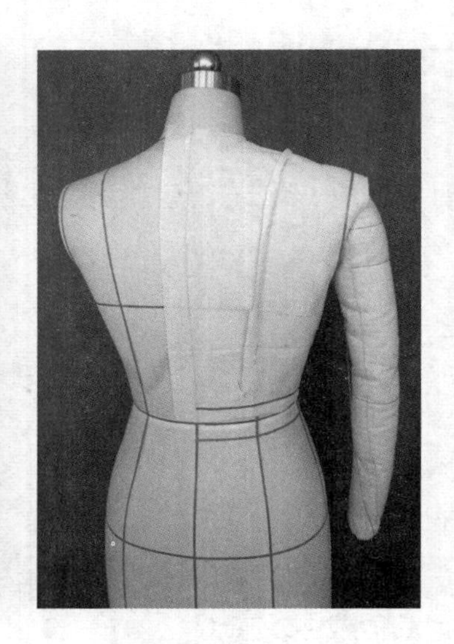
图4-113

⑦将腰饰衣片前中心线与上衣片前中心线贴合，并别合固定（图4-114）。

⑧将前裙饰片中心线对准人台前中心线，腰围线以上多留些余布，以便转折下爹度有充足的余量（图4-115）。

⑨别合裙饰片时逐步下拉裙饰片，使之在侧缝线附近形成所需要的爹度（图4-116）。

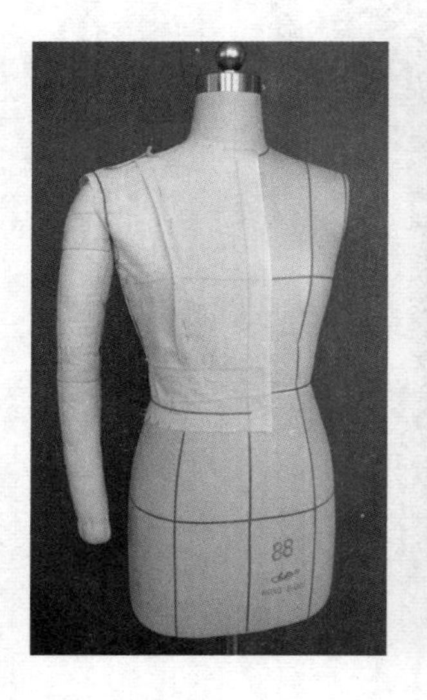
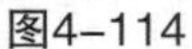
图4-114

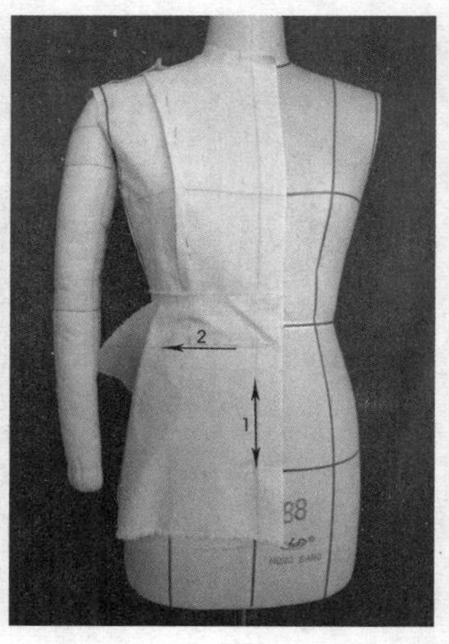

图4-115

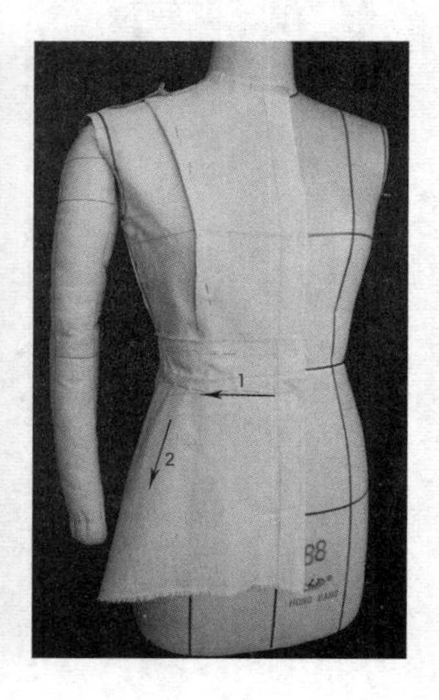

图4-116

⑩后裙饰片与前裙饰片做法相同，两片在侧缝线相交，注意检查布丝是否对应，调整造型爹度（图4-117）。

⑪在完成的衣片上贴上领口标记线（图4-118）。

⑫将领后中心线与人台后中心线相贴合，布丝要平直（图4–119）。

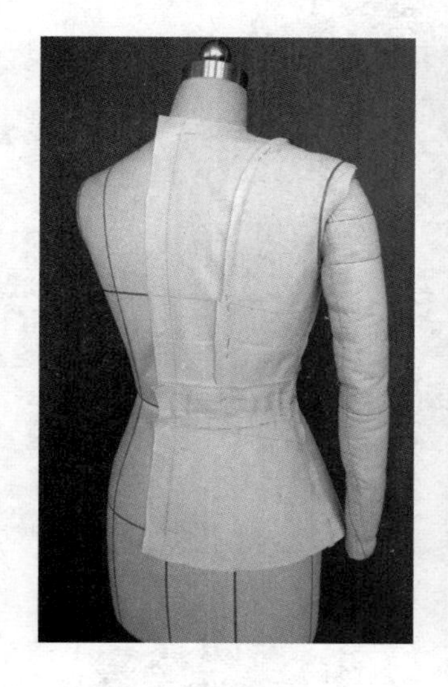

图4–117

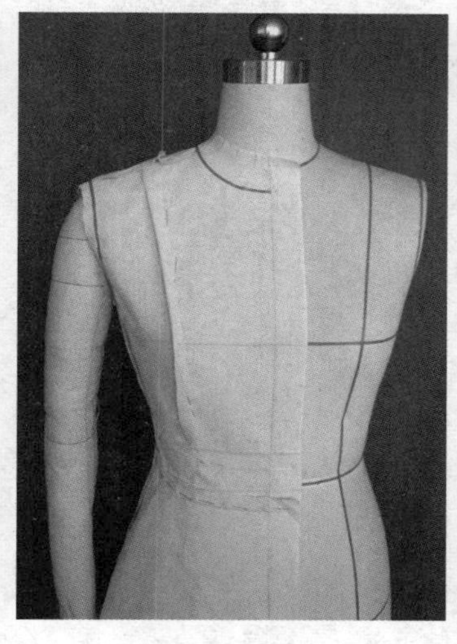

图4–118

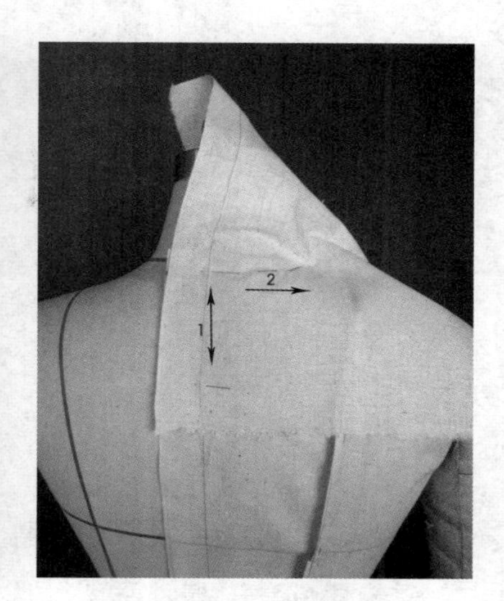

图4–119

⑬沿领口标记线顺势向前别合，注意领部与肩部的服帖程度，贴上领型造型线（图4–120）。

⑭剪去领口余布，将衣领造型整理完成并调整肩部与袖窿处松量（图4–121）。

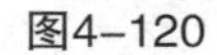

图4–120

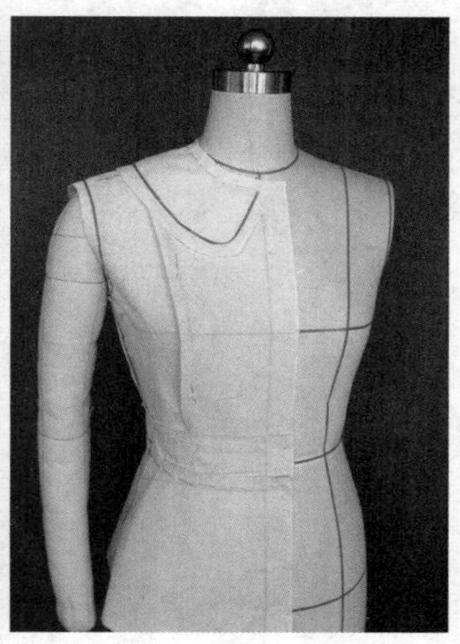

图4–121

⑮根据平面制袖方法裁剪一片袖，整理后与上身别合（图4–122、图4–123）。

⑯完成正面、侧面、背面效果图（图4–124 ~ 图4–126）。

⑰将调整好的衣片取下，修正、拓印纸样（图4–127）。

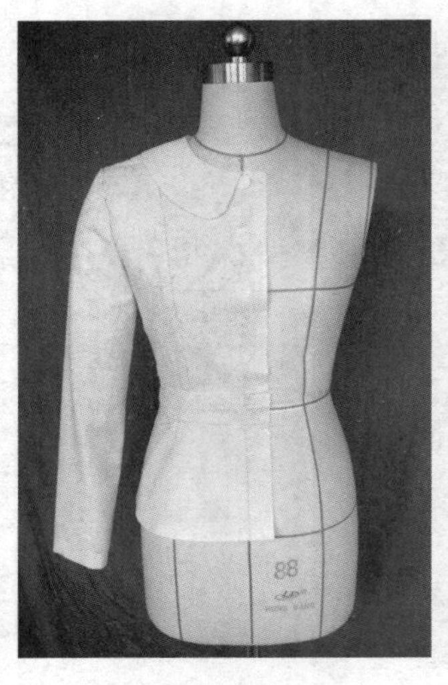

图4-122

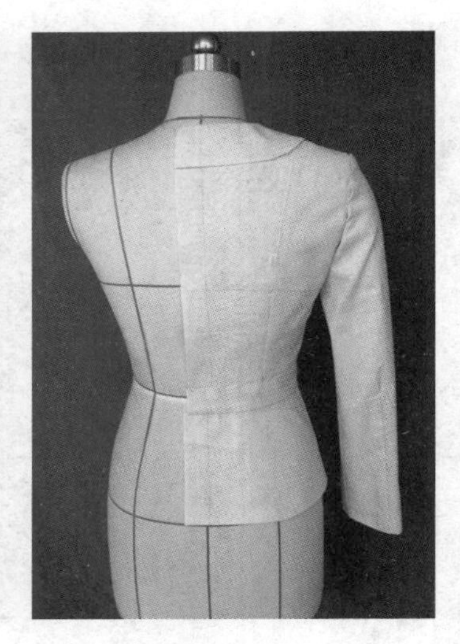

图4-123

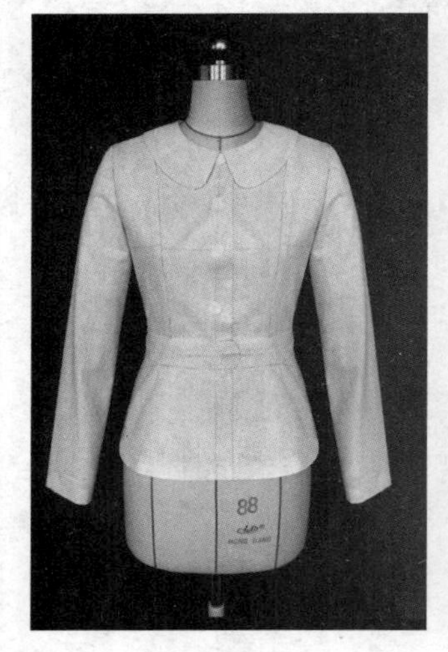

图4-124

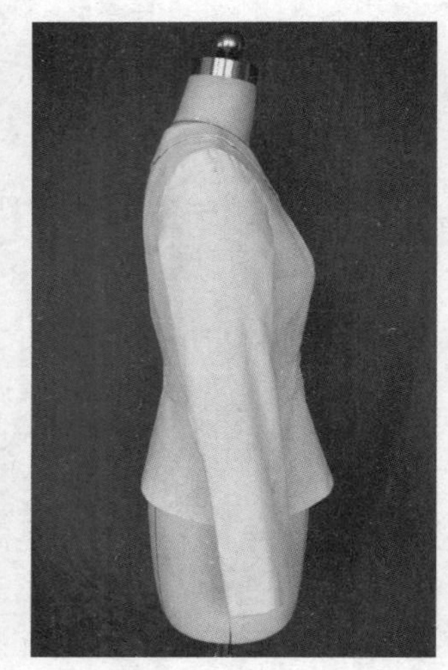

图4-125

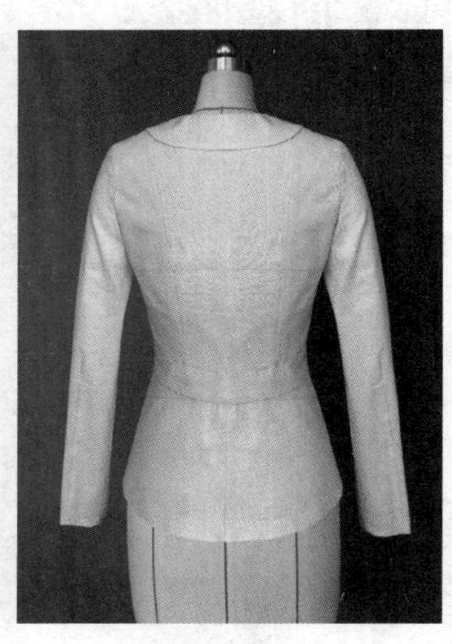

图4-126

图4-127

2.波浪造型平领

（1）款式特点

波浪造型平领活泼优美，是众多女性热爱的服装款式之一，该款式要重点把握波浪形平领的节奏与韵律美感，体会其造型特点，本款适用的面料多为轻薄的纱质材料，针织材料也可以（图4-128）。

图4-128

（2）造型重点步骤

①按照款式要求在人台上贴上标记线（图4-129）。

②将衣片前中心线与人台前中心线相贴合，肩部要平顺，剪去领口余布（图4-130）。

③按照图4-131中箭头所示方向依次抓合褶省，注意在胸部留有松量，不宜过紧（图4-131）。

④调整造型后剪去袖窿及侧缝余布，再次贴上标记线（图4-132）。

⑤将前衣片下摆与上衣片相别合，摆线留出衣褶余量（图4-133）。

⑥将衣片后中心线与人台后中心线相贴合，按照图中箭头所示方向做出背部转折面，腰部抓合出褶皱，调节量并别合固定（图4-134）。

⑦调整好后片造型，将袖窿与侧缝余布剪去，贴出领口线及侧缝线（图4-135）。

⑧将领片布与领口线别合，修正领型宽度，剪去余布并贴上标记线（图4-136）。

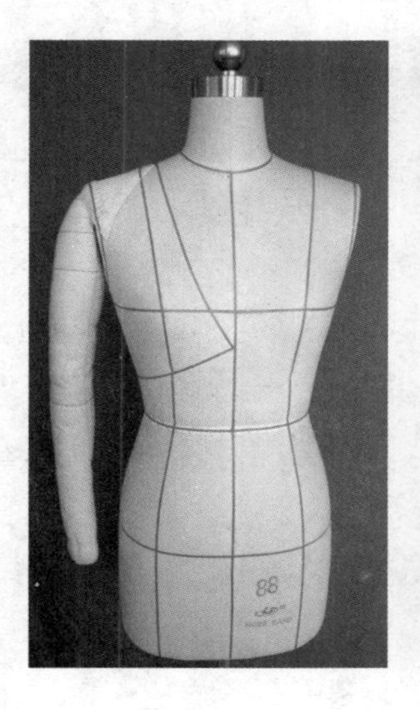

图4-129

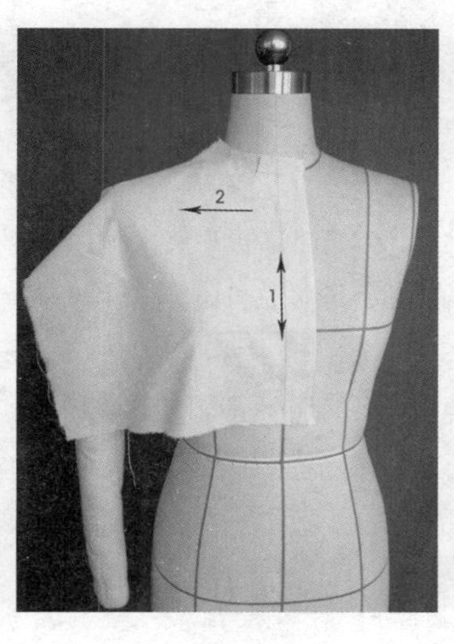

图4-130

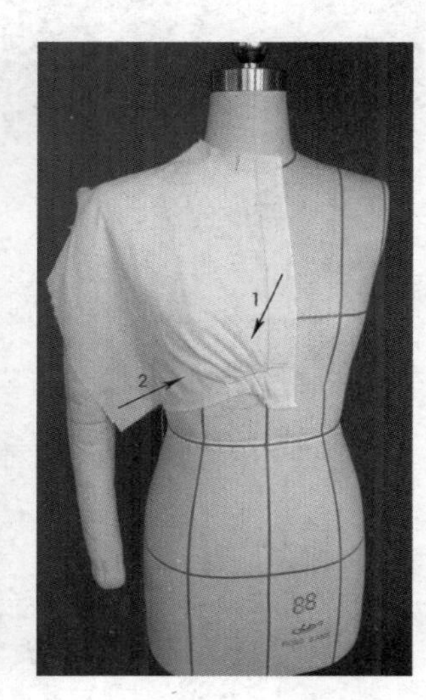

图4-131

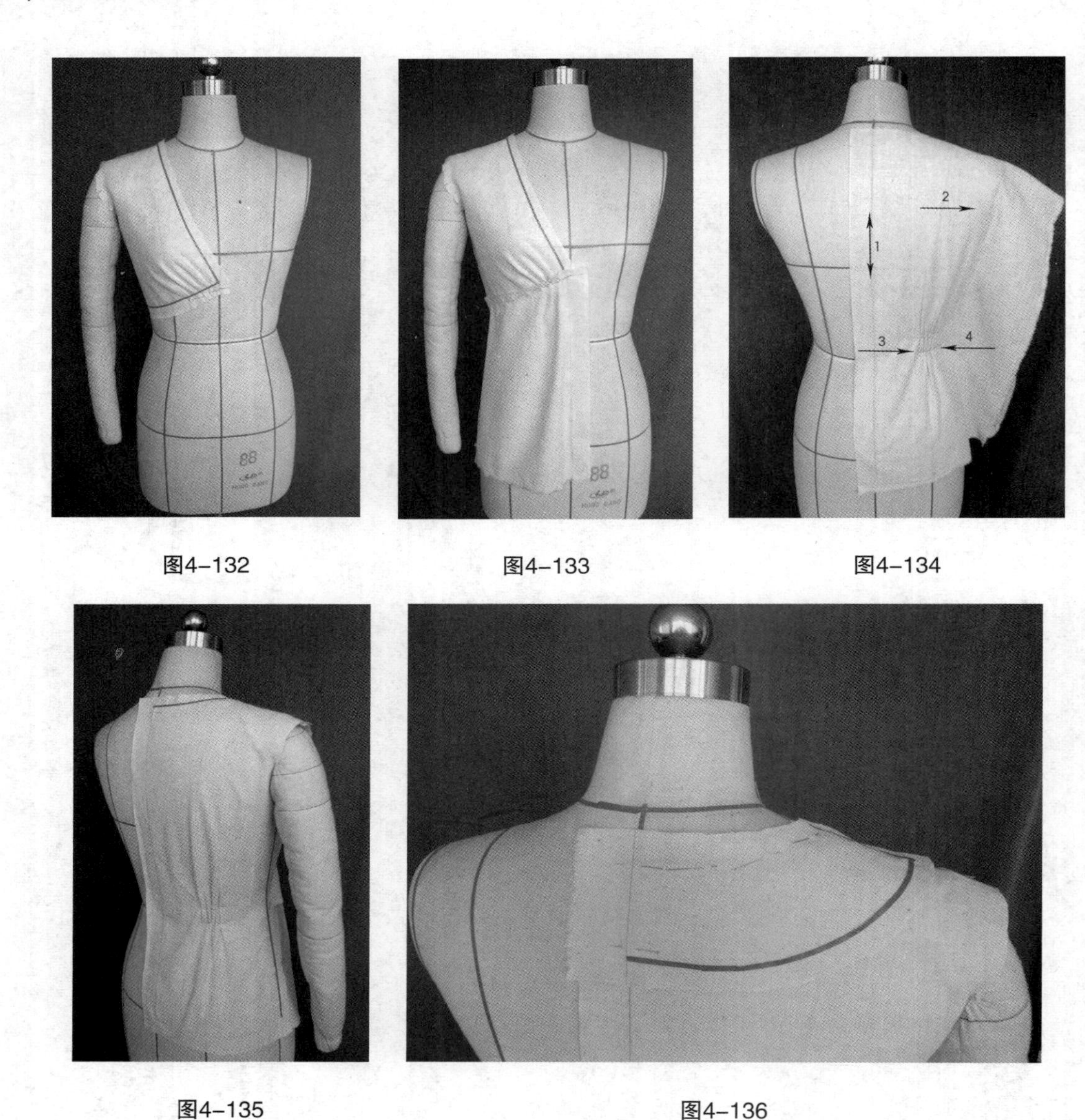

图4-132　图4-133　图4-134

图4-135　图4-136

⑨整理好后领片造型，在肩部及袖窿贴上标记线（图4-137）。

⑩前波浪领衣片按照箭头所示方向与后片平领在肩部别合，领部多放出余量，以便调节出领型的波浪形状（图4-138）。

⑪按照图中箭头所示方向，依次拉伸领片顺势向前别合，调整出波浪状（图4-139、图4-140）。

⑫根据领型要求，调整出所要的波浪造型并将余布剪去，袖型用平面制作方法剪裁整理后与衣身别合（图4-141）。

⑬整理造型，检查胸部、腰部及下摆的松量（图4-142、图4-143）。

⑭完成正面、侧面、背面效果图（图4-144 ~ 图4-146）。

⑮将调整好的衣片取下，修正、拓印纸样（图4-147）。

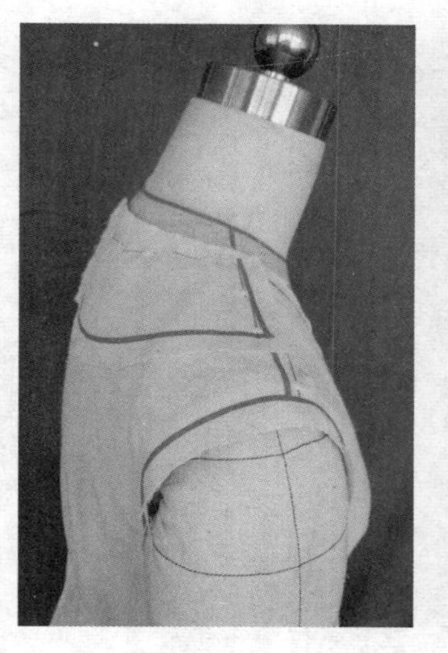

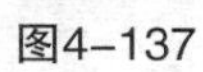

图4-137

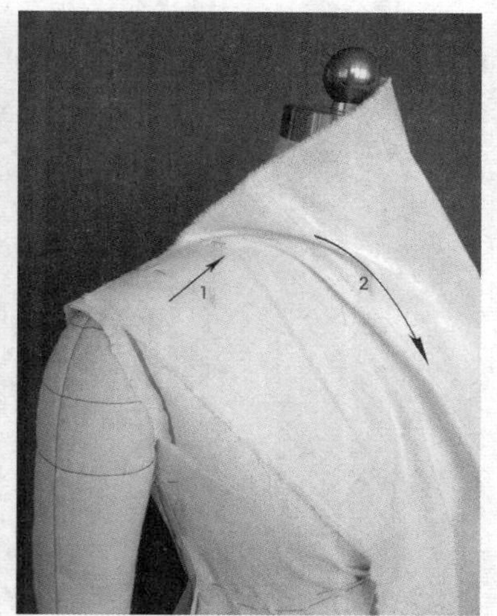

图4-138

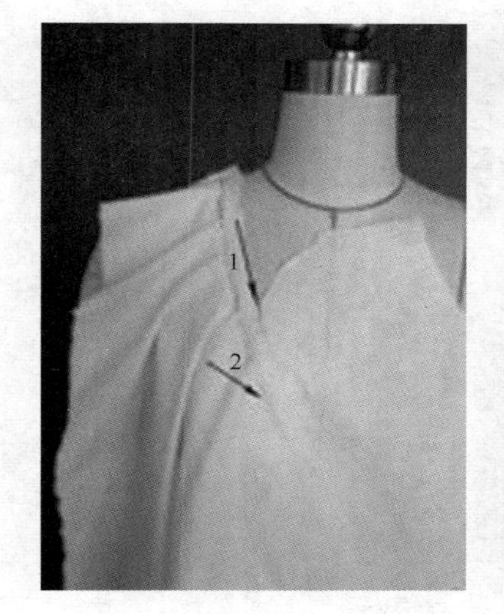

图4-139

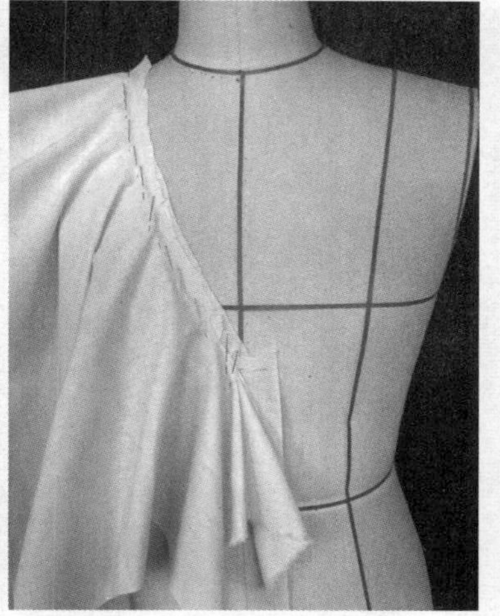

图4-140

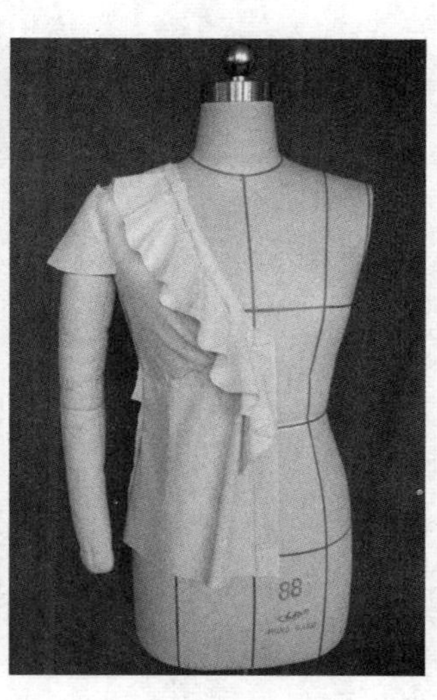

图4-141

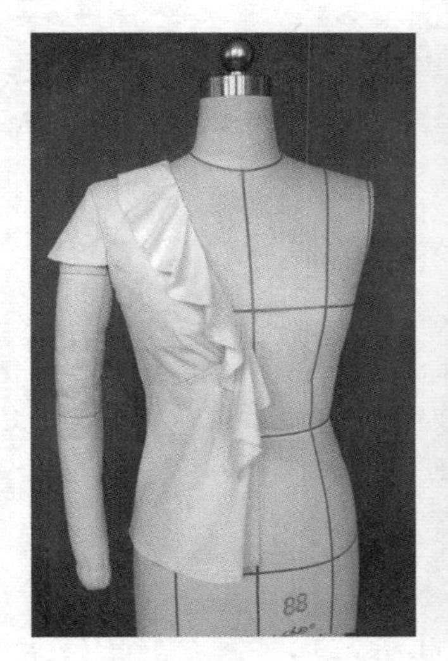

图4-142

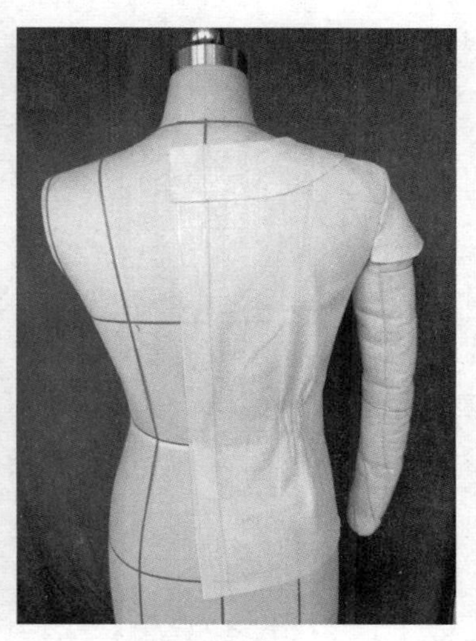

图4-143

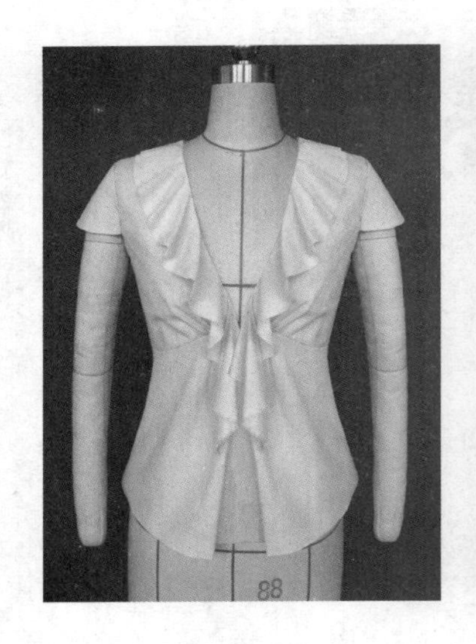

图4–144

图4–145

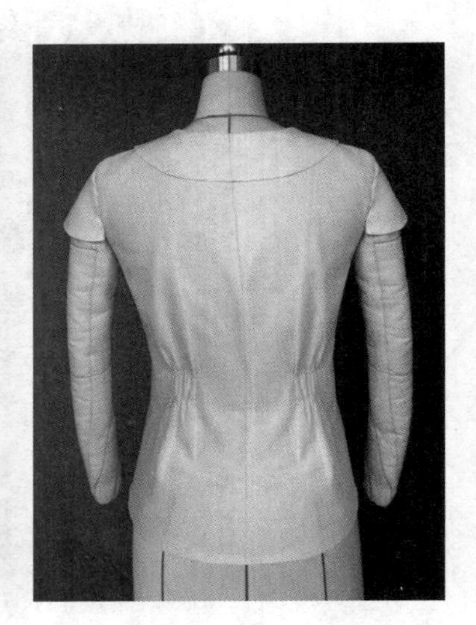

图4–146

图4–147

五、翻领

翻领也被称为西装领，其适用范围极为广泛，可以说它是领型中的“王者”，世界上绝大多数国家与地区都将该领型结构的服装定为正装，出席正式庄重的场合时穿用。因此对于学习服装设计的人来说，掌握该款式的裁剪方法十分必要，下面以八字形翻领为例进行讲解。

（1）款式特点

该款为翻领短款上衣，其领型是翻领结构的基础领型，掌握好其裁剪方法十分重要，因此要求学习者认真体会其制作要领，为以后的设计奠定良好的基础（图4-148）。

图4-148

（2）造型重点步骤

①将衣片的前中心线、胸围线与人台前中心线、胸围线相贴合，如图4-149中箭头所示方向，在BP点留有余量，并做出胸部侧转折面。

②如图4-150箭头所示方向，将部分腰省转移至领口并抓合固定，省尖离胸点约4cm。

③别合领省，省尖离BP点4cm，剪去袖窿余布并再次于肩部贴上标记线，整理好胸部转折面（图4-151）。

④将衣片后中心线与人台后中心线相贴合，背宽线与后中心线垂直（图4-152）。

⑤调整后衣片转折面，掌握好胸部和腰部松量，腰部打剪口，沿侧缝线与前片别合，剪去袖窿处余布（图4-153）。

⑥整理好衣片造型，按照图中箭头所示方向调整腰部造型并在袖窿处贴上标记线（图4-154）。

⑦从后衣片开领口1cm，向上2.5cm贴标记线（图4-155）。

⑧将前衣片上的领口线、翻驳线、驳口线标出标记线（图4-156）。

⑨如图中箭头所示调整腰部及胸部松量，按照款式要求贴出下翻领线并剪去余布（图4-157）。

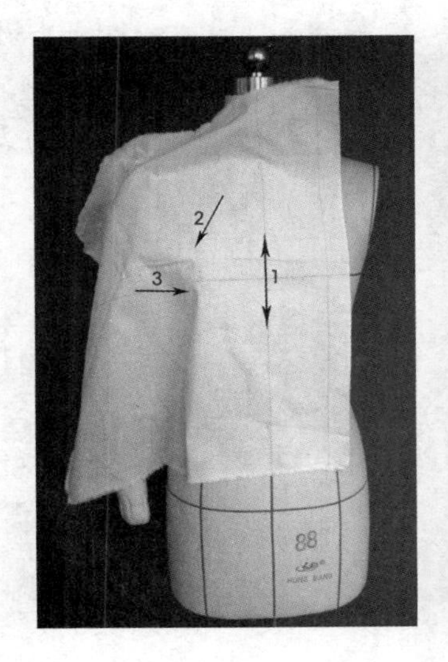

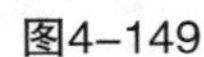

图4-149

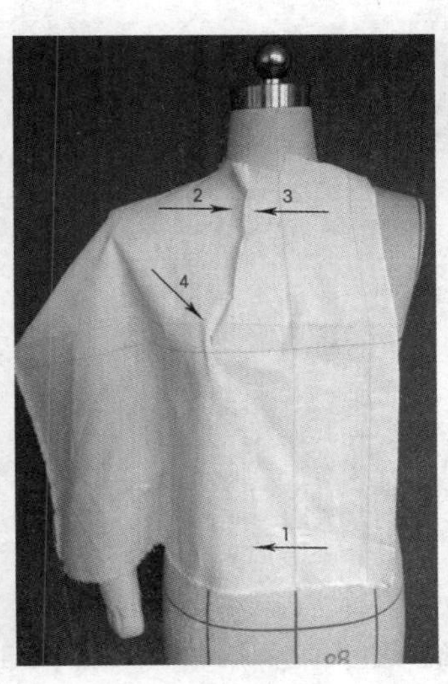

图4-150

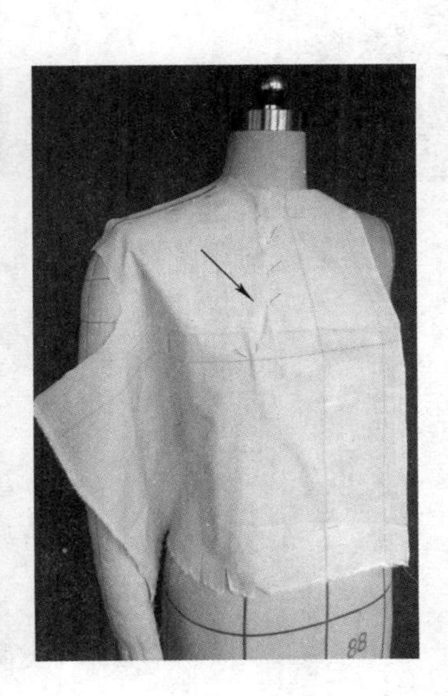

图4-151

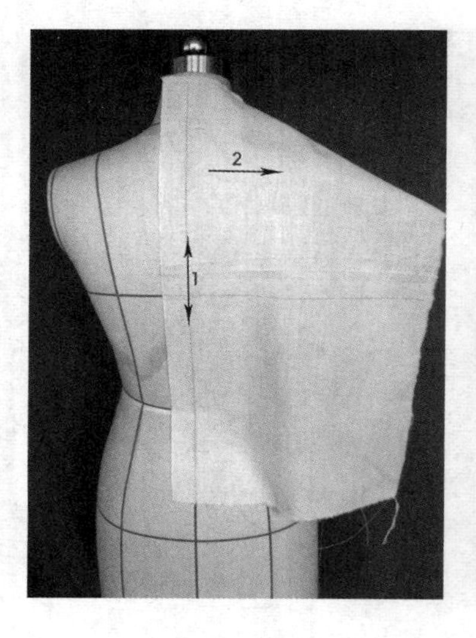

图4-152

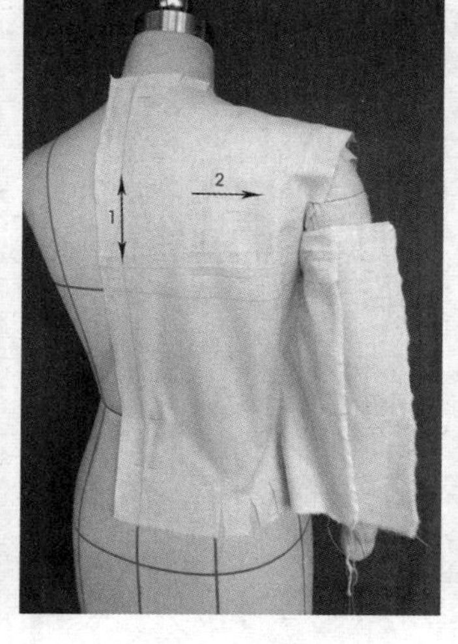

图4-153

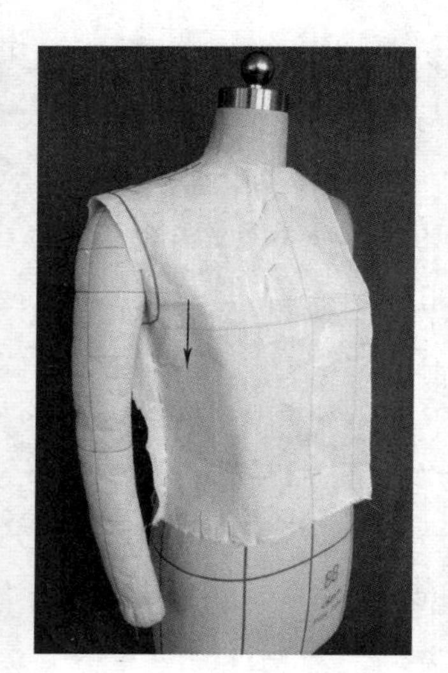

图4-154

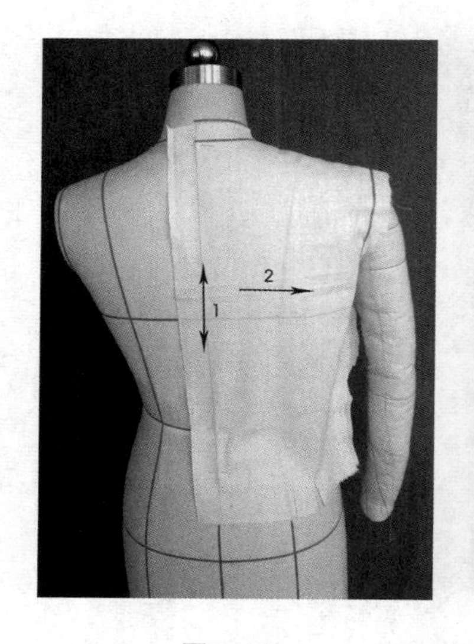

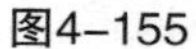

图4-155

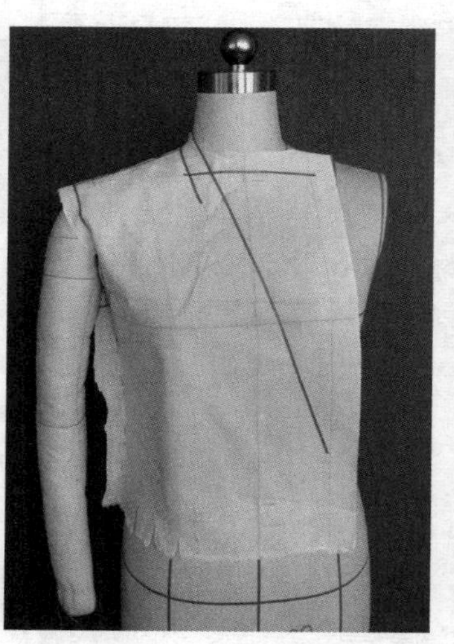

图4-156

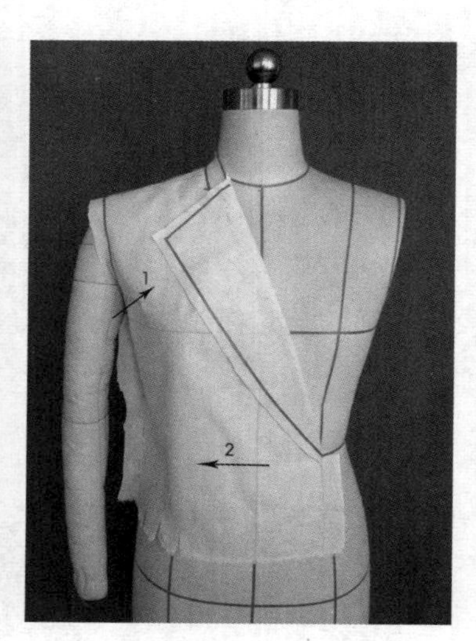

图4-157

⑩将上领布片后中线与人台颈部后中线相贴合，并按图4-158中箭头所示方向别合领口线。

⑪如图4-159中箭头所示方向，在领部打剪口，顺势向前别合，注意后领中线一定要与人台后中心线的延长线相重叠。

⑫调整后将衣领余布剪去，整理好领部造型（图4-160）。

⑬按照平面裁剪方法制成两片袖，整理后与衣身袖窿别合（图4-161、图4-162）。

⑭完成正面、侧面、背面效果图（图4-163～图4-165）。

⑮将调整好的衣片取下，修正、拓印纸样（图4-166）。

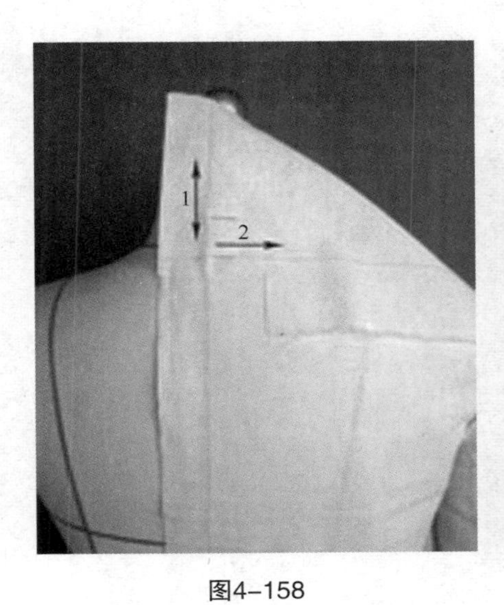

图4-158

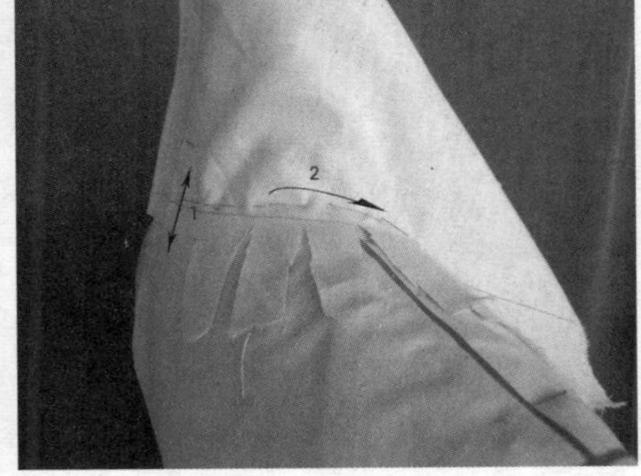

图4-159

图4-160

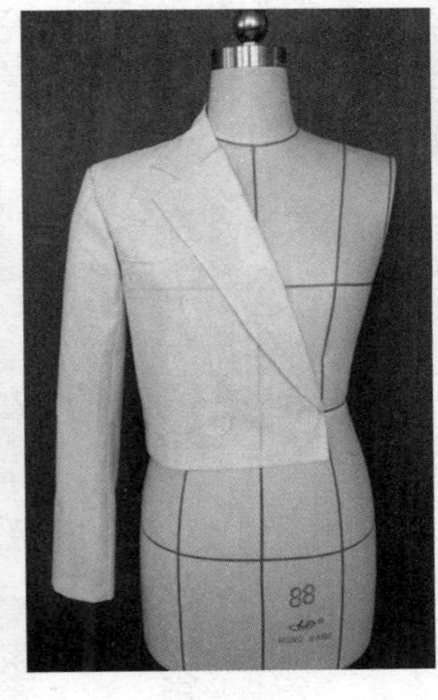

图4-161

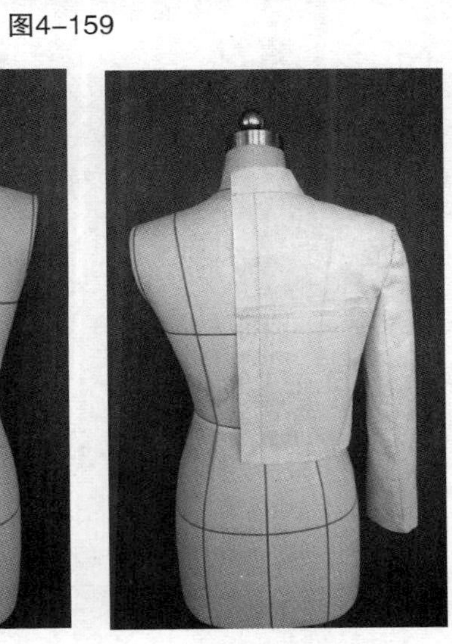

图4-162

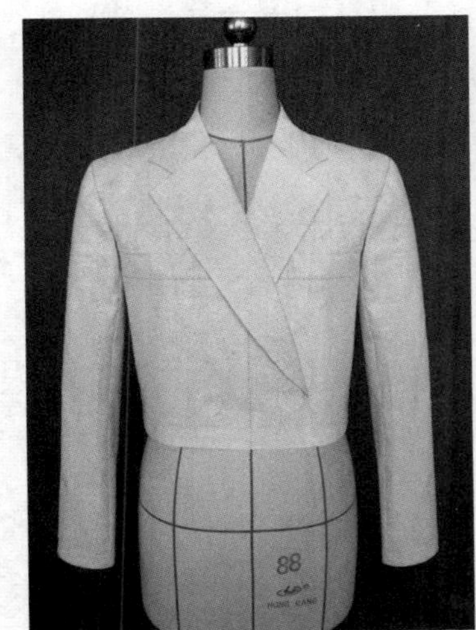

图4-163

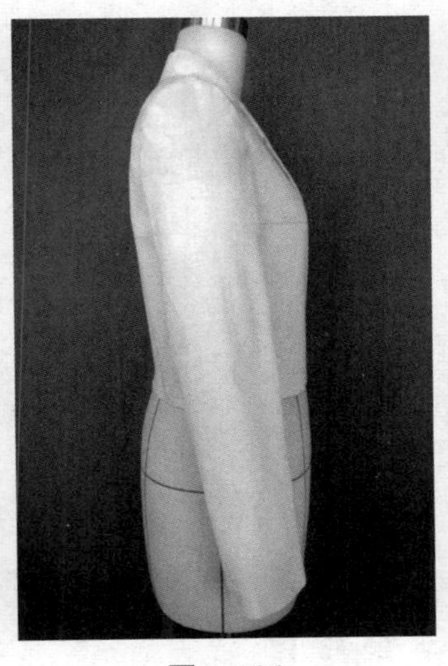

图4-164

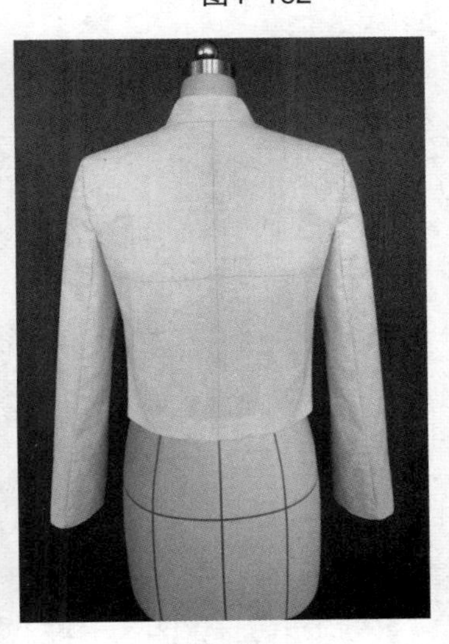

图4-165

图4-166

六、垂坠褶领

垂坠褶领华丽而优美，多用于与礼服的设计之中，能够将穿着者的优雅与神秘表现得淋漓尽致。垂坠褶领多采用面料的正斜布丝来设计，使得垂坠的韵律感更加突出，面料多选用丝绸、纱及针织材料。下面以弧形垂坠褶领为例进行讲解。

（1）款式特点

该领的裁剪方法在垂坠褶领中具有一定的代表性，设计与剪裁时，注意其褶皱造型不宜过于对称，那样会产生机械死板的感觉，多实践，了解面料与人体的关系，从而制作出优美的领部造型（图4-167）。

图4-167

（2）造型重点步骤

①将衣片前中心线、胸围线与人台前中心线、胸围线相贴合（图4-168）。

②剪去领口余布（图4-169）。

③腰部抓出两个活褶省并别合（图4-170）。

④将别合好的前片下摆推至腰线，并整理成蓬起状造型（图4-171）。

⑤在侧缝留有松量，将袖窿余布剪去（图4-172）。

⑥将后领布呈45°正斜丝对准人台后中心线，两端拉起呈“V”形，并别合固定于人台肩部（图4-173）。

⑦抓出第二个垂褶，顺肩形整理出弧形垂褶并别合固定（图4-174）。

⑧第三个垂褶，如图中箭头所示整理出弧形垂褶并别合固定于肩部，将下摆推向腰部，调整后呈悬垂状（图4-175）。

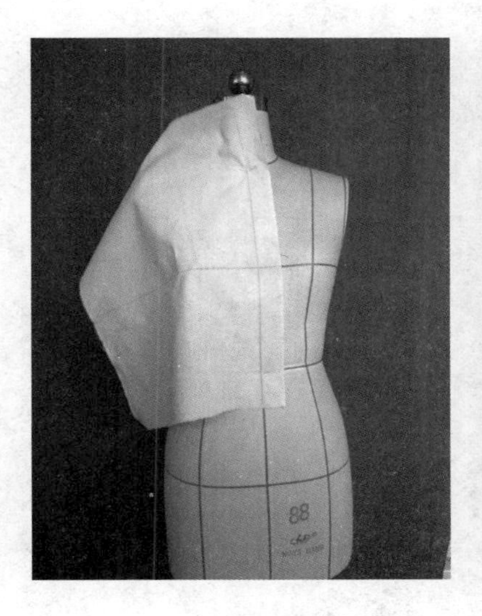

图4-168

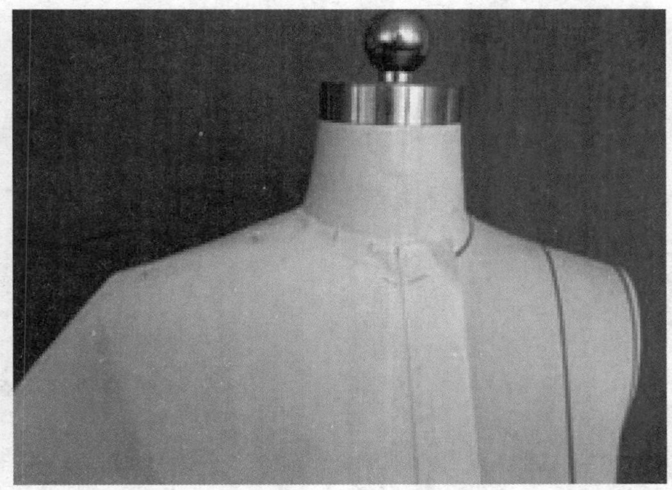

图4-169

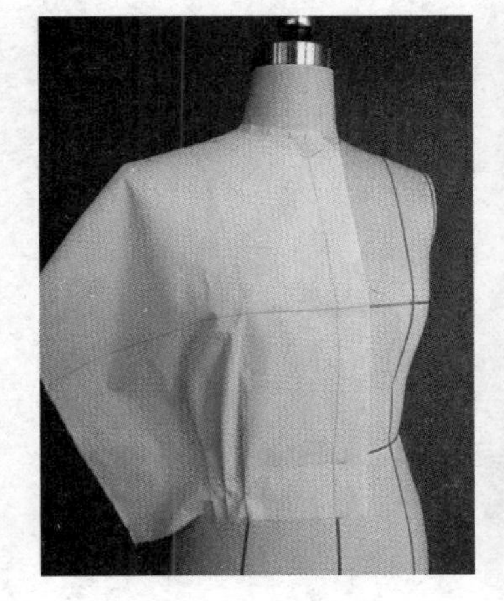

图4-170

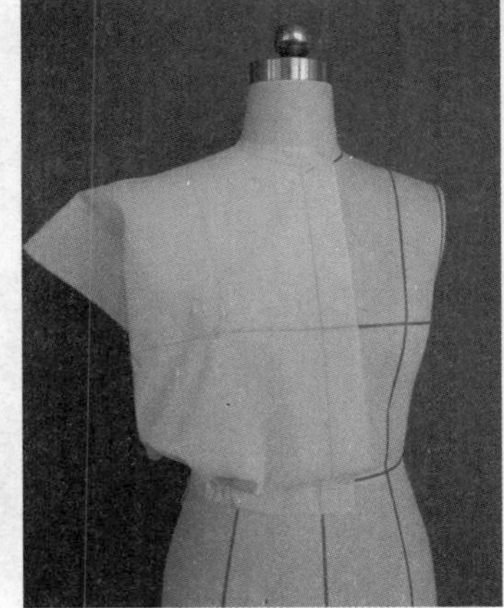

图4-171

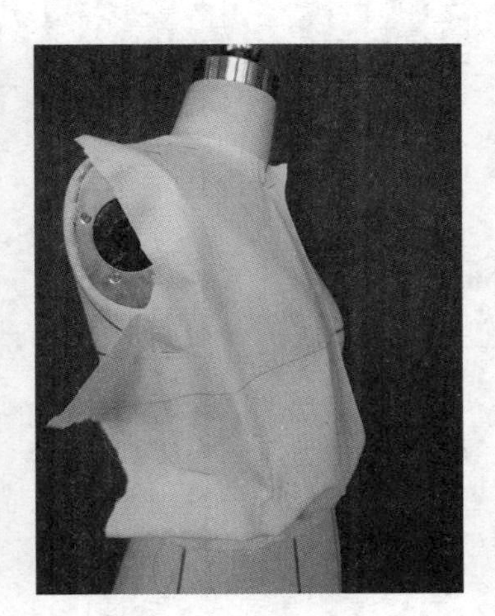

图4-172

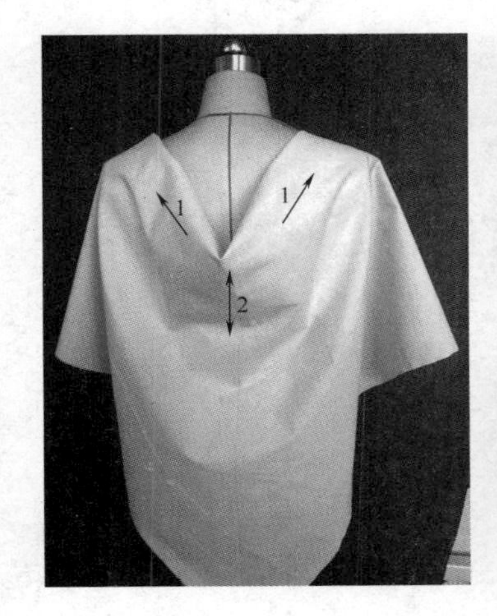

图4-173

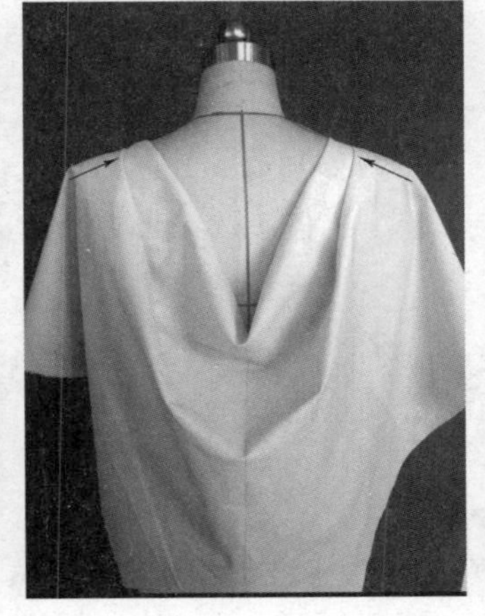

图4-174

图4-175

⑨下摆打剪口，整理好整体造型，将侧缝与前片相别合（图4-176）。

⑩调整褶峰的韵律感，相邻褶峰之间的距离不能相差过大，标出袖窿线与侧缝线（图4-177）。

⑪将前衣片和垂坠褶领衣片调整后剪去余布，并贴上标记线（图4-178）。

图4-176

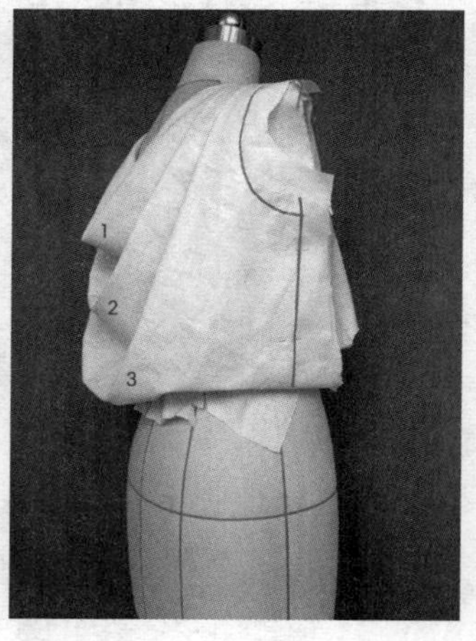

图4-177

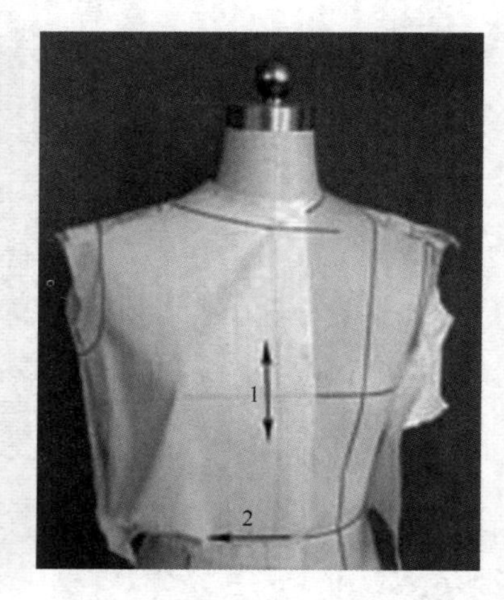

图4-178

⑫完成效果（图4-179）。

⑬将调整好的衣片取下，修正、拓印纸样（图4-180）。

图4-179

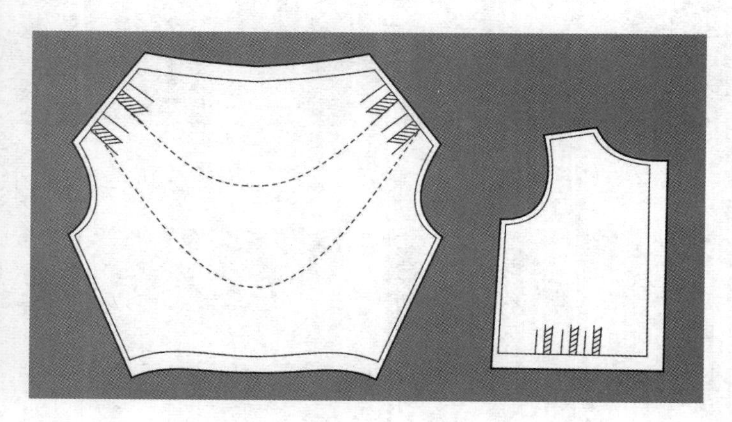

图4-180

练习及思考题

根据本章中知识要点，分析有代表性的服装领型，并制作完成立体作业5例。

理论应用与实践——

裙装的变化

课程内容： 1.窄裙
2.斜裙
3.育克裙
4.波浪裙
5.吊钟形波浪裙
6.十片裙
7.斜褶裙
8.吊带裙

上课时数： 12课时

教学提示： 阐述裙装的结构变化，引导学生分析裙装变化的规律，布置和讲解本章节中范例的设计与剪裁要领。

教学要求： 掌握五种以上的裙装裁剪方法。

课前准备： 分析款式准备所需坯布。

第五章　裙装的变化

裙装在现代女性生活中有着重要的地位，它可以将女性的身体表现得更加婀娜多姿，美丽修长的双腿、丰盈俏丽的臀部是都市生活中独特的风景。因此裙装是女性展现自己的必要“装备”，这也就是裙装世代永存的原因。

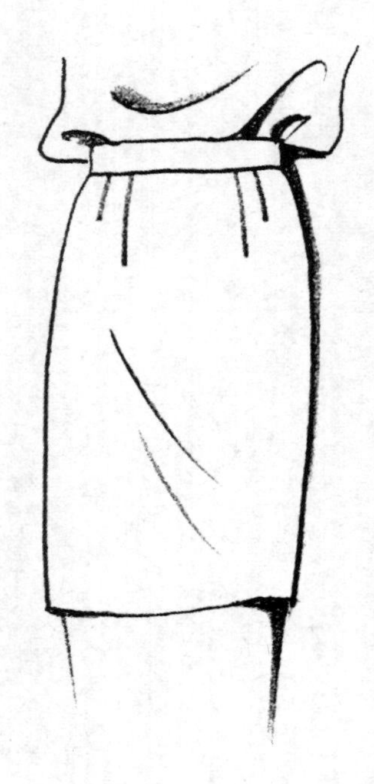

图5-1

一、窄裙

（1）款式特点

窄裙也称直身裙，在裙装中属于基本款，但适用范围很广泛，多用于职业装，可以说是裙装中的常青树，永远受到女性的青睐（图5-1）。

（2）造型重点步骤

①将裙片前中心线、臀围线与人台前中心线、臀围线相贴合，沿图中箭头所示方向在臀围加松量1.5cm，在侧缝与人台别合（图5-2）。

②按图中箭头所示方向整理前裙片，将腰部余量分解成两个直省，与腰部别合（图5-3）。

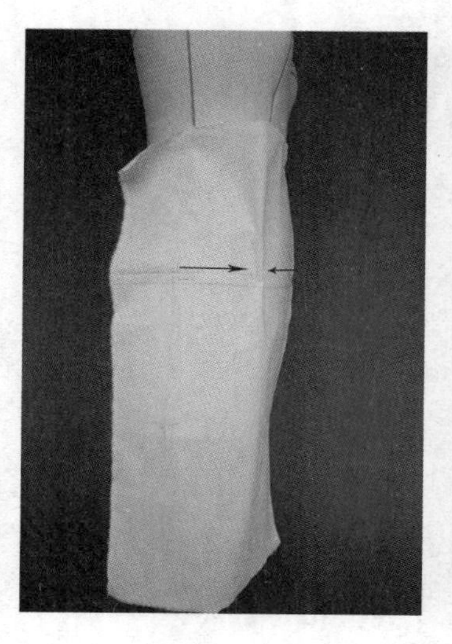

图5-2

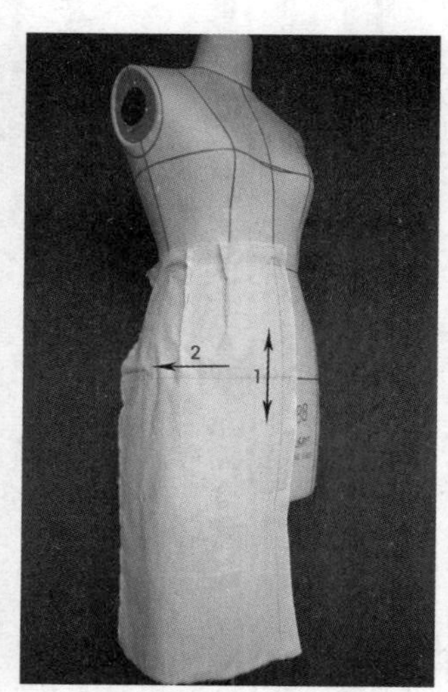

图5-3

③后裙片制作方法与前裙片相同，臀围线留出1.5cm余量。（图5–4）。

④后裙片腰部余量分解成两个直省，固定于腰部，后裙片与前裙片在侧缝线别合（图5–5）。

⑤剪去余布，调整臀部松量，修整裙摆使其与地平面平行，并整理好裙型（图5–6）。

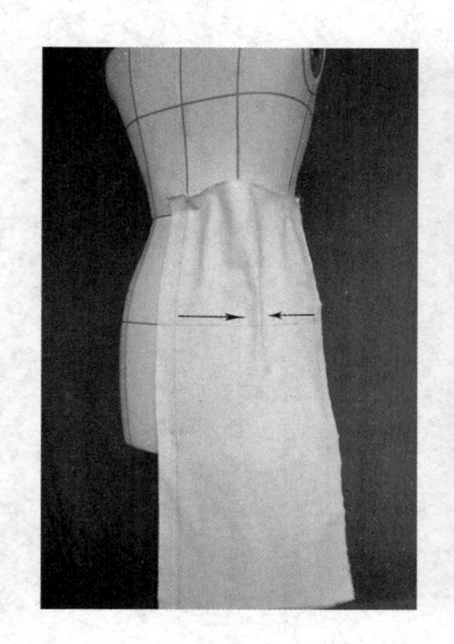

图5–4

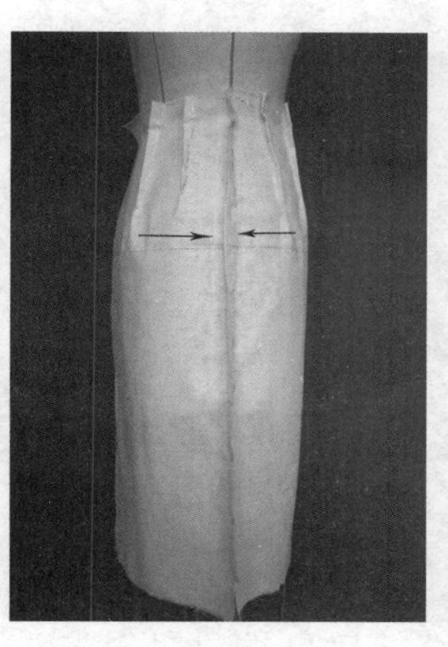

图5–5

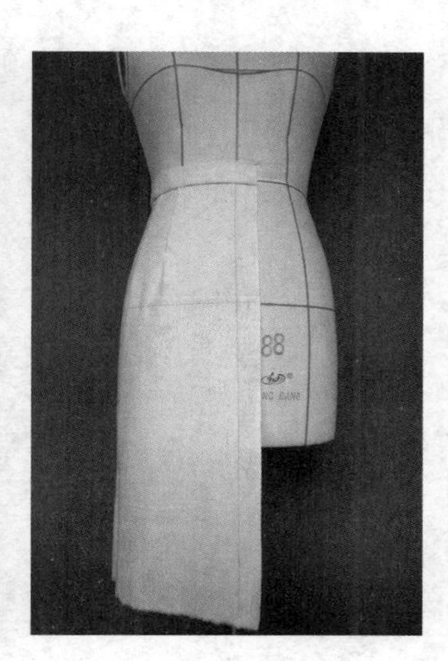

图5–6

⑥完成正面、侧面、背面效果图（图5–7 ~ 图5–9）。

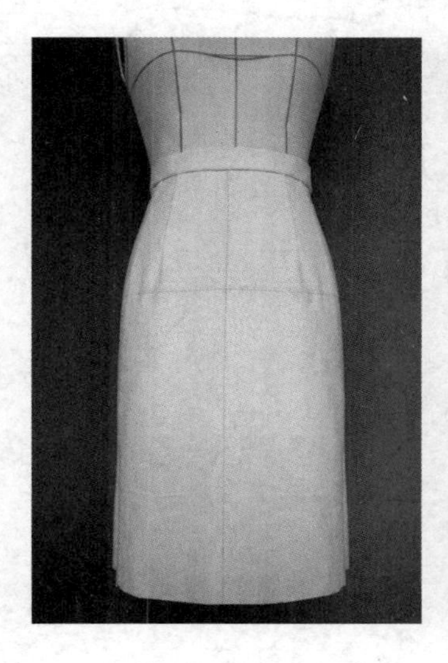

图5–7

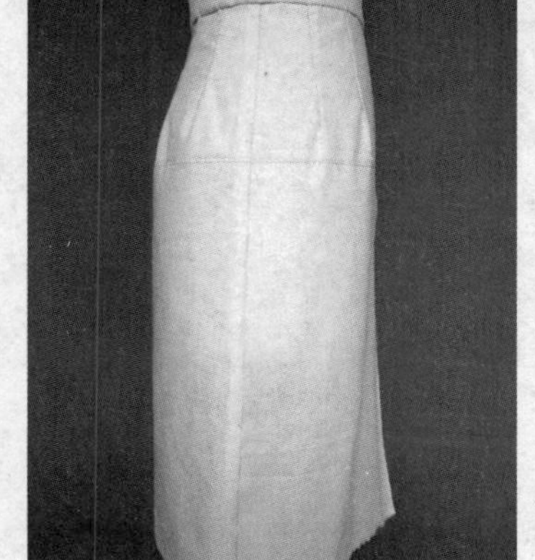

图5–8

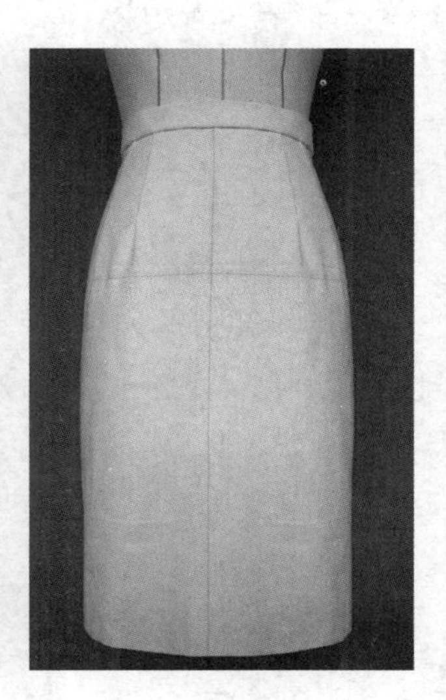

图5–9

⑦将调整好的裙片取下，修正、拓印纸样（图5-10）。

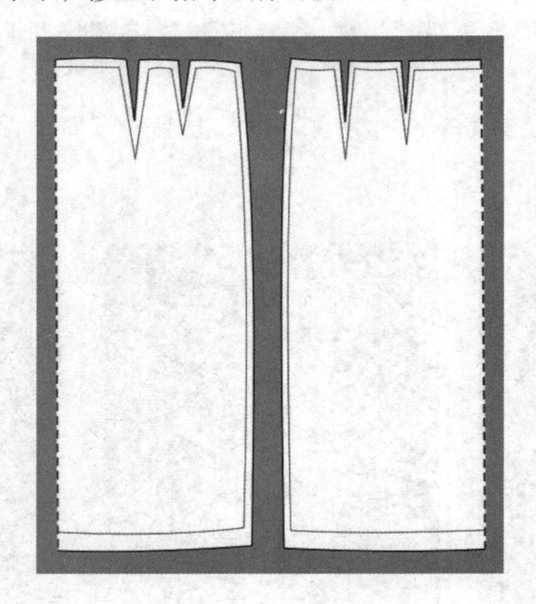

图5-10

二、斜裙

（1）款式特点

该款式廓型呈梯型，前、后裙片有两个省道，便于外出、工作穿用，适用人群比较广泛。由于款式比较简单，所以必须注意整体的均衡美感（图5-11）。

图5-11

（2）造型重点步骤

①将裙片前中心线、臀围线与人台前中心线、臀围线相贴合，侧臀部预留1.5cm松量（图5-12）。

②将腰部余量分解成两部分，前一部分收省并固定于腰部；另一部分顺势向后推展，使裙片呈梯形（图5-13）。

③调整好臀围松量，在侧缝线贴标记线后剪去余布（图5-14）。

④后裙片制作方法与前裙片制作方法相同，检查后裙片布丝方向与前裙片布丝方向对接是否相同，布丝方向要保持一致（图5-15）。

⑤调整斜裙造型并装上裙腰（图5-16）。

⑥调整臀部松量，检查整体造型（图5-17、图5-18）。

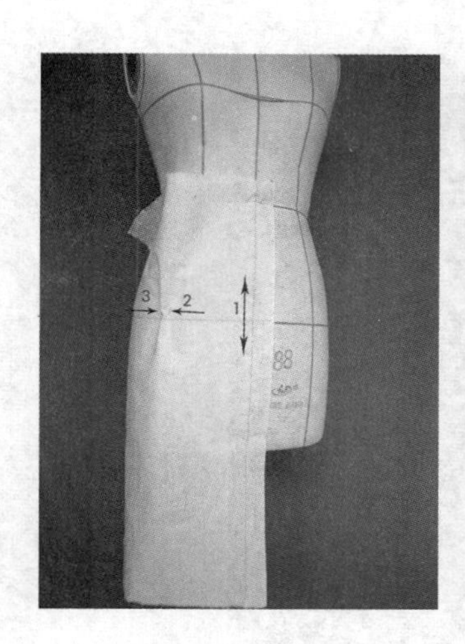

图5-12

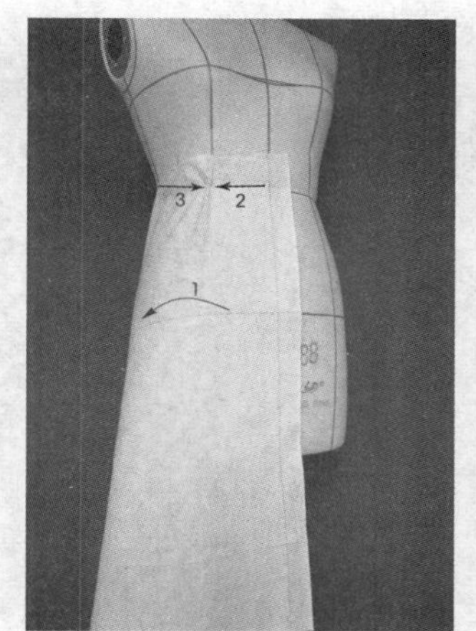

图5-13

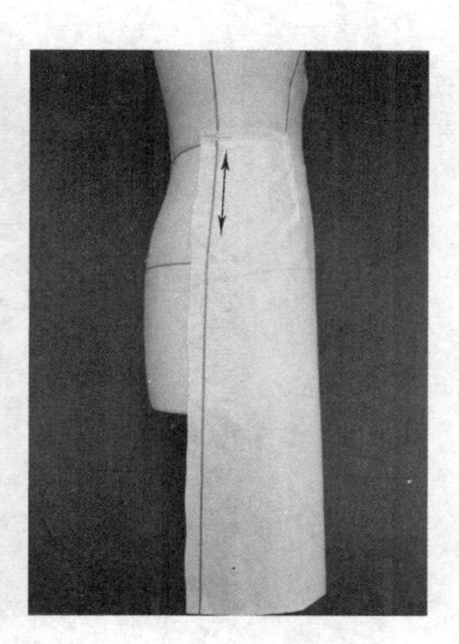

图5-14

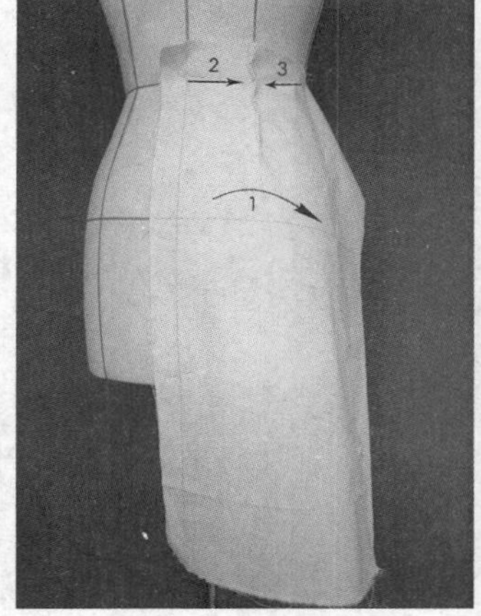
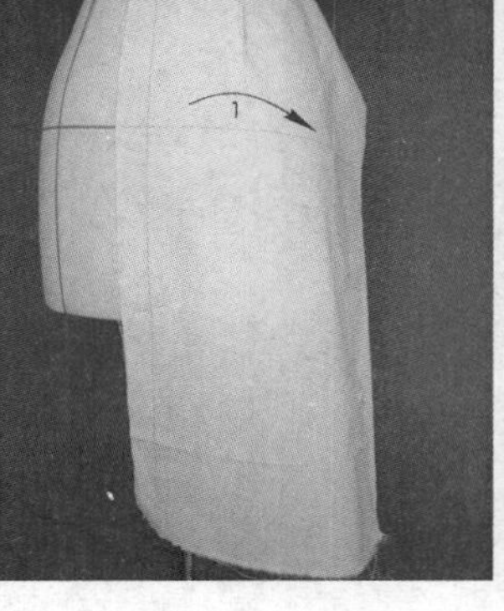

图5-15

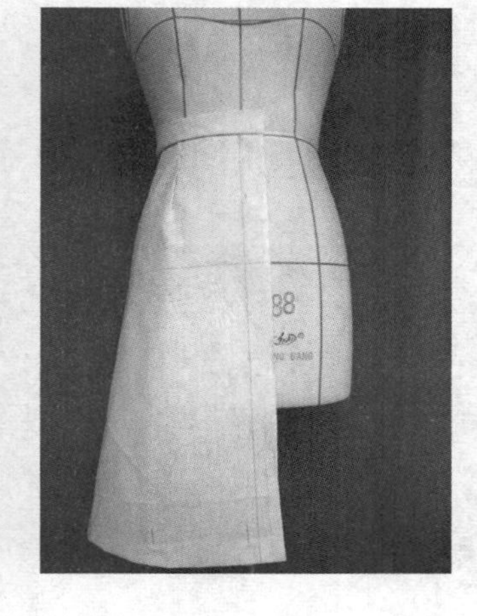

图5-16

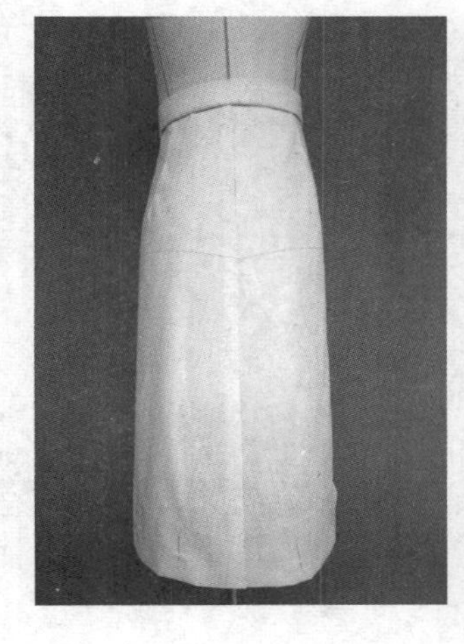

图5-17

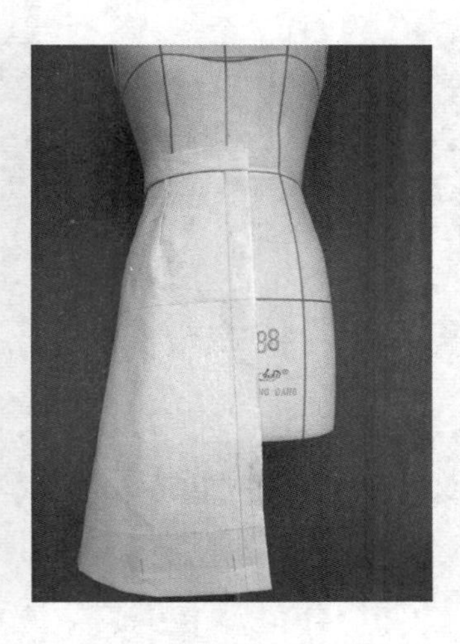

图5-18

⑦完成正面、背面效果图（图5-19、图5-20）。

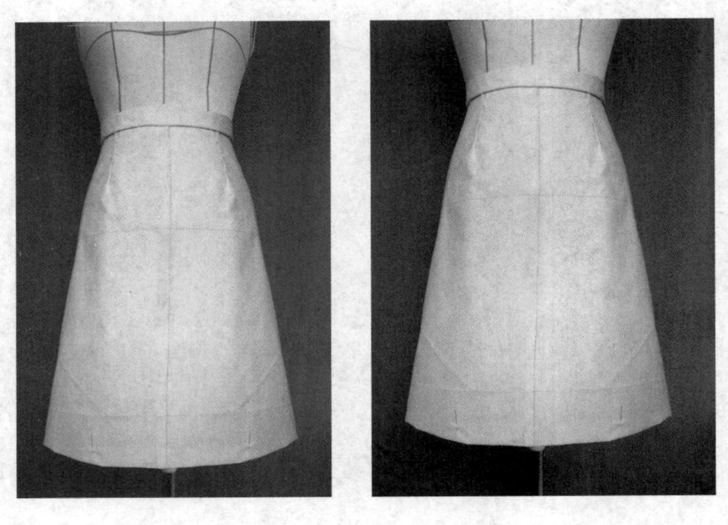

图5-19　　图5-20

⑧将调整好的裙片取下，修正、拓印纸样（图5-21）。

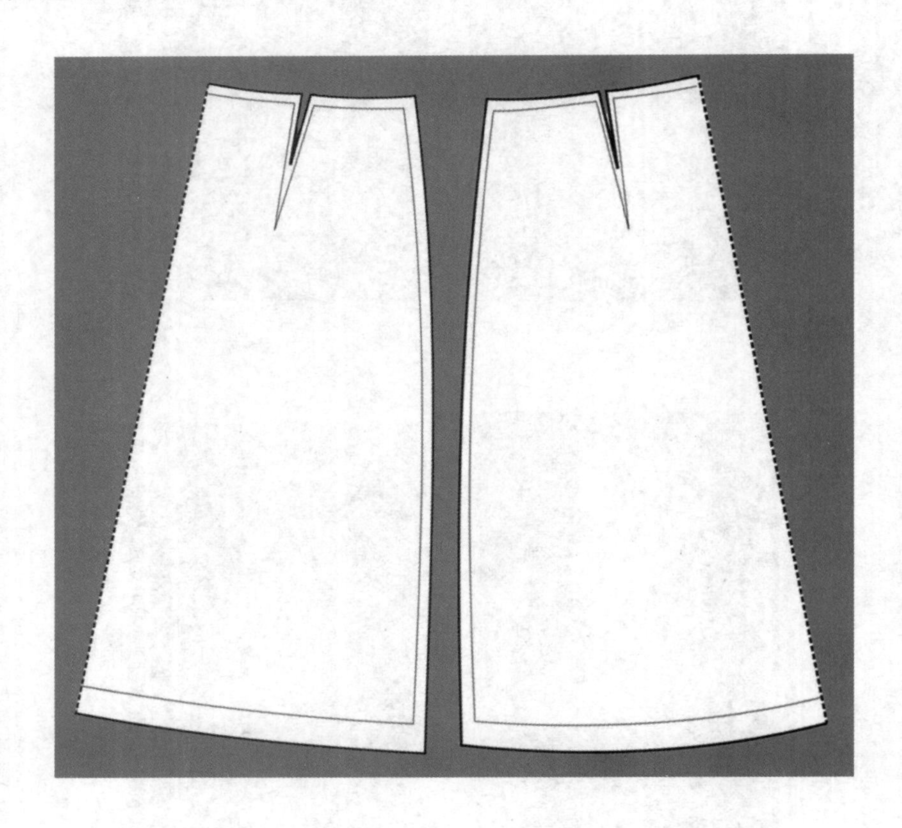

图5-21

三、育克裙

（1）款式特点

带有育克的裙装最利于表现人体的曲线，设计者运用育克的处理方法将省道藏于育克线与裙片之间，使得裙型有了很强的修身作用，是年轻人热爱的款式之一（图5–22）。

图5–22

（2）造型重点步骤

①按照款式要求在人台上贴出标记线（图5–23～图5–25）。

②将育克裙片前中心线与人台前中心线相贴合，如图中箭头所示方向向侧缝线推移裙片使其在腰围以下服帖，腰部留少许松量（图5–26）。

③贴出育克标记线并将余布剪去（图5–27）。

④后育克裙片与前裙片相同，腰部及臀部留有少许松量（图5–28）。

⑤将修正好的育克裙片掀起，露出育克标记线，将加有对褶皱的前裙片前中心线对准人台前中心线，将腰间所形成的褶量向侧缝推移，使其服帖于育克线（图5–29）。

⑥后裙片制作与前裙片制作方法相同，在侧缝线处检查前、后裙片相交时布丝是否一致（图5–30）。

⑦调整前、后裙片臀围松量（图5–31）。

⑧使育克片与裙片相服帖并别合固定（图5–32）。

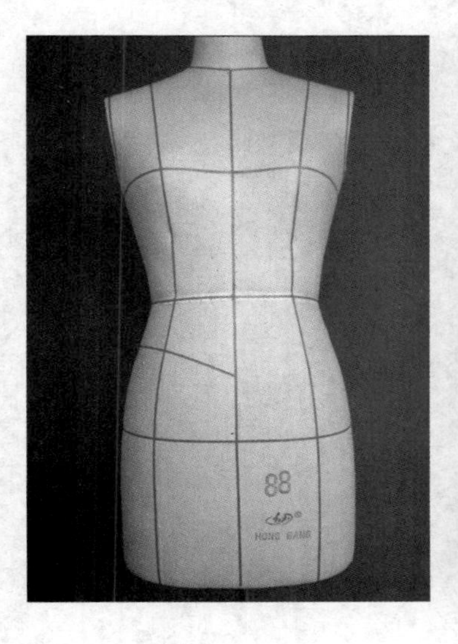

图5–23

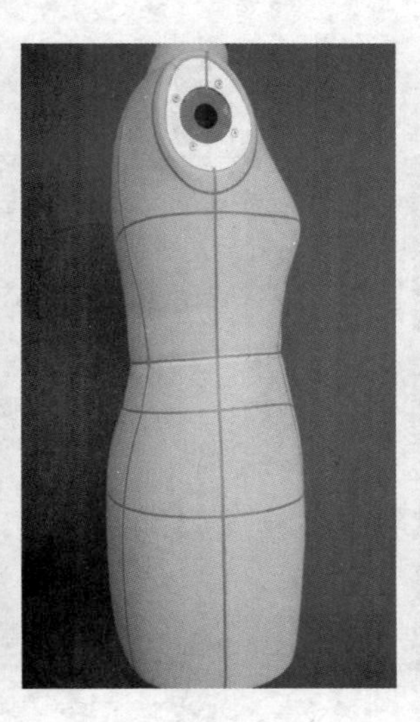

图5–24

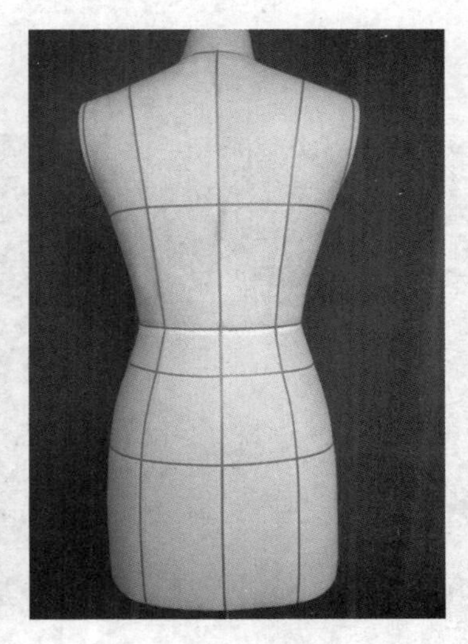

图5–25

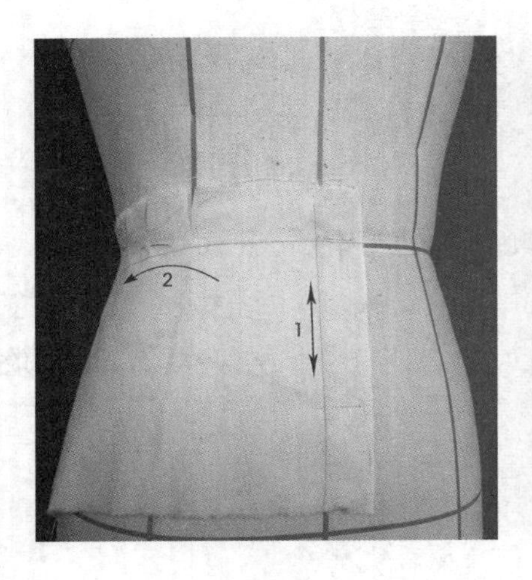

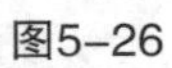
图5-26

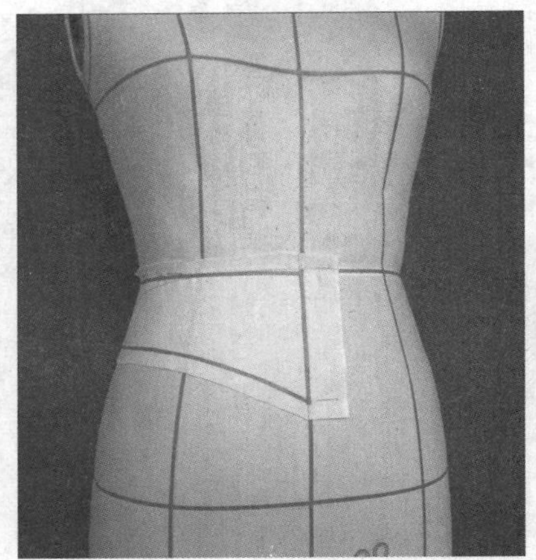
图5-27

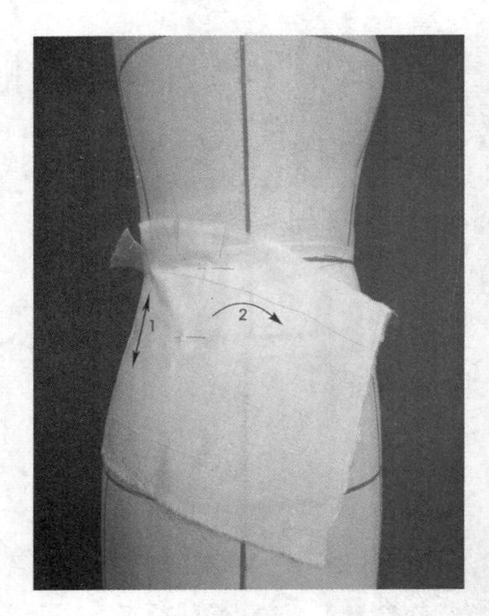

图5-28

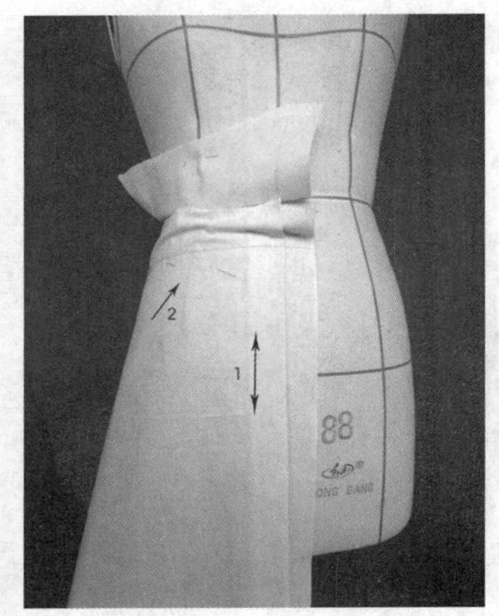

图5-29

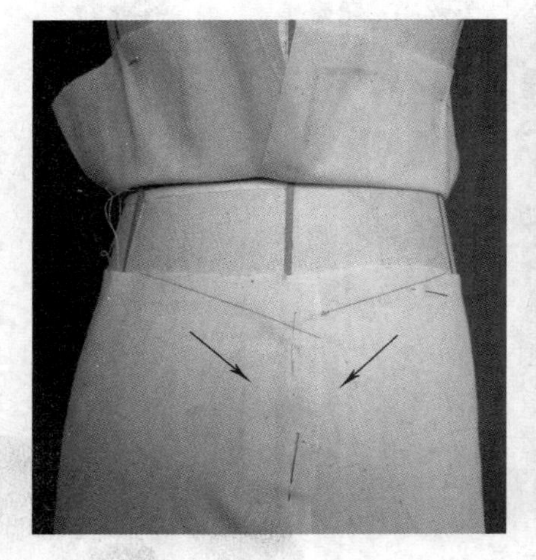
图5-30

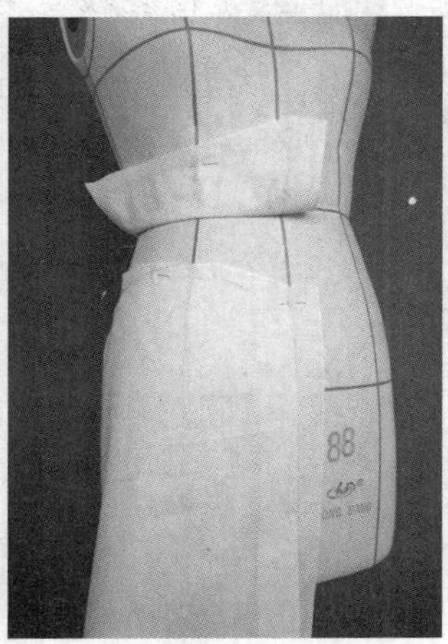

图5-31

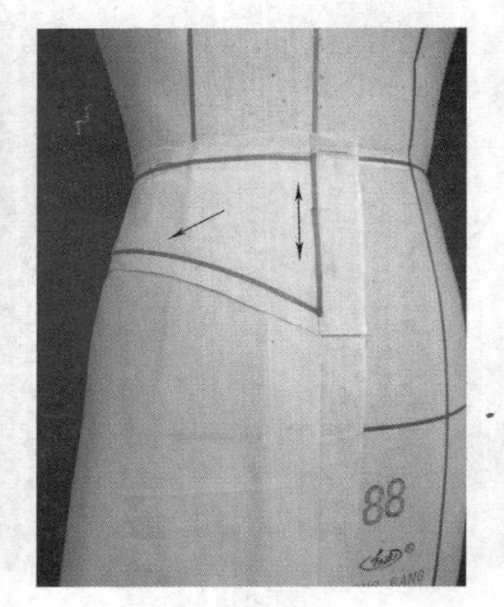

图5-32

⑨修整育克裙造型，确定裙身长度后将余布剪去（图5-33、图5-34）。

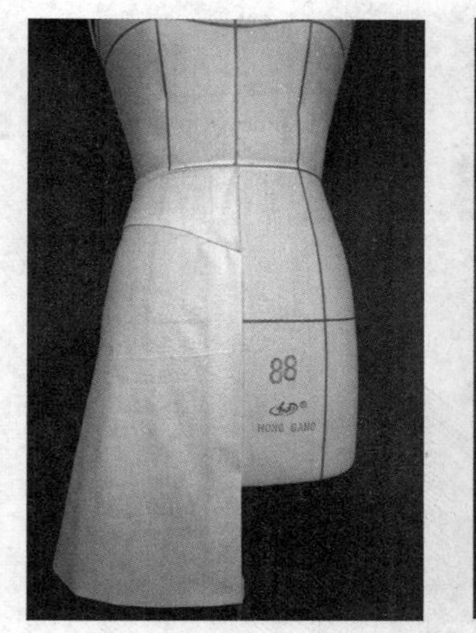

图5-33

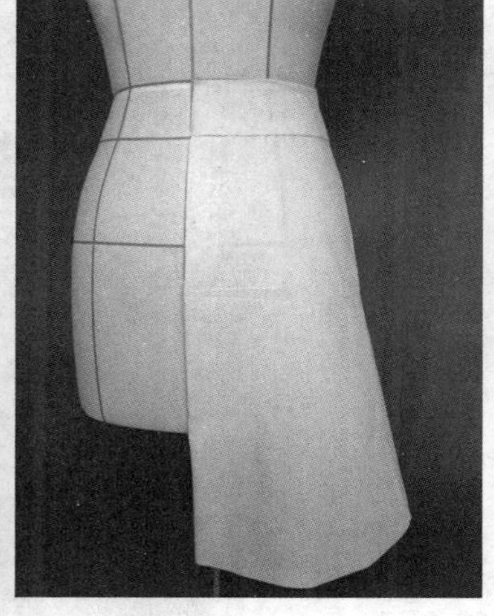

图5-34

⑩完成正面、背面效果图（图5-35、图5-36）。

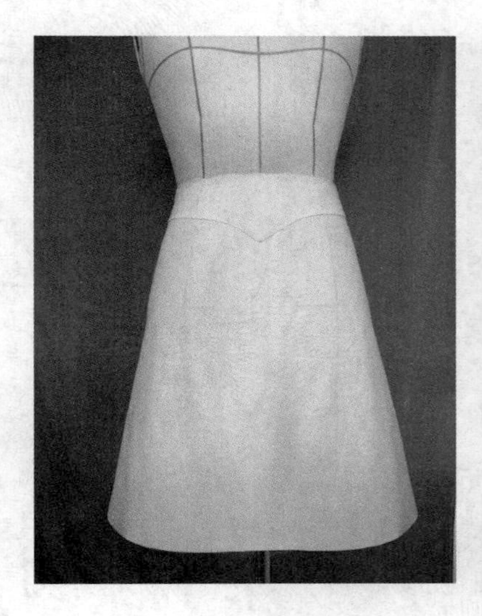

图5-35

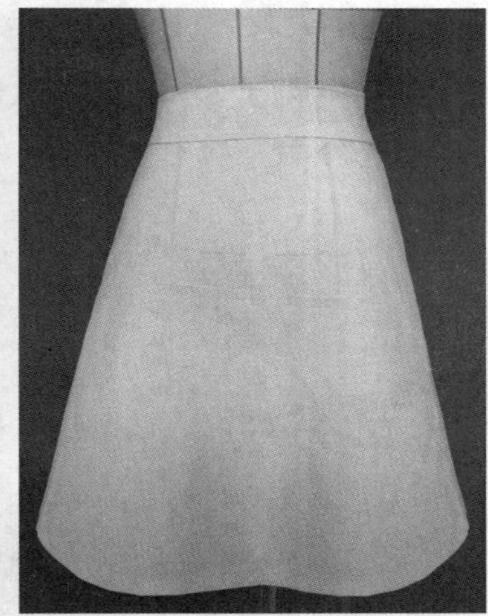

图5-36

⑪将调整好的裙片取下，修正、拓印纸样（图5–37）。

图5–37

四、波浪裙

（1）款式特点

该款式具有很强的浪漫色彩，因为它飘逸、活泼的特点，所以成为广大女性的首选款式。面料多选用较薄的平纹材料（图5–38）。

图5–38

（2）造型重点步骤

①按照款式要求在人台上贴出标记线（图5–39）。

②将前裙片中心线与人台前中心线相贴合，并固定腰部（图5–40）。

③沿图5–41中箭头所示向下拉伸裙片，使之在第一波浪点产生波浪褶，波浪起伏的大小因款式而定。

④如图5–42中箭头所示，沿腰围线向侧缝线推移裙片并依次下拉裙片，使之产生第二个波浪褶，在腰部绷紧处打剪口。

⑤将波浪褶推至侧缝线，调整前裙片造型并将余布去掉（图5–43）。

⑥后片制作方法与前裙片相同，拉伸裙片时注意前后裙片造型的褶要均衡（图5–44）。

⑦调整后裙片造型，检查侧缝线前后裙片布丝方向是否对应，并剪去余布（图5–45、图5–46）。

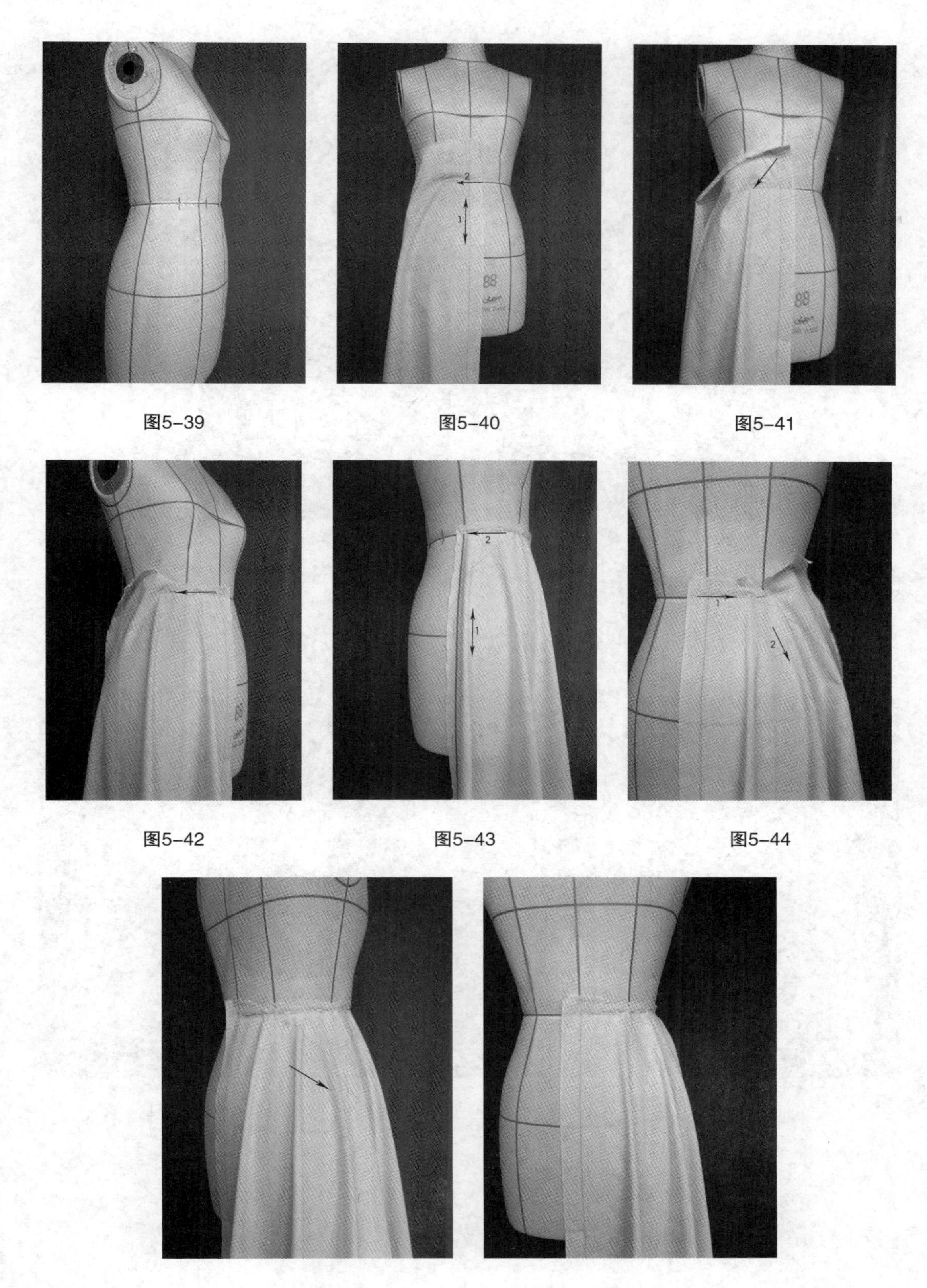

图5-39　图5-40　图5-41

图5-42　图5-43　图5-44

图5-45　图5-46

⑧调整好裙片造型，确定裙长，裙下摆要与地面相平行，固定裙腰（图5–47、图5–48）。

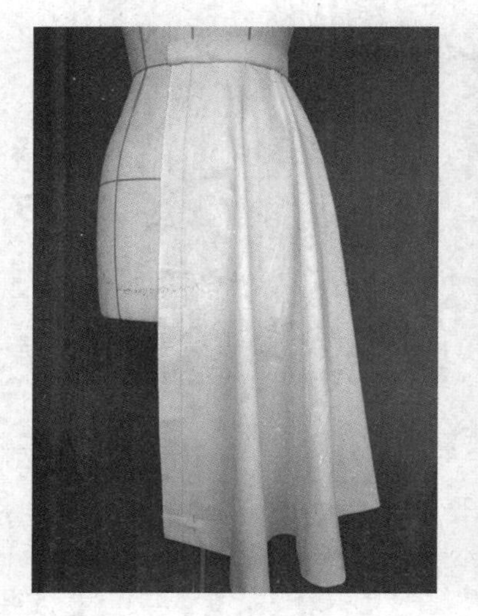

图5–47

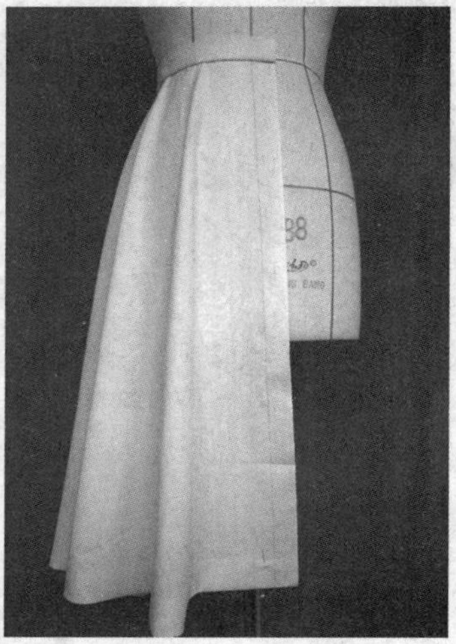

图5–48

⑨完成正面、侧面、背面效果图（图5–49～图5–51）。

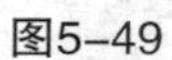

图5–49

图5–50

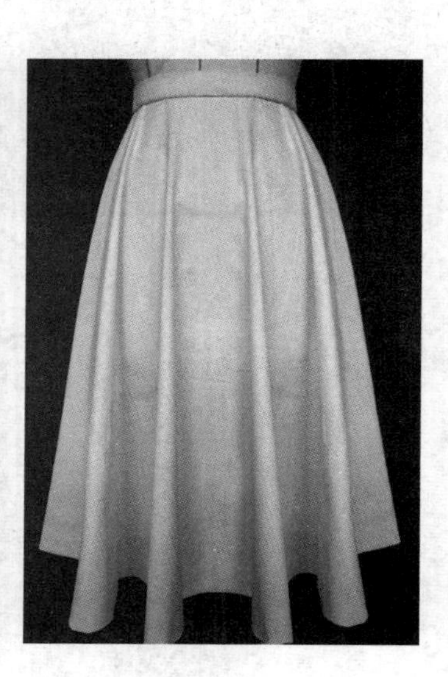

图5–51

⑩将调整好的裙片取下，修正、拓印纸样（图5-52）。

图5-52

五、吊钟形波浪裙

（1）款式特点

该款式具有自然美的造型特征，蓬起的裙型及下垂的裙摆像一枝含苞待放的花蕾垂吊在人体之上，使穿着者显示出光彩靓丽的一面。面料以轻薄材质为主，带有丝光感的丝缎材料为首选（图5-53）。

图5-53

（2）造型重点步骤

①制作吊钟形波浪裙之前首先制作款式所需的衬裙，其形状一般为较短的斜裙，制作方法与斜裙的剪裁方法相同（图5-54）。

②衬裙制作完后将外裙片前中心线与人台前中心线相贴合，如图5-55中箭头所示，在腰部别

合并向侧缝线推移，拉伸裙片使之产生波浪褶。

③根据款式要求剪裁出所需的波浪褶数量，将腰部余布剪去（图5–56）。

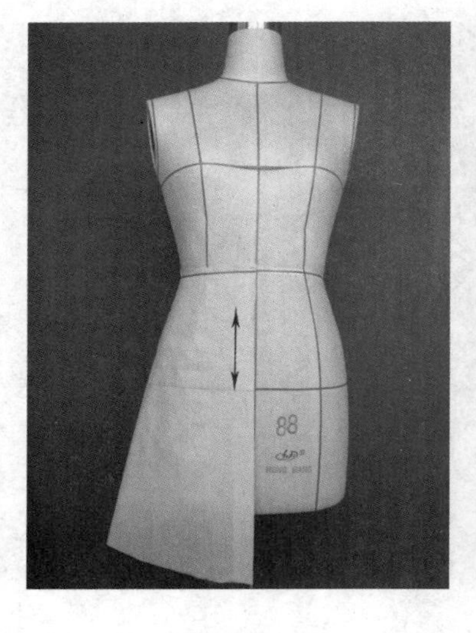

图5–54

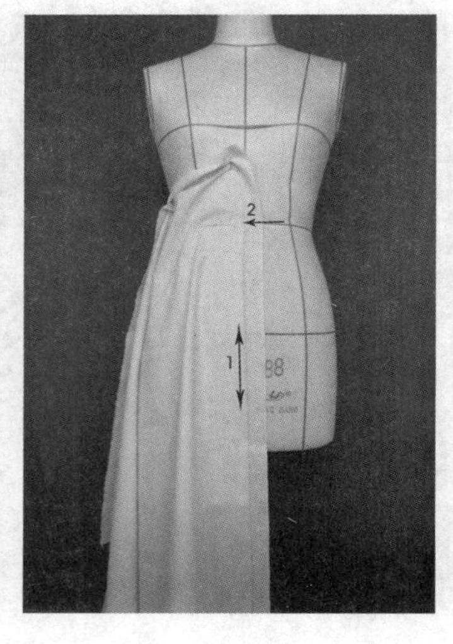

图5–55

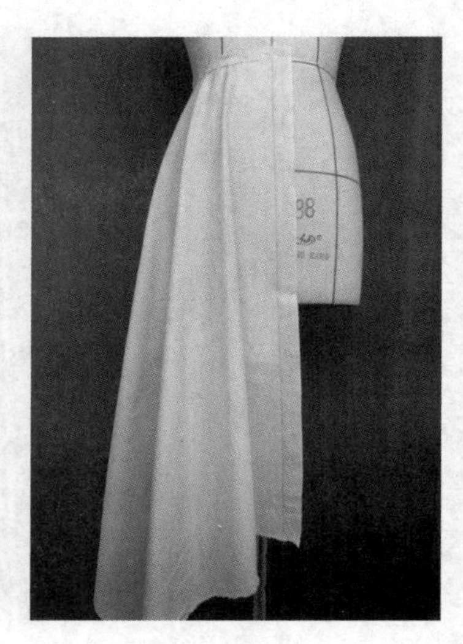

图5–56

④如图5–57中箭头所示抓合波浪裙片下摆并向上推移，使之产生膨胀感并与衬裙相别合。后裙片与前裙片制作方法相同，并在侧缝线别合。

⑤调整吊钟形波浪裙造型，确定下摆褶皱程度及所需长度并剪去余布（图5–58、图5–59）。

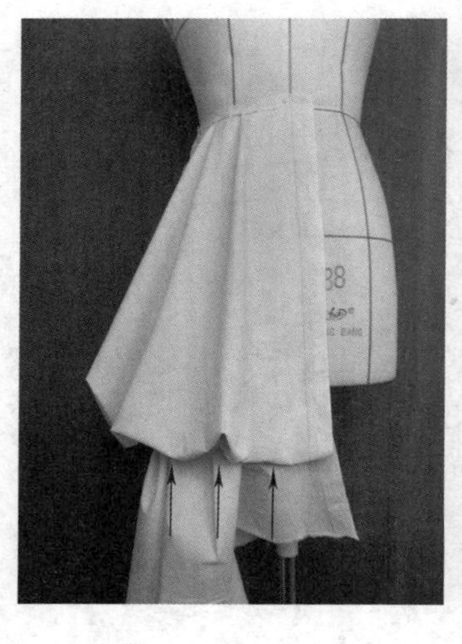

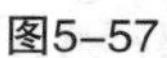

图5–57

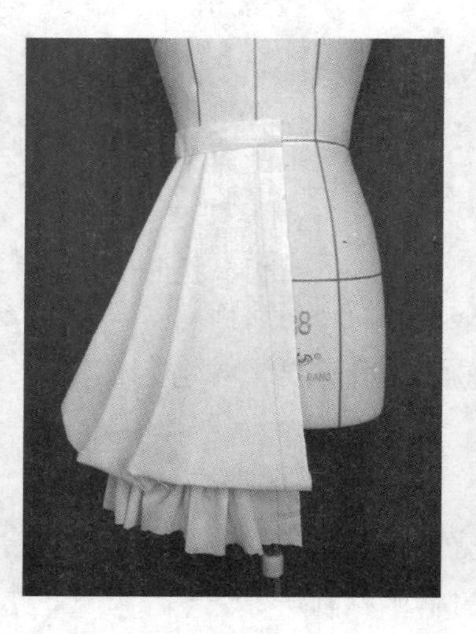

图5–58

图5–59

⑥完成正面、侧面、背面效果图（图5-60～图5-62）。

图5-60

图5-61

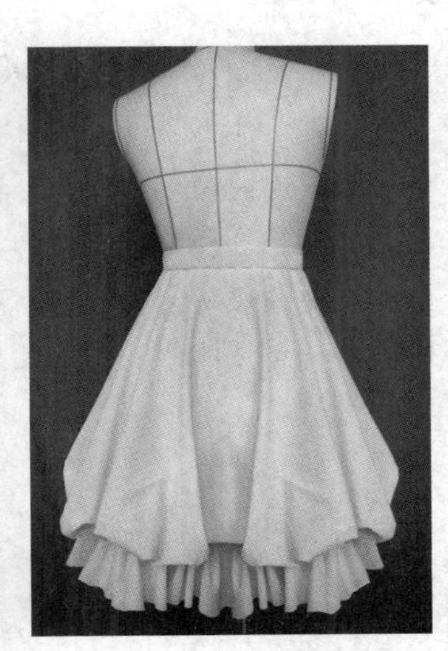

图5-62

⑦将调整好的裙片取下、修正、拓印纸样（图5-63）。

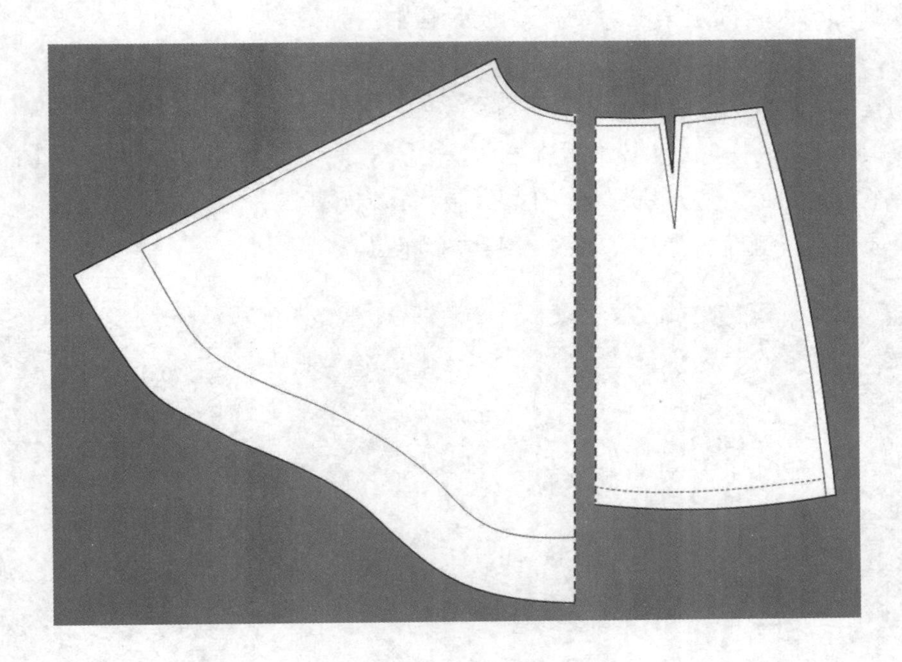

图5-63

六、十片裙

（1）款式特点

该款为十片纵向布料结合而成的多片裙，在剪接的位置制造出波浪效果，裙摆也极为宽松。本款的制作关键是在各剪接处衡量出波浪的量，使其具有和谐的美感。另外，波浪的形状会因体型而产生很大的变化，所以制作时应检查身高及体型的均衡关系，再决定最适合的造型（图5-64）。

图5-64

（2）造型重点步骤

①按照款式要求在人台上贴出分片标记点（图5-65）。

②按照人台标记点将裙片前中心线与人台前中心线相贴合，并在腹部加放适当松量（图5-66）。

③调整好裙片波浪褶形，贴出标记线并剪去余布（图5-67）。

④在腰部与人台固定第二片，在臀围处抓出松量，形成波浪褶，并与第一片别合（图5-68）。

⑤调整裙片之间的参度及波浪褶的均衡效果（图5-69）。

⑥臀围处要留有松量，裙片与裙片之间布丝方向要一致，调整后剪去余布（图5-70）。

⑦调整前后裙片造型，其节奏韵律要一致，并装好裙腰（图5-71、图5-72）。

⑧完成正面、侧面、背面效果图（图5-73 ~ 图5-75）。

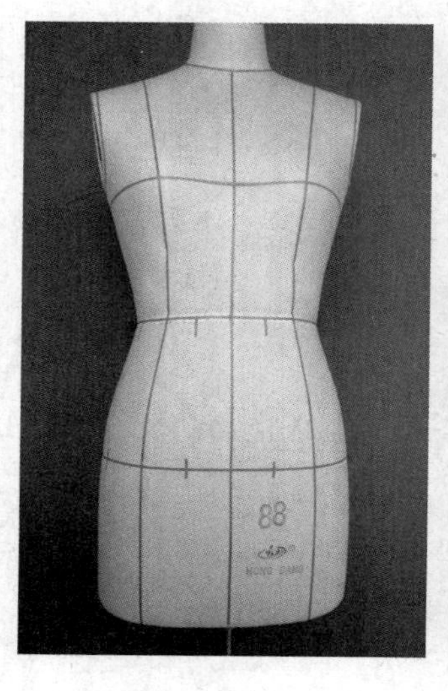

图5-65

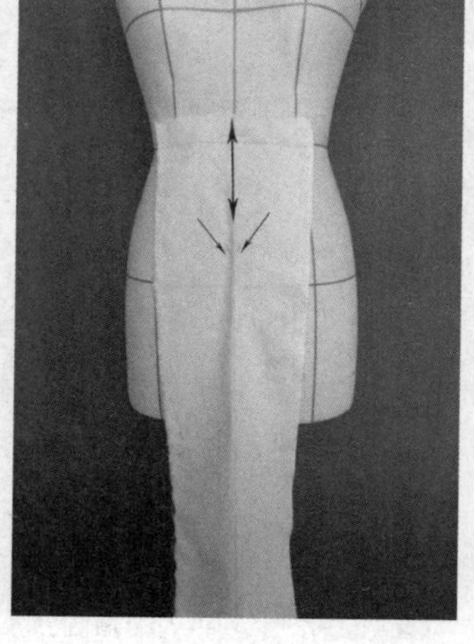

图5-66

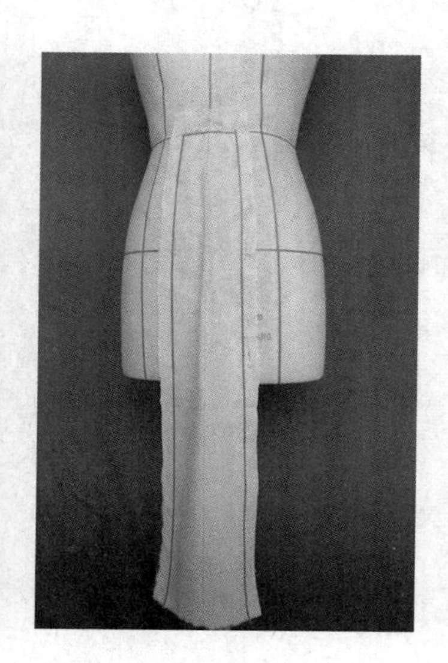

图5-67

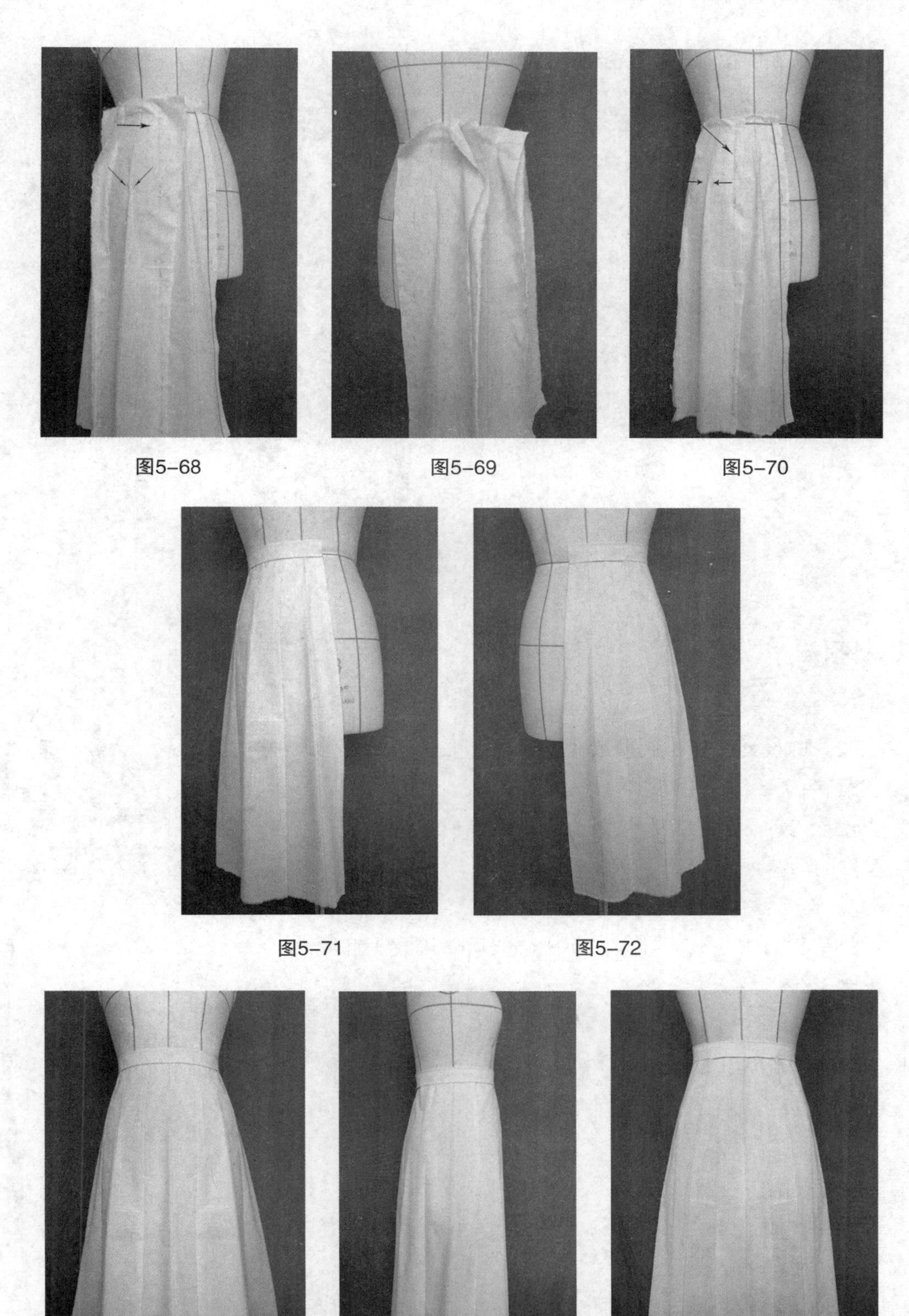

图5-68　图5-69　图5-70

图5-71　图5-72

图5-73　图5-74　图5-75

⑨将调整好的裙片取下，修正、拓印纸样（图5-76）。

图5-76

七、斜褶裙

（1）款式特点

该款式的设计特点是利用腰围与臀围的差量所产生的省道进行转移变化，打破了传统的收省方法。因此具有时尚性，便于与时尚风格的服装相组合搭配，所选用的面料以中厚度的面料为宜（图5-77）。

图5-77

（2）造型重点步骤

①将裙片前中心线对准人台前中心线后，用大头针固定在人台上，然后衡量适当的活动量，决定裙摆的宽度，并调整出具有均衡美感的造型。由于臀部有充足的松量，所以侧缝线要自然下垂。（图5-78）。

②如图中箭头所示方向，依次将余量推向前中形成斜褶，并固定腰部（图5-79）。

③调整侧缝线及臀部松量后，将余布剪去（图5-80）。

④后裙片制作方法与窄裙的裁剪方法相同，将后裙片与前裙片在人台侧缝线处相别合（图5-81）。

⑤调整好裙的造型，将裙腰装上，检查裙摆长度，剪去余布，使之与地面平行（图5-82、图5-83）。

⑥完成正面、侧面、背面效果图（图5-84～图5-86）。

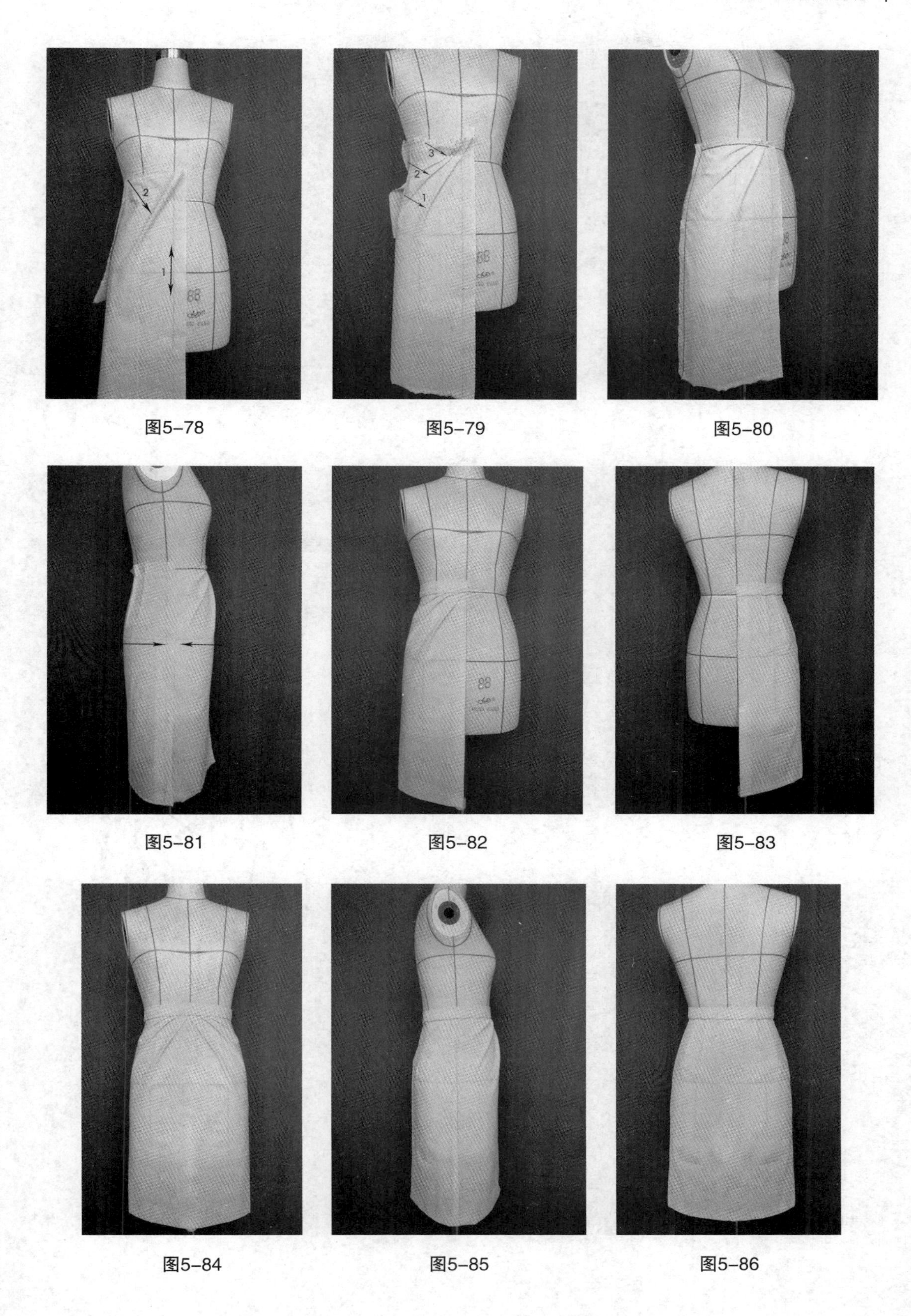

图5-78 图5-79 图5-80

图5-81 图5-82 图5-83

图5-84 图5-85 图5-86

⑦将调整好的裙片取下，修正、拓印纸样（图5-87）。

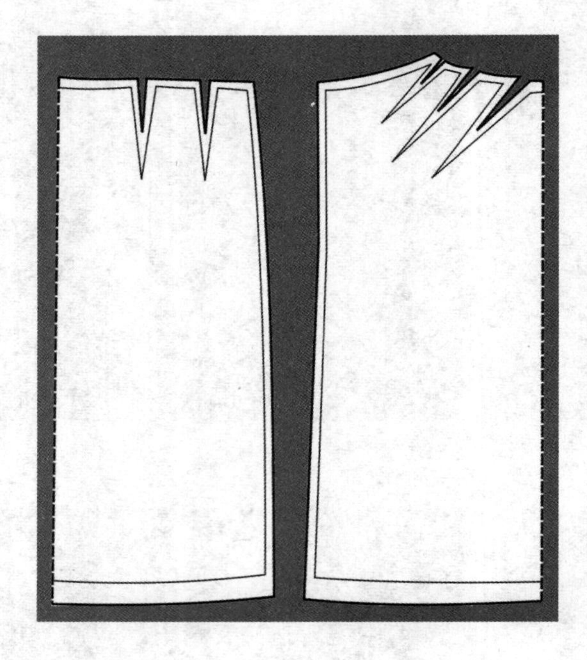

图5-87

八、吊带裙

（1）款式特点

该裙的特点是将胸衣结构与裙装相组合，产生一种性感、飘逸的效果，因此很受年轻人的喜爱。可选择不同质地的面料，在不同的季节里与其他款式相搭配组合（图5-88）。

图5-88

（2）造型重点步骤

①根据款式在人台上贴出标记线（图5-89～图5-91）。

②将胸衣片前中心线与人台前中心线相贴合，如图中箭头所示方向将胸部余量抚平（图5-92）。

③如图中箭头所示方向将胸省移至侧缝线，抓合并固定（图5-93）。

④调整胸衣造型，在BP点留有松量，将余布剪去（图5-94）。

⑤将胸衣片后中心线与人台后中心线相贴合，并顺势将衣片推移至侧缝线，抚平固定（图5-95）。

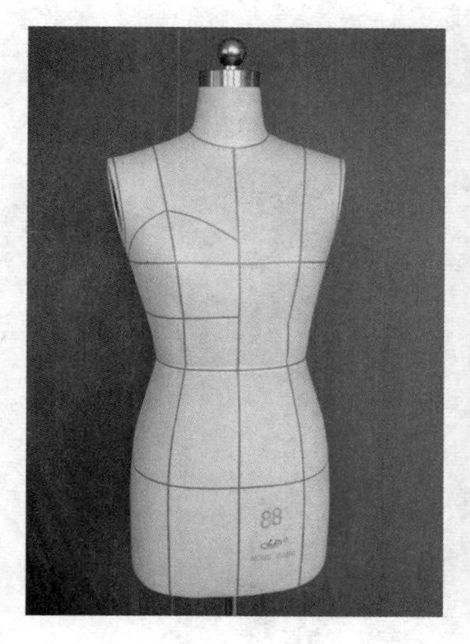

图5-89

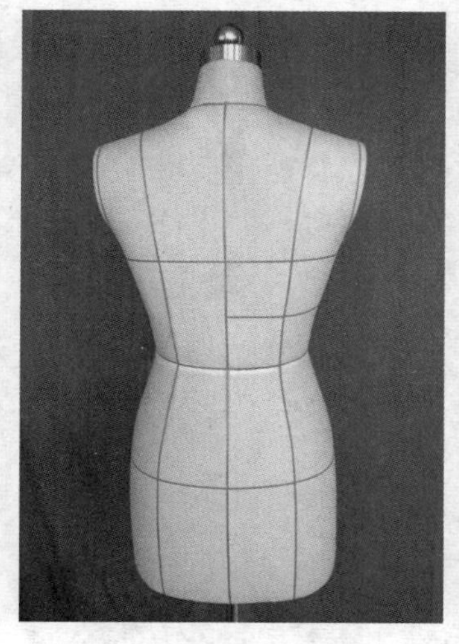

图5-90

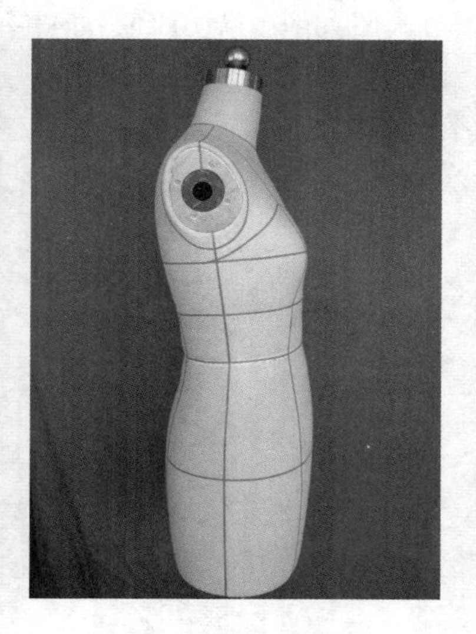

图5-91

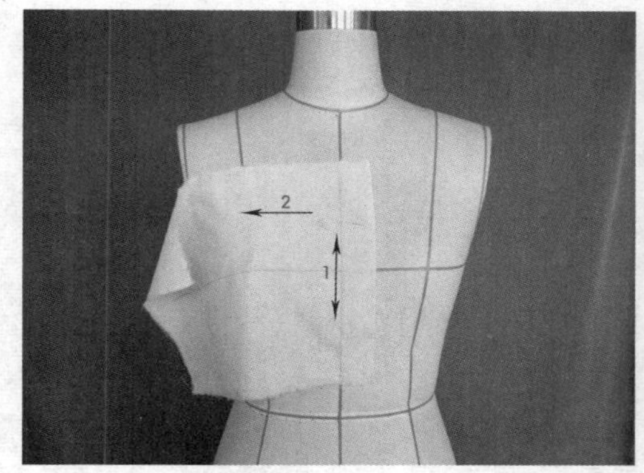

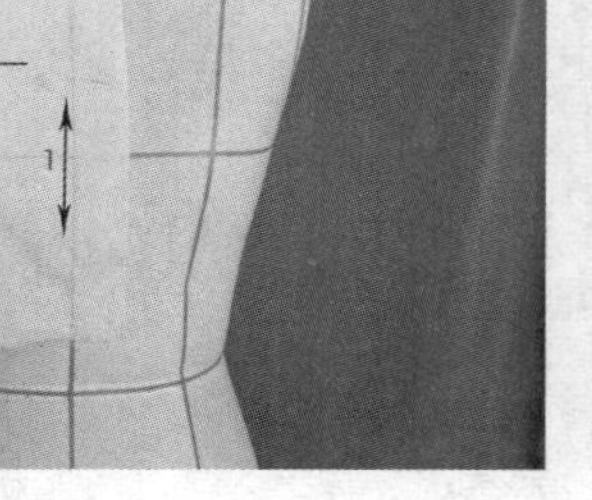

图5-92

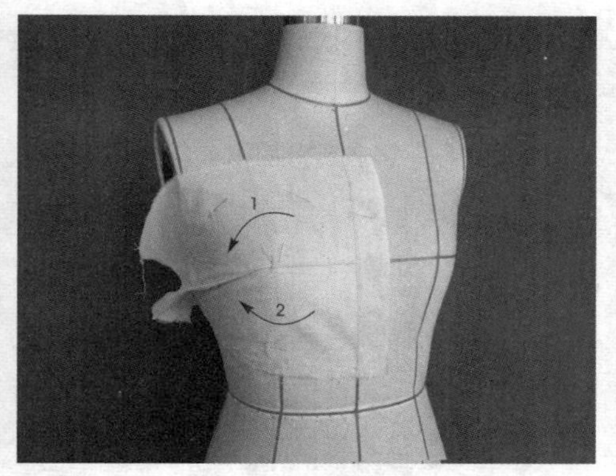

图5-93

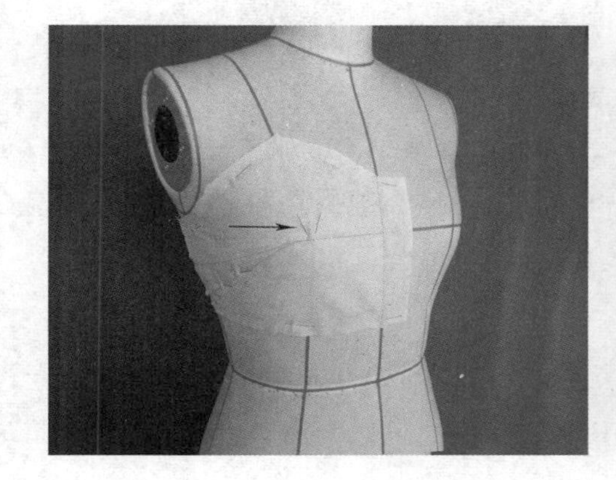

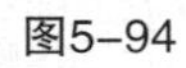

图5-94

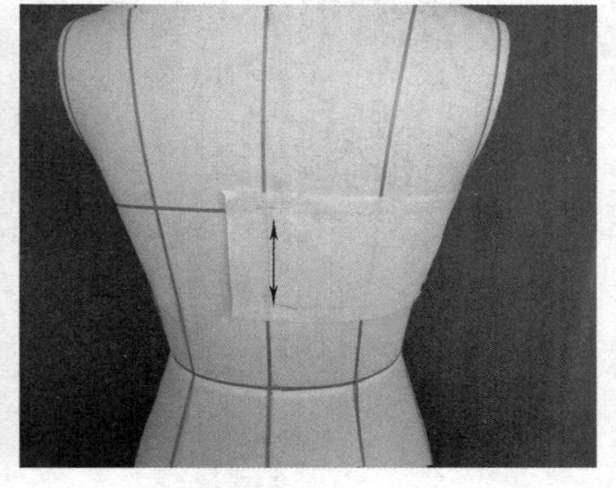

图5-95

⑥如图中箭头所示方向将裙片前中心线对准人台前中心线，沿款式线抓合省道，依次非规律性地别合至侧缝线，并调整裙摆奓度（图5-96、图5-97）。

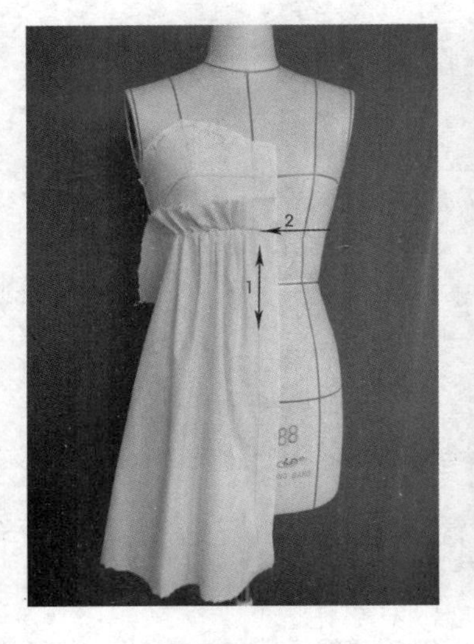

图5-96

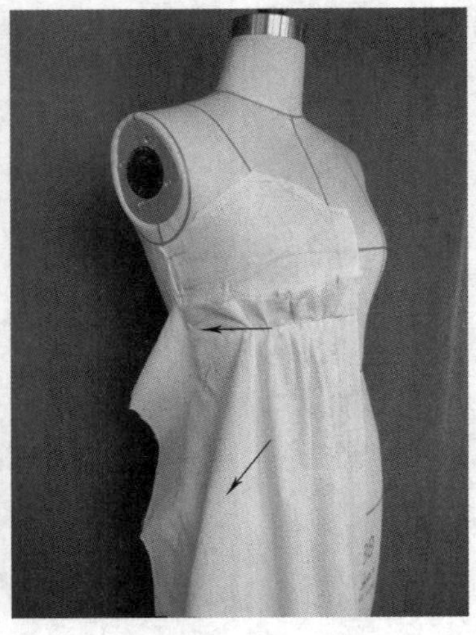

图5-97

⑦调整裙摆造型后将余布剪去（图5-98）。

⑧后裙片与前裙片制作方法相同，相交于侧缝线，并调整布丝方向（图5-99）。

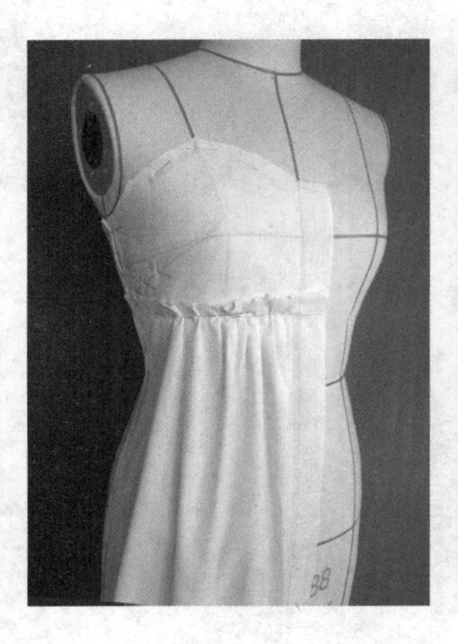

图5-98

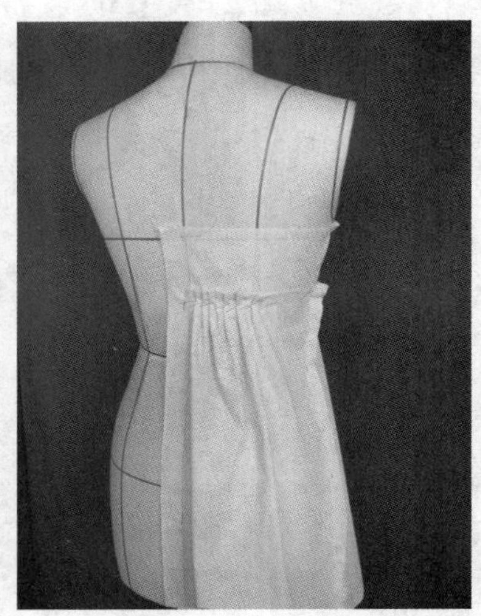

图5-99

⑨将吊带裙下摆调整均齐，与地面保持平行（图5-100、图5-101）。

图5-100

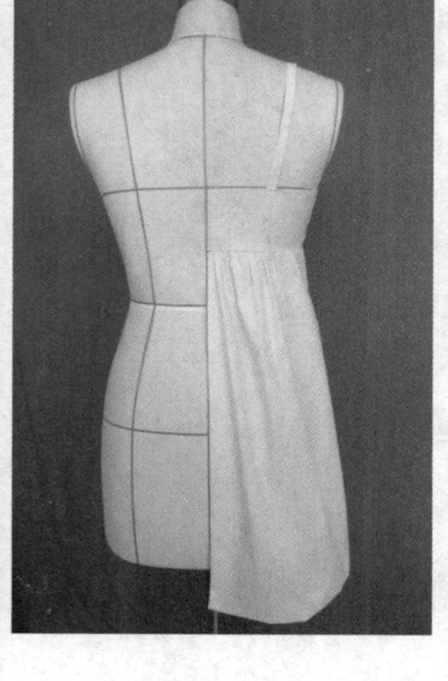

图5-101

⑩完成正面、侧面、背面效果图（图5-102～图5-104）。

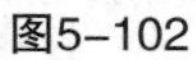

图5-102

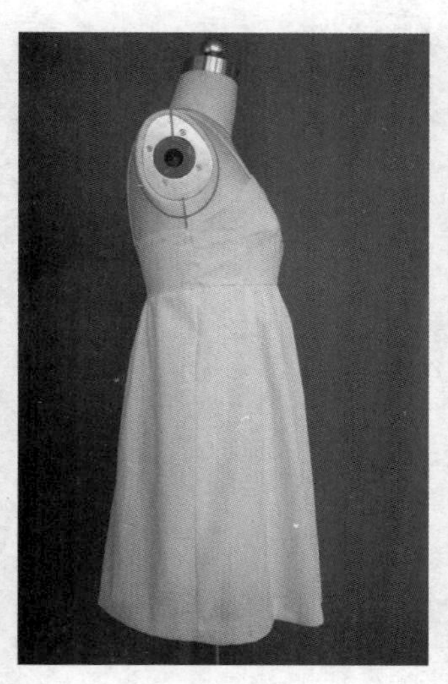

图5-103

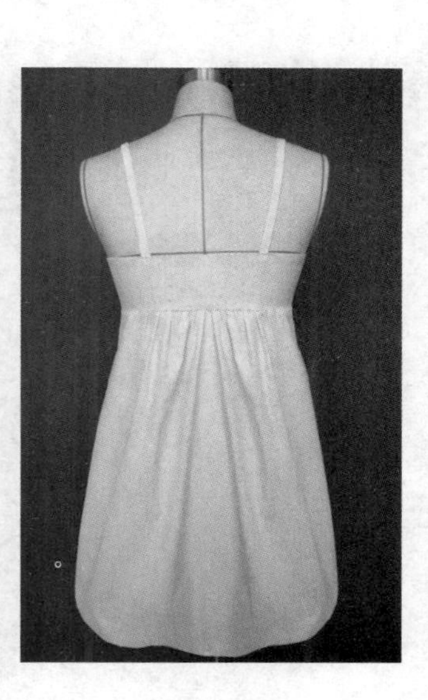

图5-104

⑪将调整好的裙片取下，修正、拓印纸样（图5-105）。

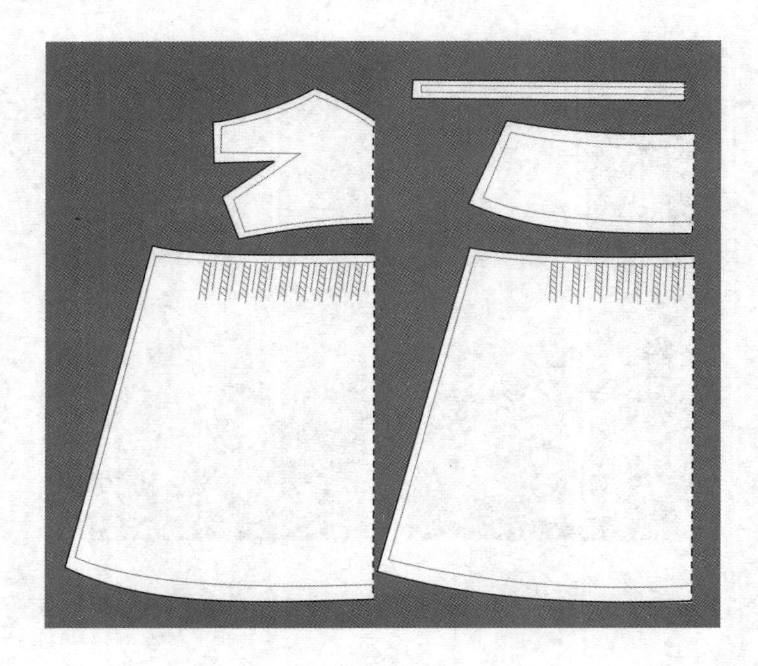

图5-105

练习及思考题

根据章节中知识要点，分析有代表性、有时尚感的裙装，并制作完成立体作业5例。

理论应用与实践——

女装上衣的变化

课程内容： 1.上衣

2.外套

3.风衣

上课时数： 40课时

教学提示： 阐述上衣的结构变化，着重介绍连身袖上衣的结构特点，根据时尚的流行趋势分析外套与风衣的结构变化特征，强调立体裁剪中宽松款式的服装在制作时的难点。

教学要求： 1.掌握四种以上的上衣裁剪方法。

2.分析插肩袖风衣的特征并掌握立体裁剪方法。

课前准备： 根据款式要求准备必要的白坯布。

第六章　女装上衣的变化

一、上衣

上衣设计是学习服装设计的主要内容，它涵盖了设计的诸多因素，是学习服装设计人员的重要课题。本章节所包含的知识点非常全面，所以要求学习者认真体会本章节的知识内容，熟练掌握上衣的裁剪方法，体会造型之间的差异，为自己能够独立地进行立体设计奠定良好的基础。

1.无袖褶皱上衣

（1）款式特点

该款式为无袖、胸前抽褶皱上衣，结构为两片组合，其款式看似简单，但在裁剪时把握褶皱的美感及松量却是该款的设计难点，因此希望学习者认真体会抽褶裁剪的要领（图6–1）。

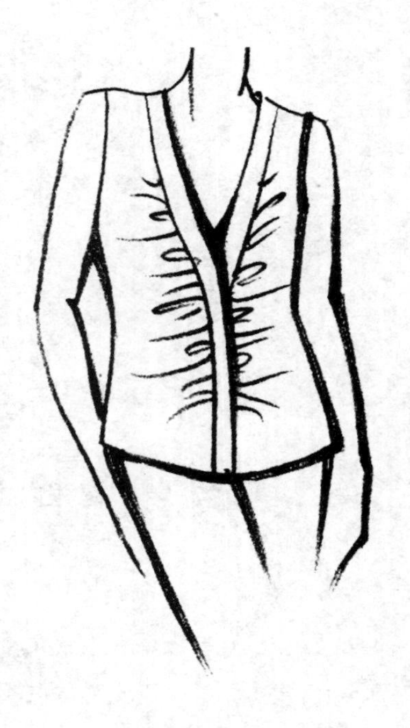

图6–1

（2）造型重点步骤

①将衣片前中心线与人台前中心线相贴合，并如图中箭头所示方向将肩部抚平，将胸下余布向前中心线、胸围线推移（图6–2）。

②在前中心线自由抓起皱褶，操作时应在前中心线重复采用横向抽褶的方式抓出自然而具有美感的褶纹并固定（图6–3）。

③别合胸前皱褶时，在腰部的绷紧处打剪口，同时注意调整胸围松量，不宜过紧（图6–4）。

④调整好衣片造型后将余布剪去并贴上标记线（图6–5）。

⑤衣片后中心线与人台后中心线贴合，在肩部收省并别合固定使之平服（图6–6）。

⑥将衣片调整完毕后，将前门襟及腰围线与衣片别合固定，并设计扣位（图6–7、图6–8）。

⑦完成正面、背面效果图（图6–9、图6–10）。

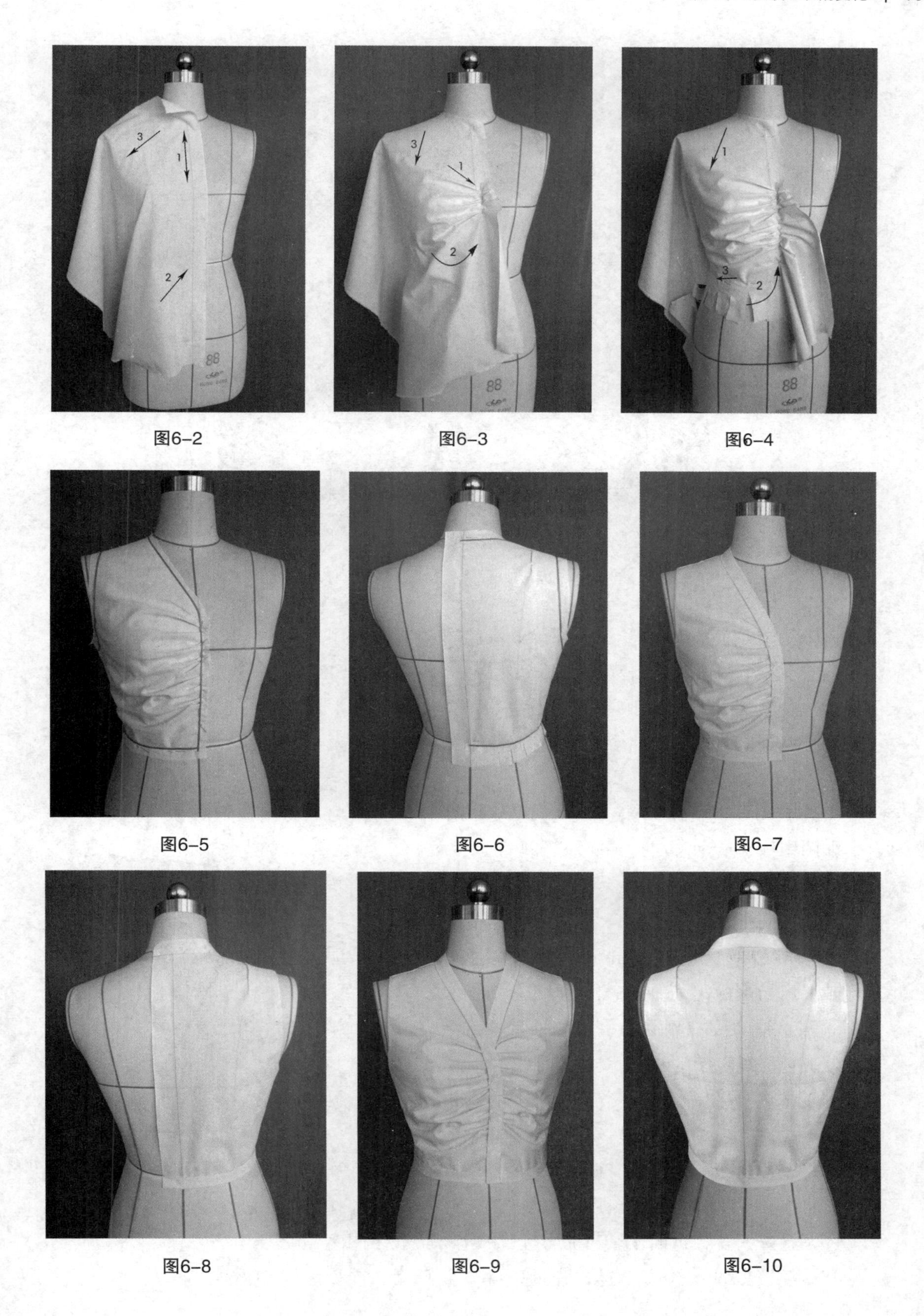

图6-2　图6-3　图6-4

图6-5　图6-6　图6-7

图6-8　图6-9　图6-10

⑧将调整好的衣片取下，修正、拓印纸样（图6–11）。

图6–11

2.抹袖上衣

（1）款式特点

该款上衣为宽松型造型，腰部设计有松紧调节，袖型为连肩抹袖，胸前有褶皱装饰。该服装虽然是两片结构，但通过立体剪裁，增强了服装造型的空间感，因此要求学习者熟练掌握剪裁方法并体会其造型美感（图6–12）。

图6–12

（2）造型重点步骤

①将衣片前中心线与装有手臂的人台前中心线相贴合，如图中箭头所示方向抚平肩部（图6–13）。

②如图6–14中箭头所示，依次将布拉起形成活褶，并固定于胸部前中心线（图6–14）。

③调节胸部余量，做出转折面，并将抹袖肥抓起别合，贴上肩与袖标记线（图6–15）。

④调整褶形及袖型后剪去肩、袖部位的余布，在胸部重新贴上标记线（图6–16）。

⑤前衣片调整完重新设定领口线并贴上标记线（图6–17）。

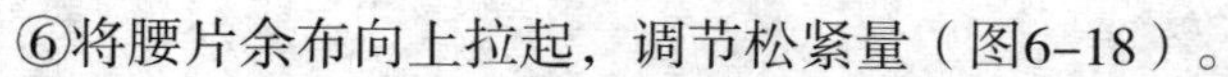

⑥将腰片余布向上拉起，调节松紧量（图6–18）。

⑦将衣片后中心线与人台后中心线相贴合，抚平肩部并抓合袖松量（图6–19）。

⑧调整好衣片转折面松量与袖肥量，贴上标记线（图6–20）。

⑨后片松紧部分的剪裁方法与前片相同，调整后与前片别合（图6–21）。

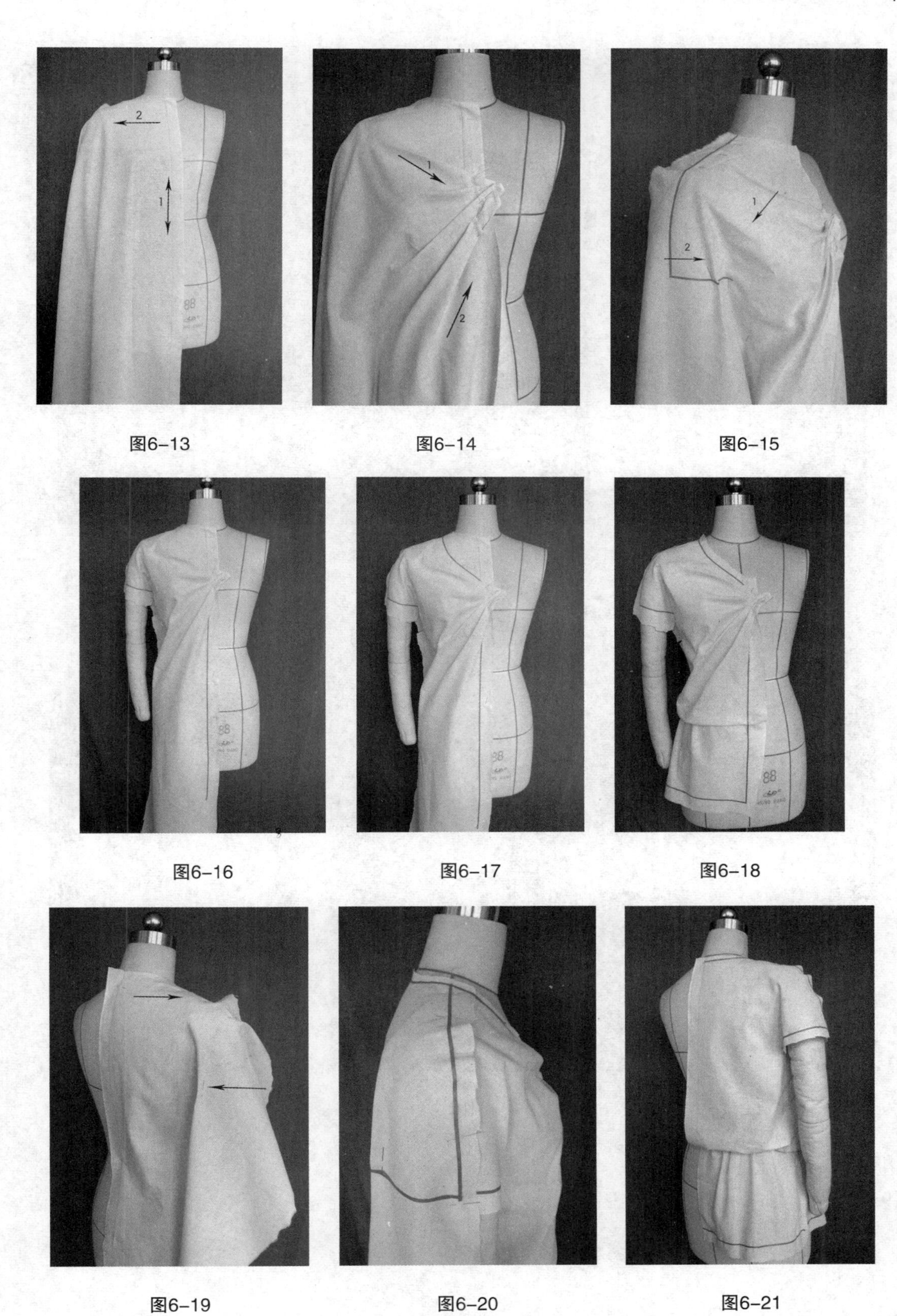

图6-13　图6-14　图6-15

图6-16　图6-17　图6-18

图6-19　图6-20　图6-21

⑩调整袖型、胸部及后背宽的松量，剪去胸前褶余量，加上装饰扣（图6–22～图6–24）。

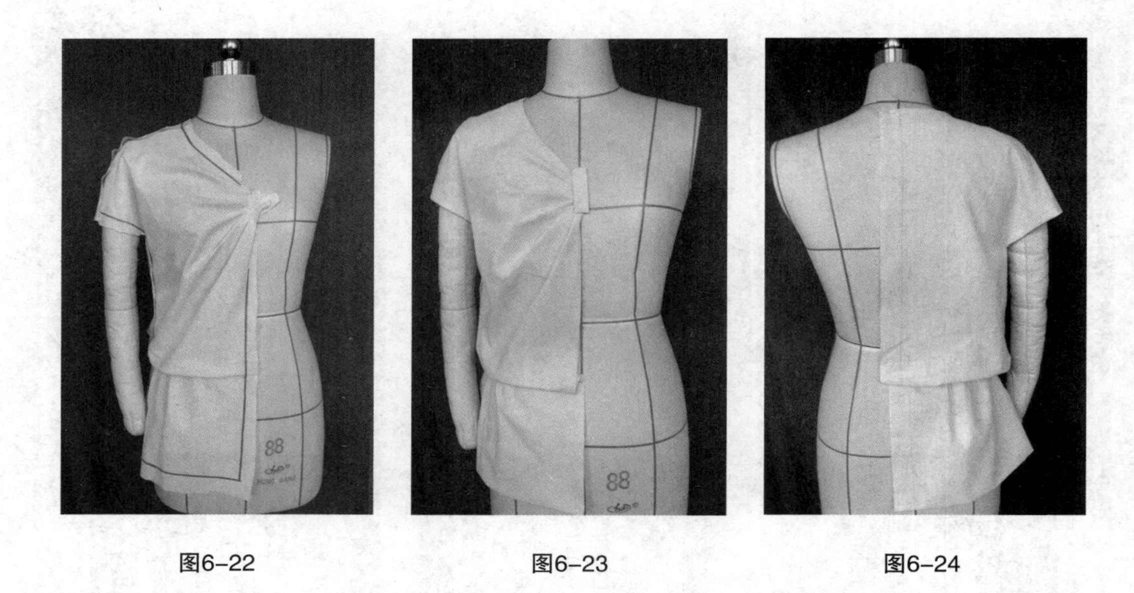

图6–22　　图6–23　　图6–24

⑪完成正面、侧面、背面效果图（图6–25～图6–27）。

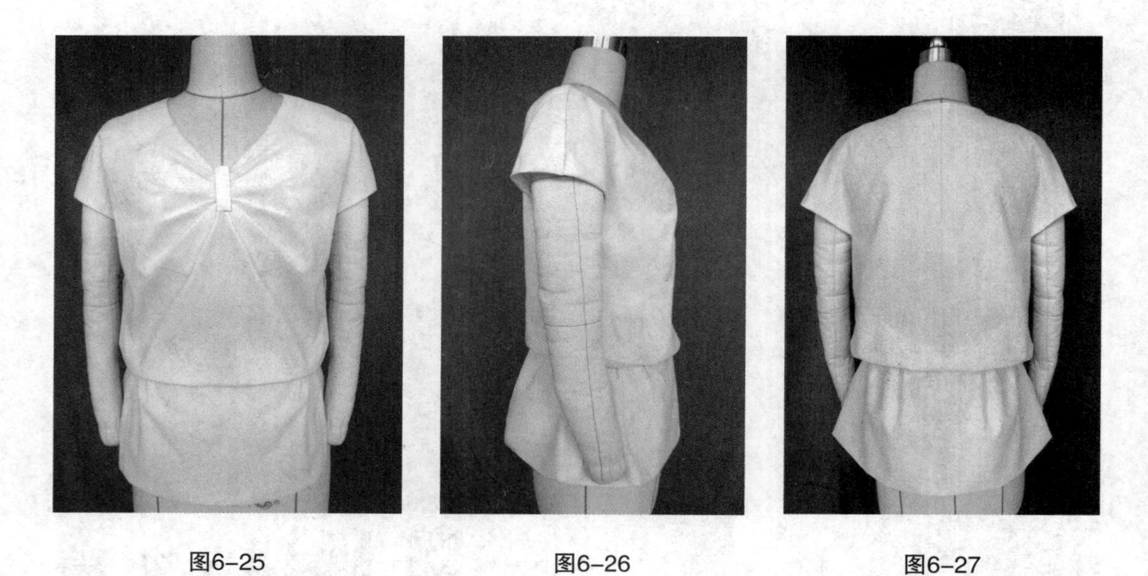

图6–25　　图6–26　　图6–27

⑫将调整好的衣片取下，修正、拓印纸样（图6–28）。

图6–28

3.连身立领上衣

（1）款式特点

该款式为三片结构组合上衣，领部通过抓合省道使之产生立领效果。本款式适合于中年女性穿着，其服装廓型简洁、线条明快，很受中年女性的喜爱，剪裁过程中要注意胸部、腰部松量的把握，不宜过紧（图6–29）。

图6–29

（2）造型重点步骤

①将衣片前中心线、胸围线与人台前中心线、胸围线相贴合，将胸省移至颈部抓合约2cm，使衣片在颈部翘起并别合（图6–30）。

②如图中箭头所示在BP点留有松量，胸部做出转折面并抓合胸省别合，省尖距离BP点3cm（图6–31）。

③将衣片调整后贴上标记线，注意在腰部留有省量，不宜过紧（图6–32）。

④如箭头所示方向将后片后中心线与人台后中心线相贴合，将衣片肩部余量移至后颈点并抓出1.5cm，使衣片颈部翘起后别合（图6–33）。

⑤调整颈部立领形状后别合，检查后片转折面松量，确定后贴上标记线（图6–34）。

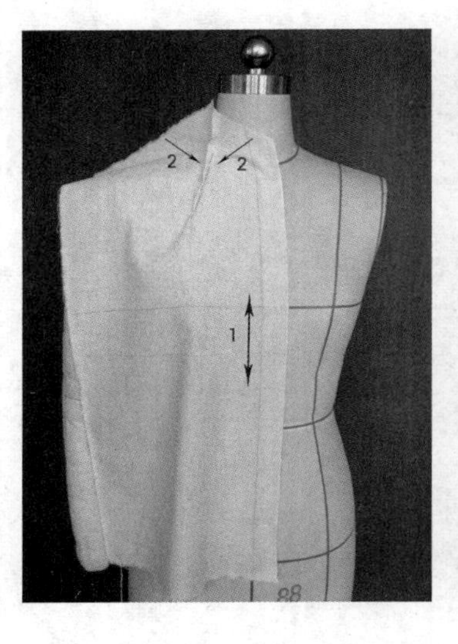

图6-30

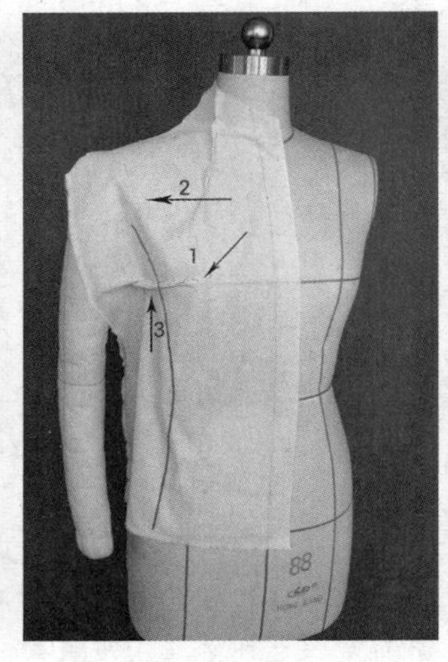

图6-31

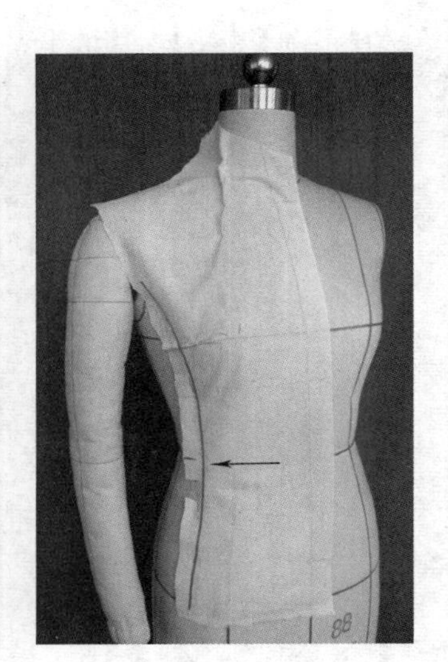
图6-32

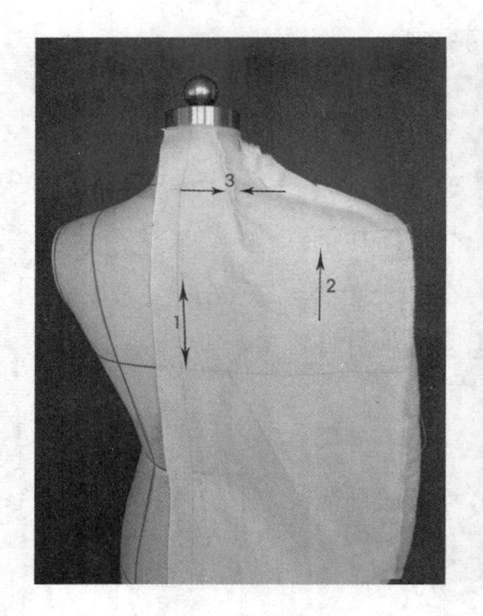

图6-33

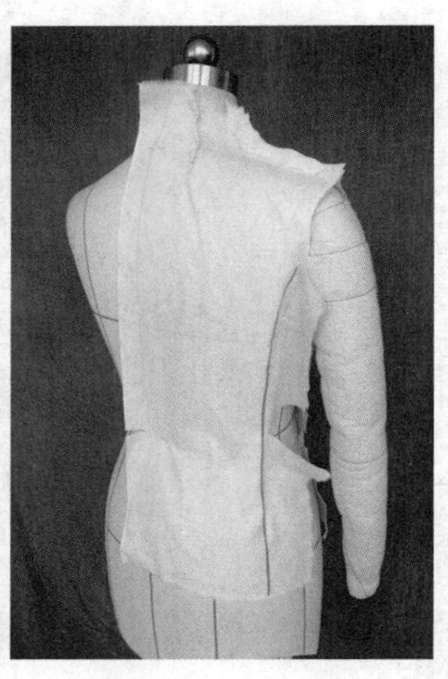
图6-34

⑥把手臂抬起，将腋下衣片别合于人台侧缝线，布丝与地面垂直，并在箭头所示方向抓出胸部松量1cm、臀部松量1.5cm，并与前后片别合（图6-35）。

⑦调整好衣身造型后贴上标记线（图6-36）。

⑧用平面制袖方法做好一片袖，整理好袖型，与袖窿相别合，并调整衣身下摆造型（图6-37、图6-38）。

⑨完成正面、侧面、背面效果图（图6-39～图6-41）。

图6-35

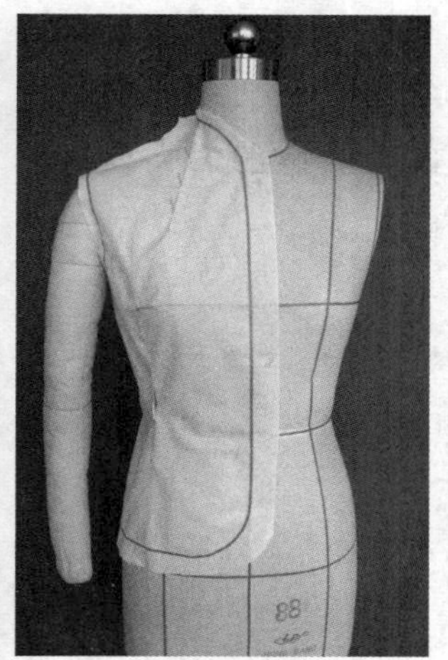

图6-36

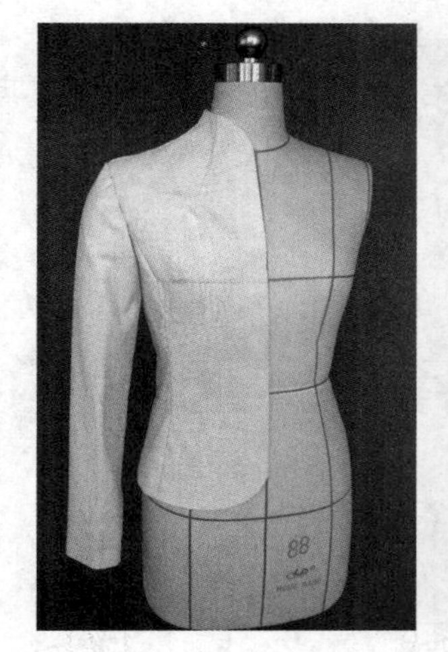

图6-37

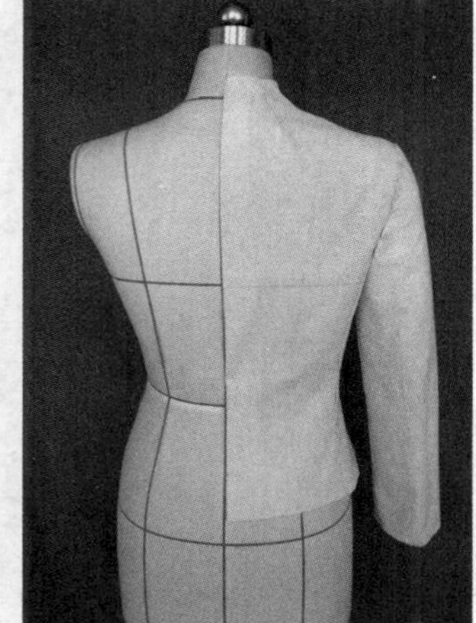

图6-38

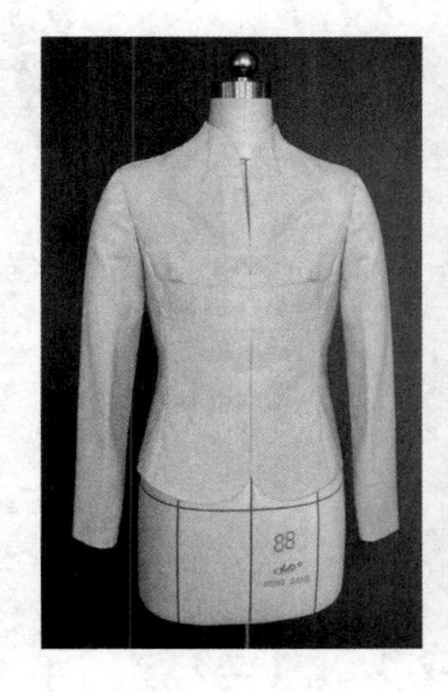

图6-39

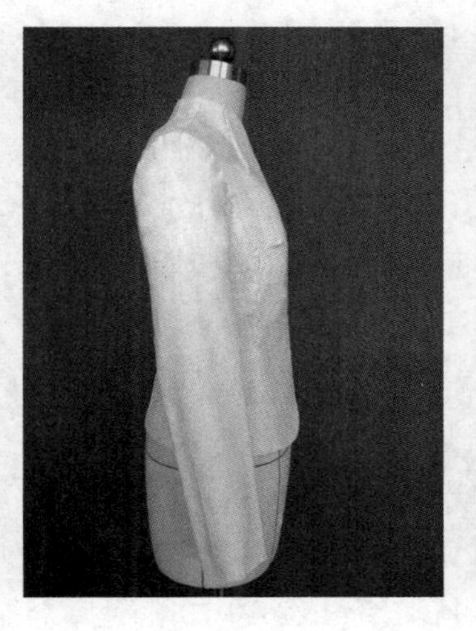

图6-40

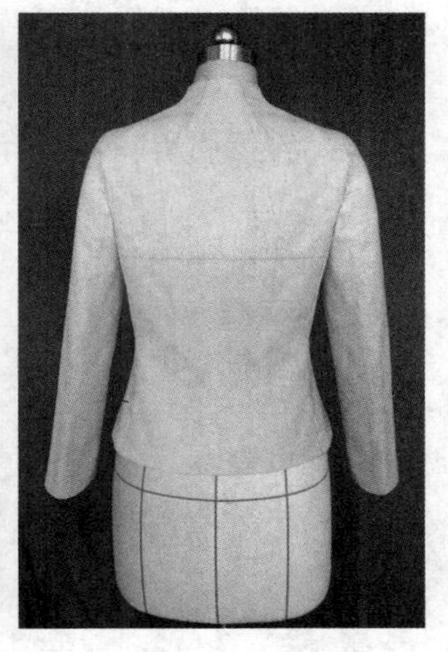

图6-41

⑩将调整好的衣片取下，修正、拓印纸样（图6–42）。

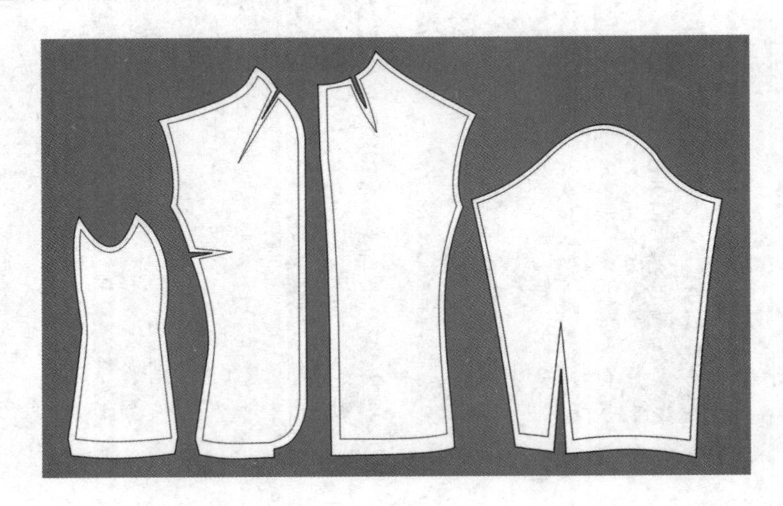

图6–42

4.尖角翻领上衣

（1）款式特点

本款式为四片结构组合上衣，其剪裁难点是对领口弧形线条的处理。该款式也是上衣中的常规款型，在流行时尚的潮流中经久不衰，有广泛的受用群体，适用于多种场合，因此要求学习者必须熟练掌握其裁剪方法（图6–43）。

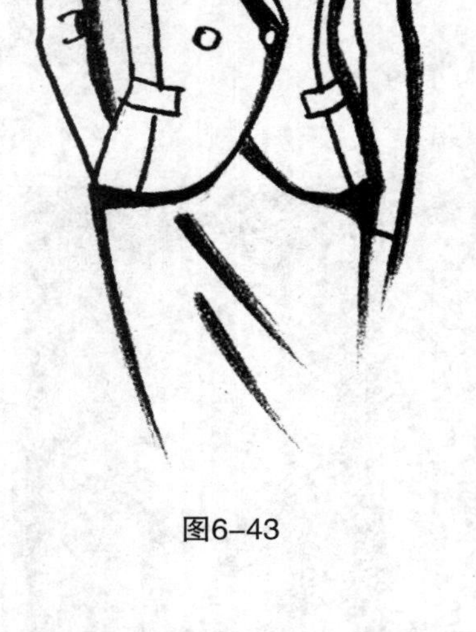

图6–43

（2）造型重点步骤

①将衣片前中心线、胸围线与人台前中心线、胸围线相贴合（图6–44）。

②根据款式在驳口线附近收弧形省道并别合，在BP点留0.3cm松量，并做出衣身转折面（图6–45）。

③将转折面调整后留有松量，贴上标记线（图6–46）。

④后片后中心线、胸围线与人台后中心线、胸围线相贴合，并做出转折面（图6–47）。

⑤调整好后衣片造型并贴上标记线（图6–48）。

⑥前腋下侧片布丝与地面垂直，如图中箭头所示方向，在胸部留1cm松量，臀部留1.5cm松量（图6–49）。

⑦调整后与前衣片别合，注意腰部、胸部及下摆松量的掌握，不宜过紧，标出前袖窿线（图6–50）。

⑧后内下侧片与前内下侧片制作方法相同，两片在侧缝线相交，调整后贴上侧缝线及后袖窿标记线（图6–51）。

⑨后领部下开1cm，在领口线、翻折线及串口线处贴上标记线（图6–52）。

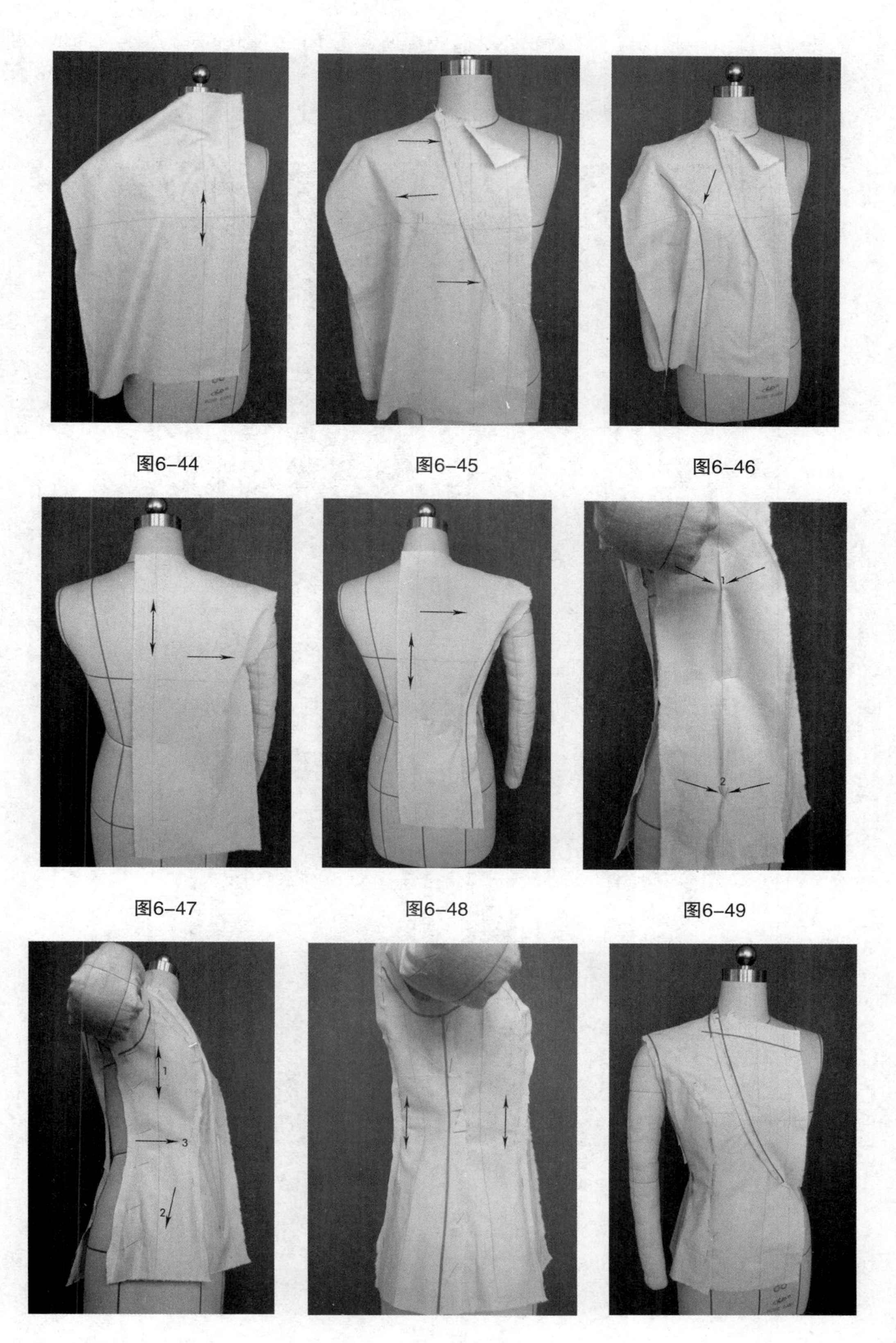

图6-44　图6-45　图6-46

图6-47　图6-48　图6-49

图6-50　图6-51　图6-52

⑩将上领部后中心线与人台后中心延长线相贴合，按图6–53中箭头所示方向依次别合，在绷紧处打剪口。

⑪根据款式要求将领型调整完成后贴上标记线（图6–54）。

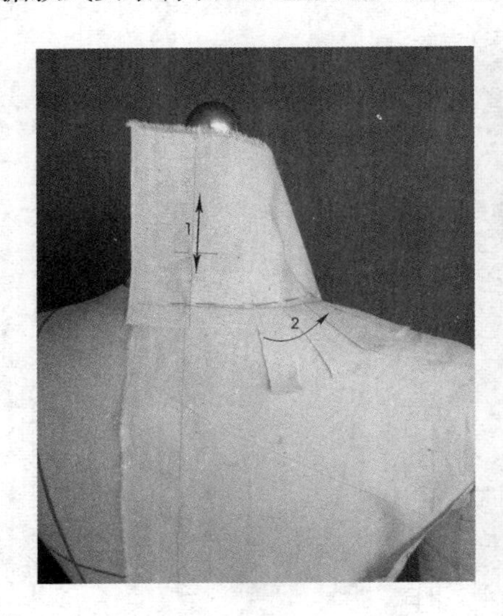

图6–53

图6–54

⑫整理衣身造型，贴上款式标记线，将余布剪去（图6–55）。

⑬根据袖窿尺寸采用平面制袖方法制作两片袖，调整后与衣身别合（图6–56）。

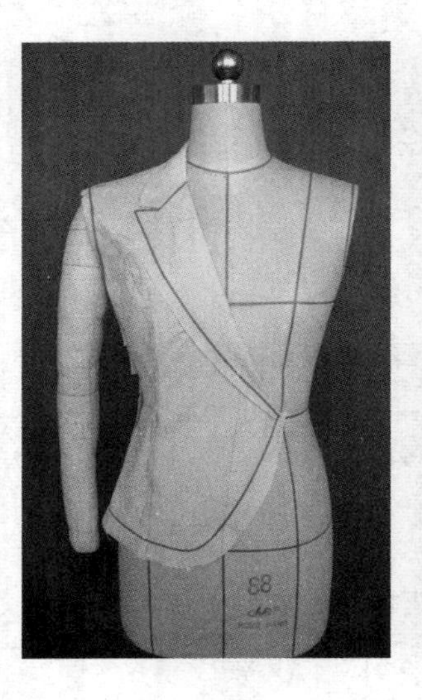

图6–55

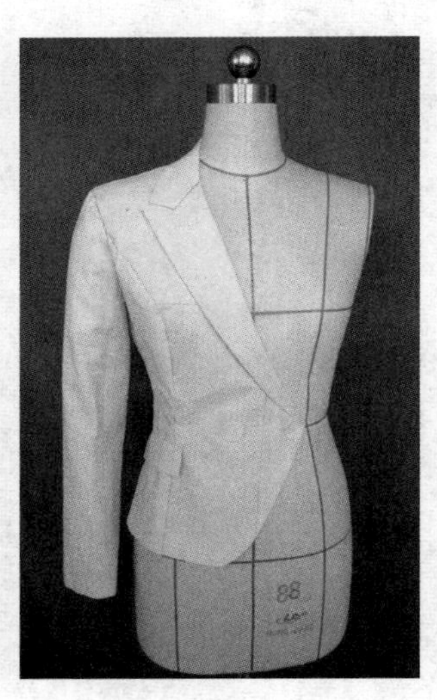

图6–56

⑭完成正面、侧面、背面效果图（图6–57～图6–59）。

⑮将调整好的衣片取下，修正、拓印纸样（图6–60）。

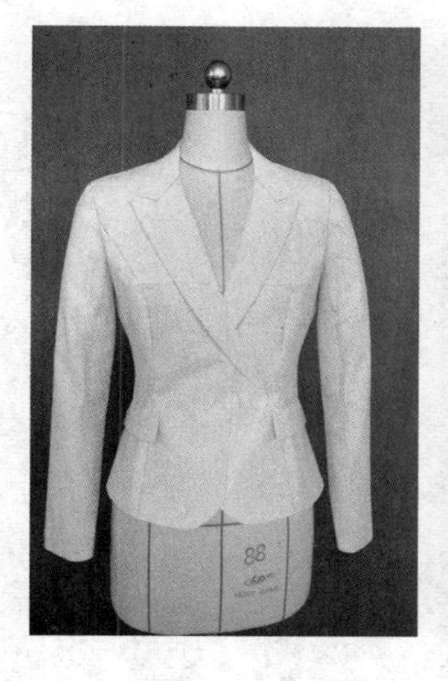

图6-57

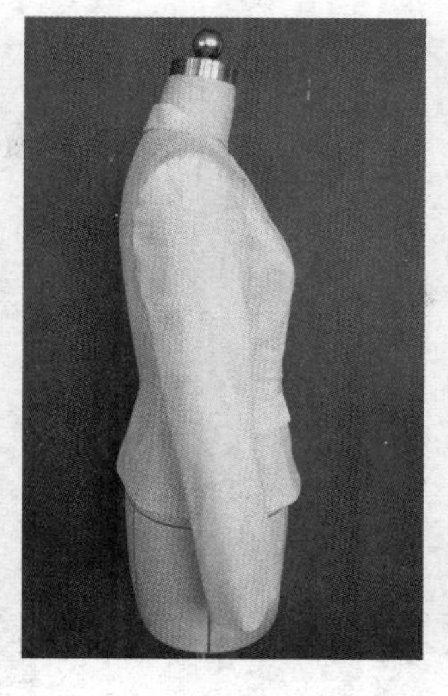

图6-58

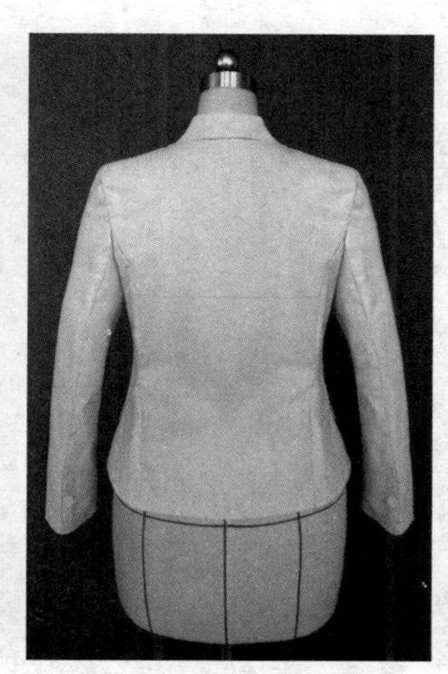

图6-59

图6-60

5.非对称无领上衣

（1）款式特点

本款式的前衣片为左右不对称设计，左片平整收腰，右片多褶皱，是一款非常经典的服装，通过对该款式剪裁方法的掌握，能够了解非对称多褶服装设计的要领，因此要求学习者必须掌握其方法规律（图6-61）。

图6-61

（2）造型重点步骤

①将衣片前中心线、腰围线与人台前中心线、腰围线贴合固定（图6-62）。

②沿图中箭头所示方向抓合腰部省道并做出胸部转折面，注意腰部、臀部要留有松量，不宜过紧（图6-63）。

③在侧臀围处留有余量，调整胸侧转折面，将衣片固定于

侧缝线（图6-64）。

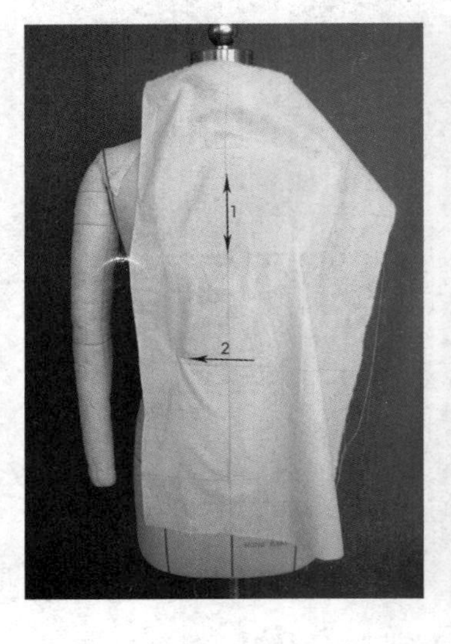

图6-62

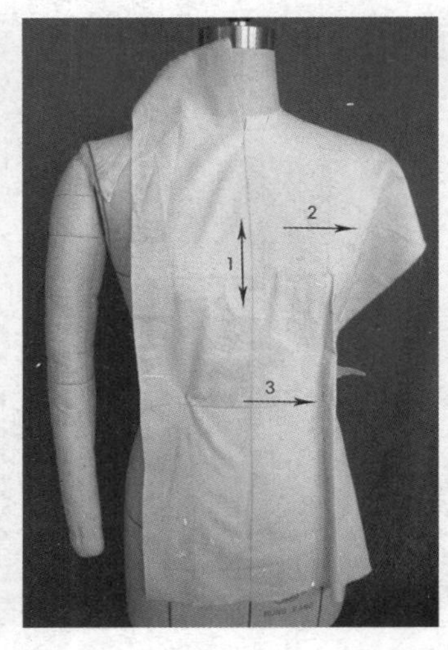

图6-63

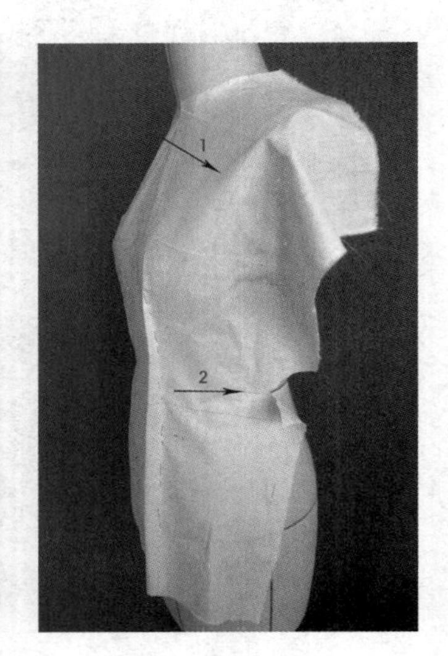

图6-64

④调整好左衣片，贴上标记线并将余布剪去（图6-65）。

⑤将右片前中心线、胸围线与人台前中心线、胸围线相贴合（图6-66）。

⑥确定领口线，固定腰部重叠点，贴上标记线，剪去余布（图6-67）。

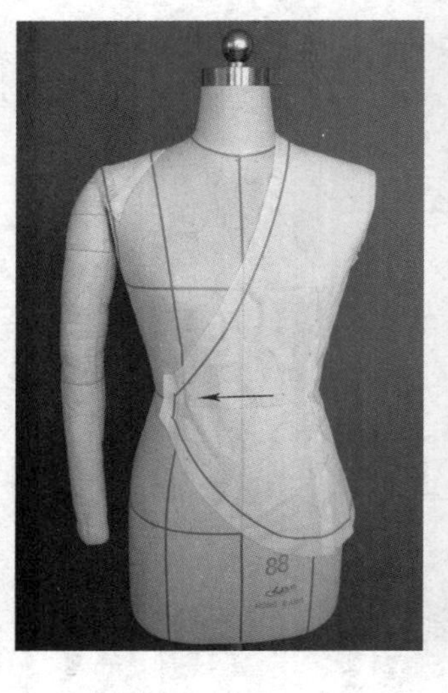

图6-65

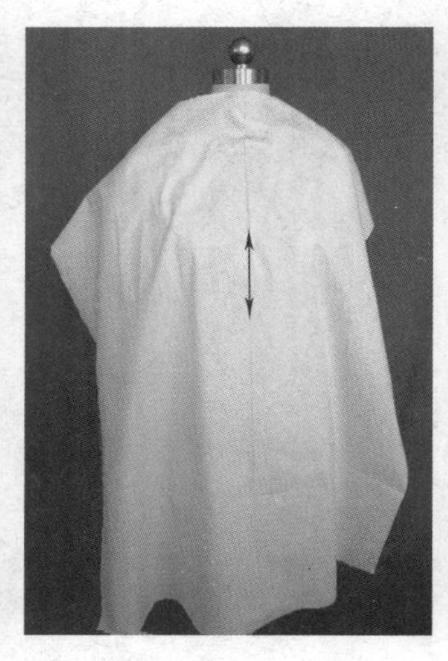
图6-66

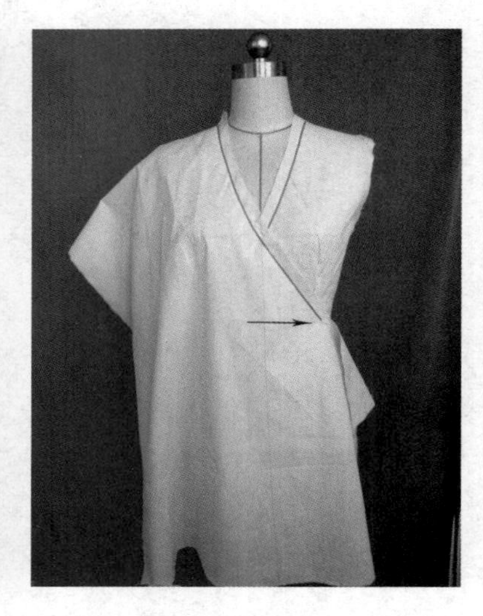
图6-67

⑦根据款式依次在肩部抓出褶皱，如箭头所示方向将下摆推至腰部别合点，腰部要留有余量（图6-68）。

⑧调整衣片后检查臀围是否留有松量，确定款式线并将余布剪去（图6-69）。

⑨将衣片后中心线与人台后中心线相贴合，抚平肩部（图6-70）。

图6-68

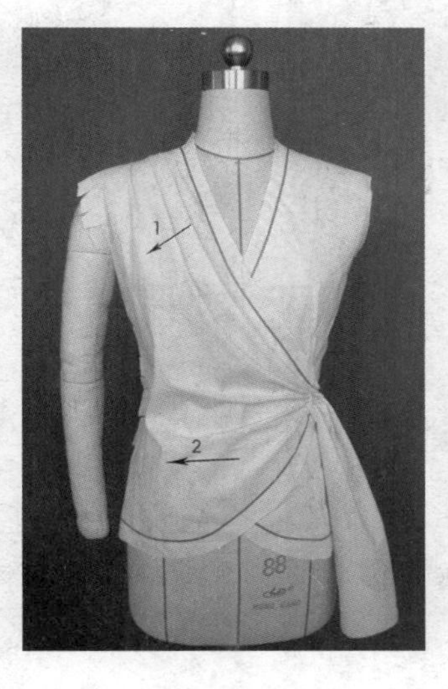

图6-69

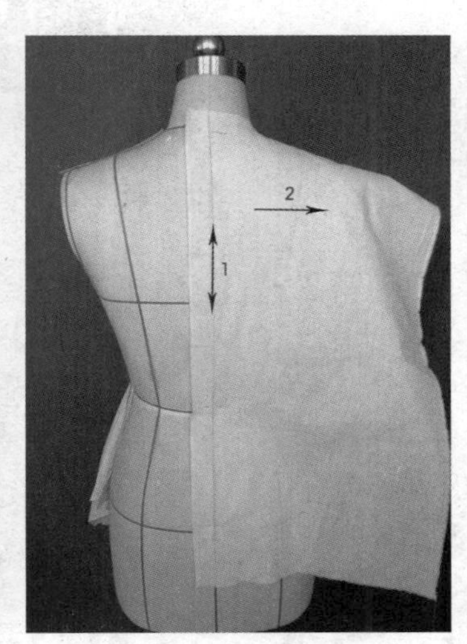

图6-70

⑩确定后背省尖位置，抓合省道并固定，调整后衣片的造型，剪去余布，注意后背转折面要留有松量（图6-71）。

⑪调整好后衣片并与前衣片相别合，用平面制袖方法完成一片袖并与袖窿别合（图6-72）。

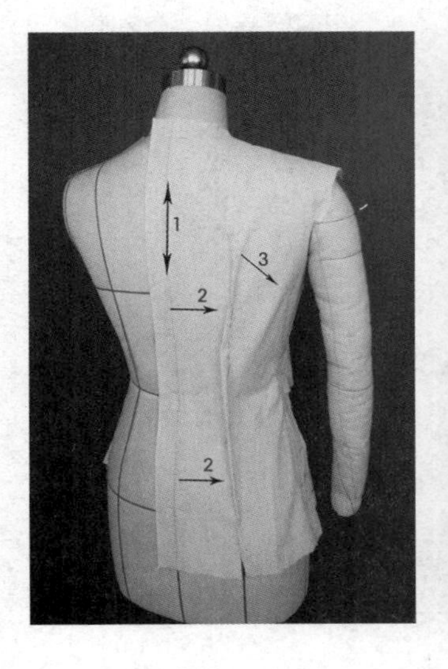

图6-71

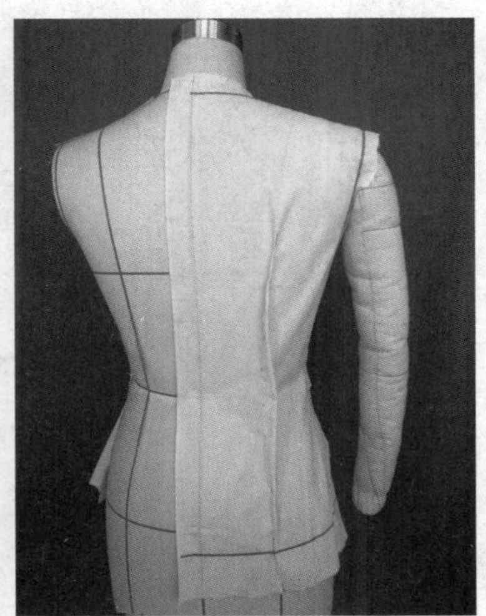

图6-72

⑫完成正面、背面效果图（图6-73、图6-74）。

⑬将调整好的衣片取下，修正、拓印纸样（图6-75）。

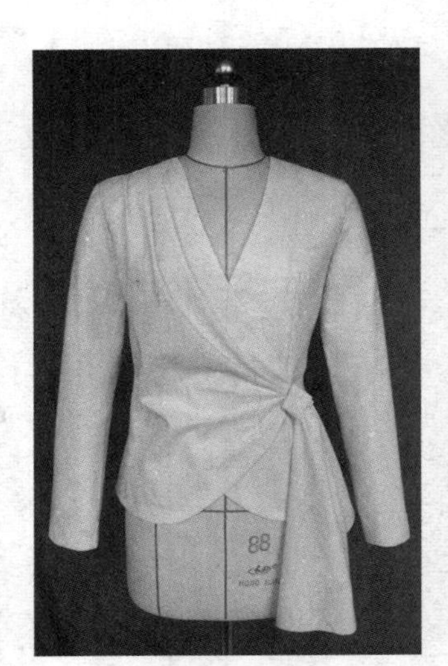

图6-73

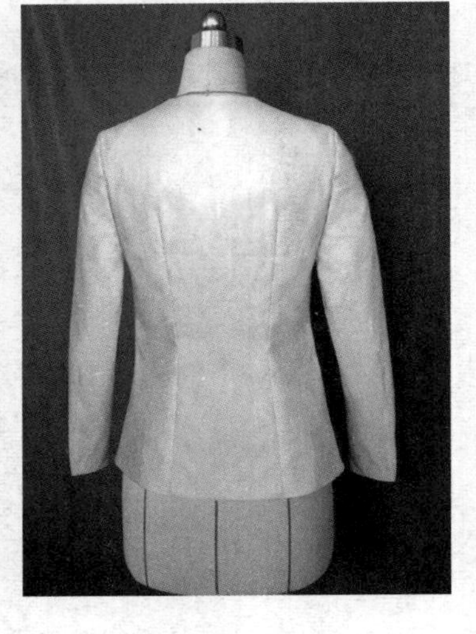

图6-74

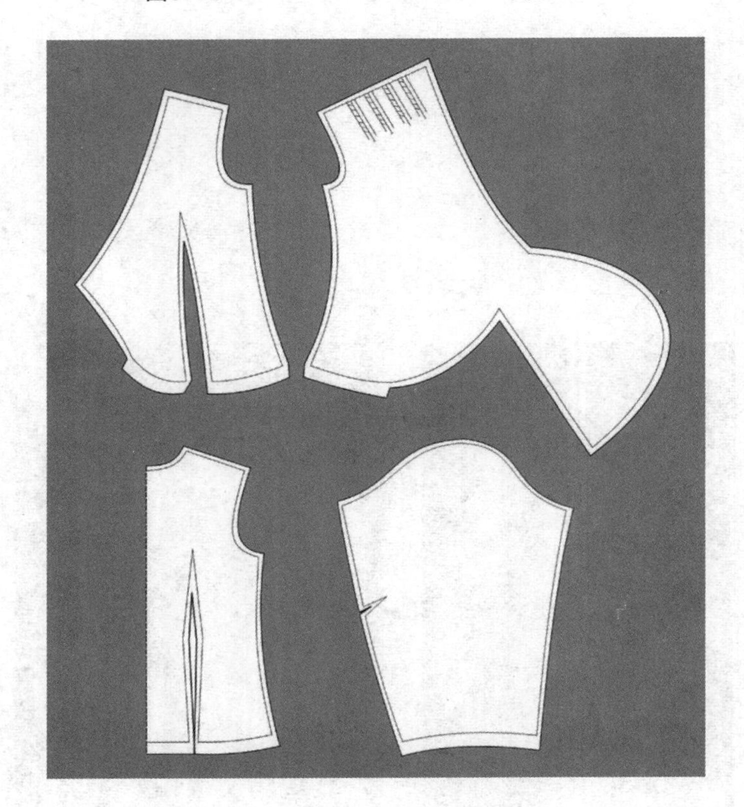

图6-75

6.连身袖上衣

（1）款式特点

该款的设计要点是袖与衣身的连体制作方法，其难点包括袖型的处理，胸部松量的把握以及整体造型的流畅。本款也是四片结构的组合形式，而片与片之间松量的设计也是一个难点，因此就要求学习者认真研究每一个细节，把握好造型的特征（图6–76）。

图6–76

（2）造型重点步骤

①按照款式要求确定背宽并在人台垫肩上贴出标记线（图6–77）。

②将衣片前中心线、胸围线与人台前中心线、胸围线相贴合（图6–78）。

③在BP点留有0.3cm松量固定，做出胸部转折面固定（图6–79）。

④确定袖型斜度，衣片胸围线与手肘线向下3.5cm与手臂中线相交，确定袖肥并抓合2～2.5cm松量后固定（图6–80）。

⑤调整胸部及转折面后贴上款式标记线（图6–81）

⑥确定并调整好前衣片并剪去余布，注意剪至袖窿时衣片缝份不宜留过多余布（图6–82）。

⑦衣片后中心线与人台后中心线贴合，确定背宽并将肩部衣片抚平（图6–83）。

⑧后衣片胸围线在手臂上与前衣片相交时，胸围线不能高于前衣片肘点（图6–84）。

⑨确定后背转折面，在后袖肥抓合2.5cm松量后别合，并贴上款式标记线（图6–85）。

⑩调整好转折面并确定袖片造型肥度，抓合衣片形成腰部省（图6–86）。

⑪将剪开衣片的余布推至手臂内侧与前片相别合，并将内侧余布剪去（图6–87）。

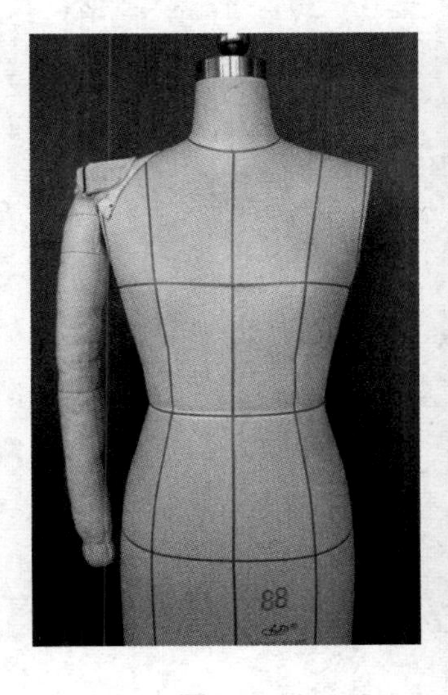

图6–77

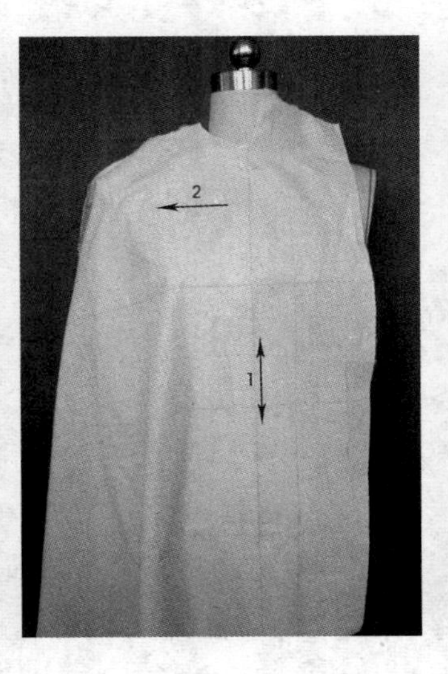

图6–78

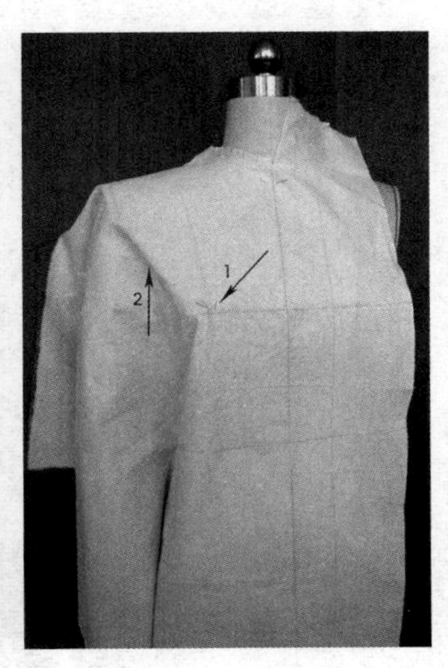

图6–79

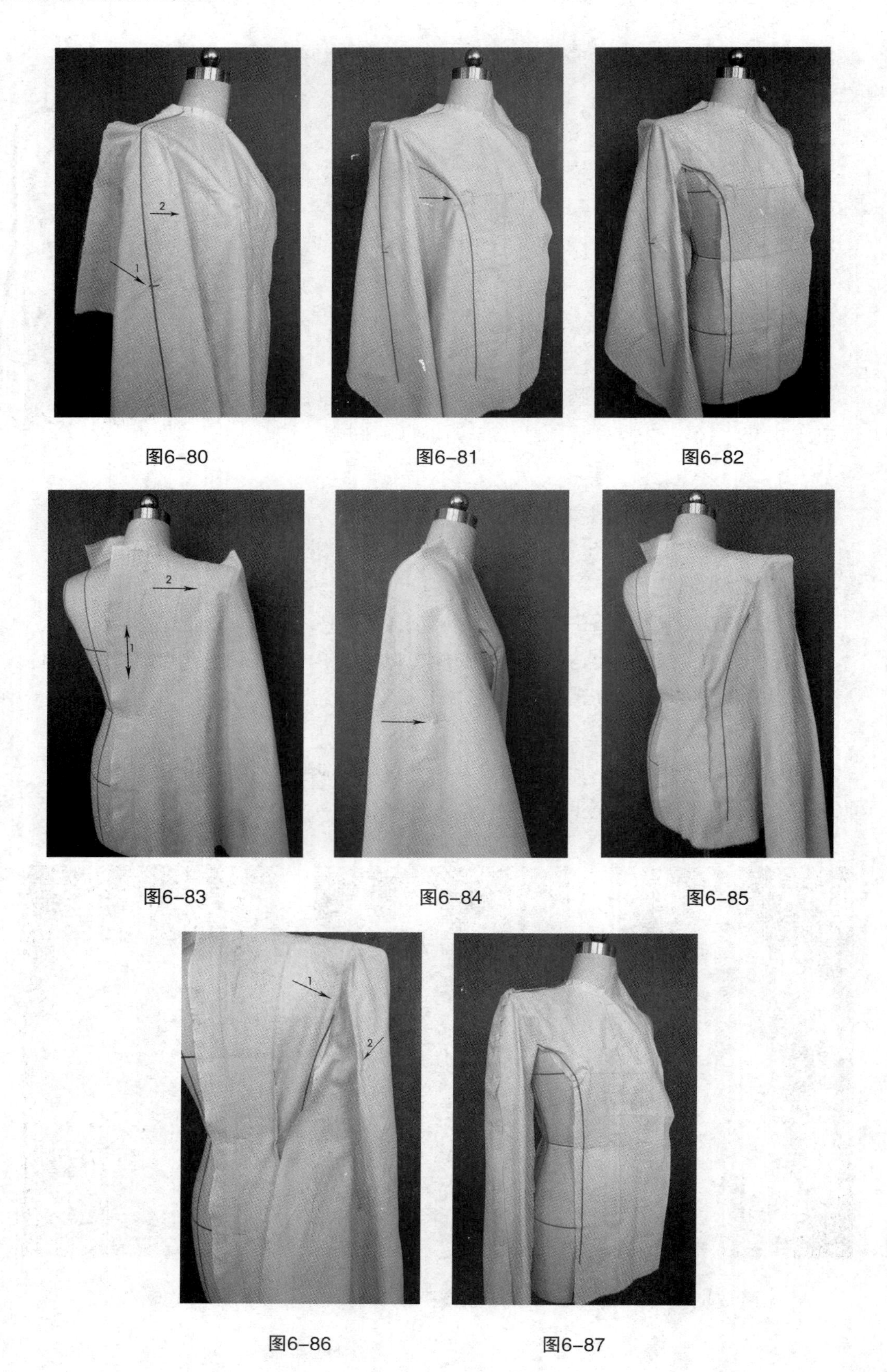

图6-80　图6-81　图6-82

图6-83　图6-84　图6-85

图6-86　图6-87

⑫调整好袖型并抬起，将前侧衣片布丝垂直于地面并固定于人台，胸部、臀部各加1～1.5cm松量，并与前衣片相别合。后侧片处理方法与前侧片相同，整理后将前、后侧衣片相别合，腰部不宜过紧（图6–88、图6–89）。

⑬确定袖窿深度并贴上标记线（图6–90）。

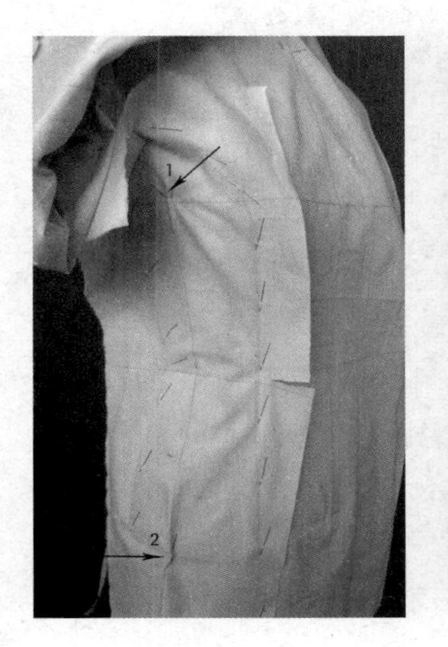

图6–88

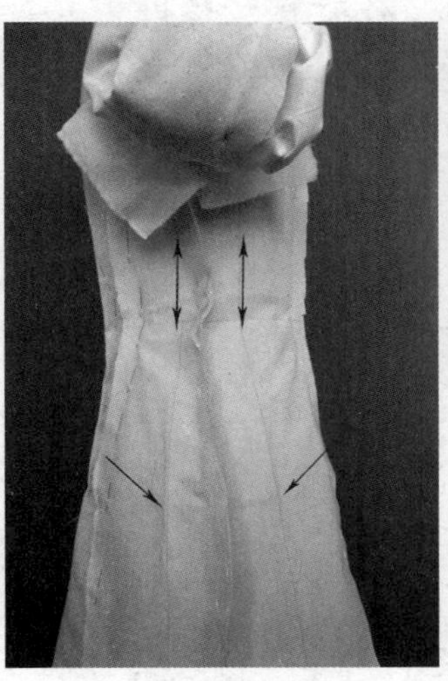

图6–89

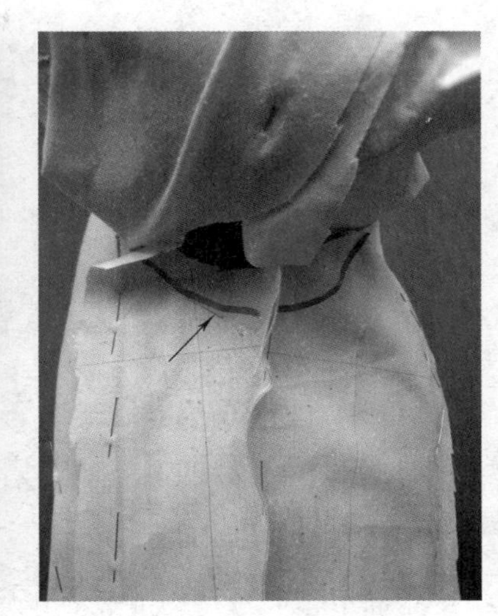

图6–90

⑭衣领开深1cm，贴上开领线及驳口线（图6–91）。

⑮根据款式沿驳口线抓合省道，使完成后的领口线更加圆顺自然（图6–92）。

⑯翻领的裁剪方法与前面讲述的尖角翻领裁剪方法相同，完成后贴上款式标记线（图6–93）。

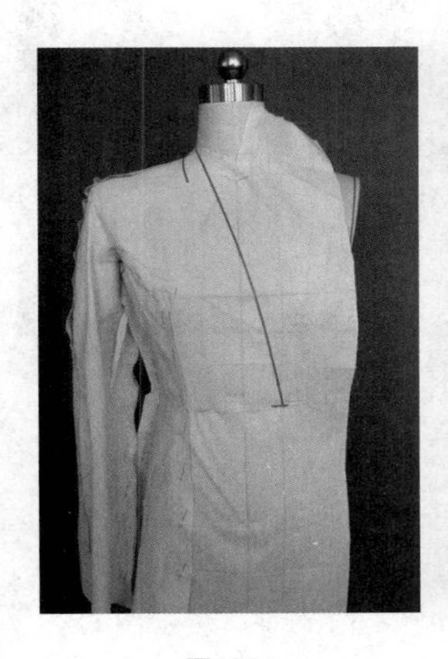

图6–91

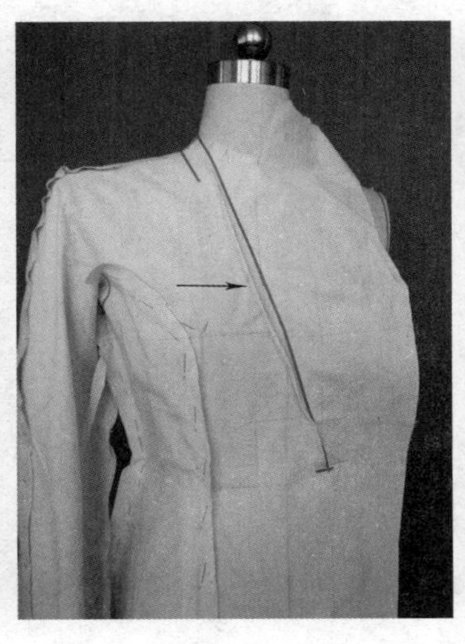

图6–92

图6–93

⑰调整服装整体造型，检查胸部、腰部、臀部及袖片的松量（图6–94、图6–95）。

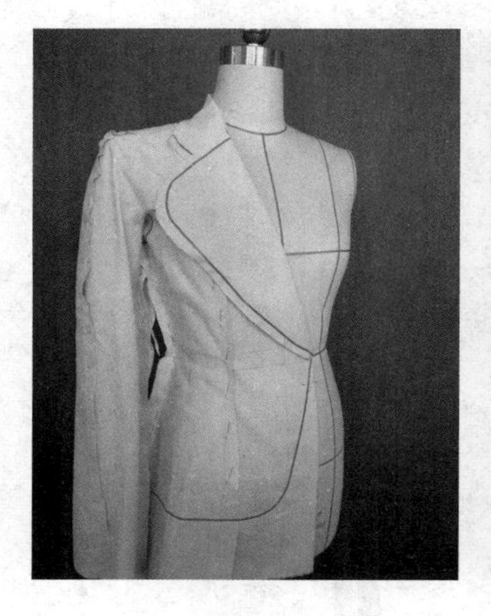

图6–94

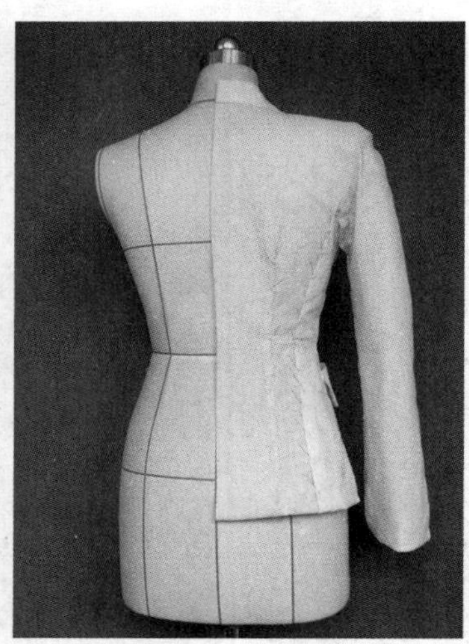

图6–95

⑱标出扣位及口袋位置，并装上口袋盖（图6–96）。

⑲完成正面、背面效果图（图6–97、图6–98）。

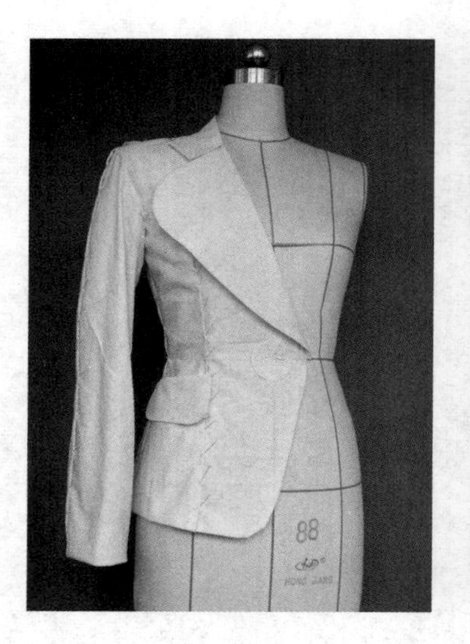

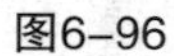

图6–96

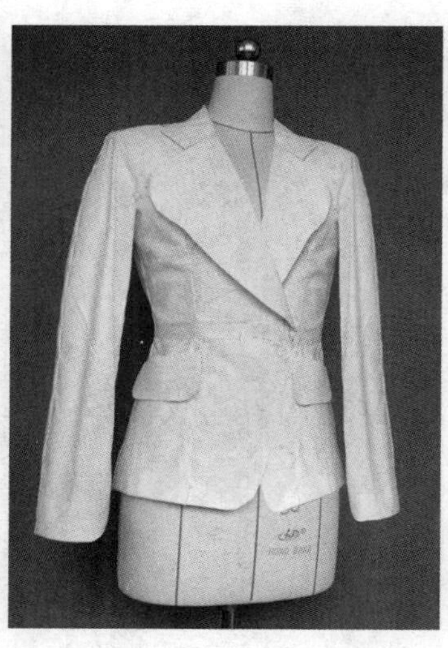

图6–97

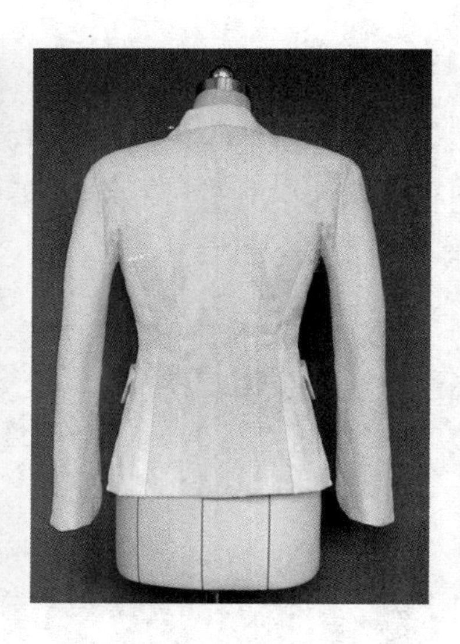

图6–98

⑳将调整好的衣片取下，修正、拓印纸样（图6–99）。

图6–99

二、外套

外套一般解释为户外服装，可与多种服装搭配组合，在裁剪过程中松量的把握应该是外套的重点。下面以连身领外套为例进行讲述。

（1）款式特点

此款是为连领连袖外套，其裁剪难度很高，不易掌握。领与袖都为一个前片连裁而出，所以要求制作者有很强的立体空间意识，并对人体与服装的关系有更深层次的理解。本款在省道设计、空间设计方面有很强的代表性，要求学习者加强训练，认真体会其剪裁方法（图6–100）。

图6–100（附录彩图1）

（2）造型重点步骤

①将衣片前中心线、胸围线与人台前中心线、胸围线贴合，注意本款为连领设计，所以胸围以上要多留些余布，以便制作领型（图6–101）。

②将衣片胸省量移至颈部，抓出省道并别合，形成连领结构，在BP点留有余量，用大头针固定（图6–102）。

③调整袖型结构，如图中箭头所示方向，衣片、胸围线与手肘点向下3～4cm相交于手臂中线，以“1”为标记，确定后贴上标记线（图6–103）。

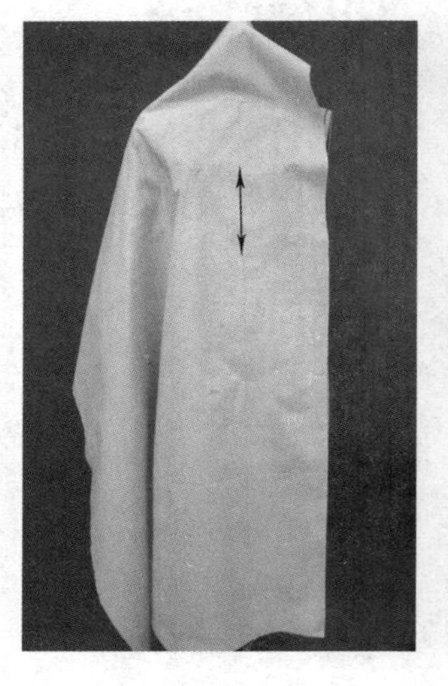

图6-101

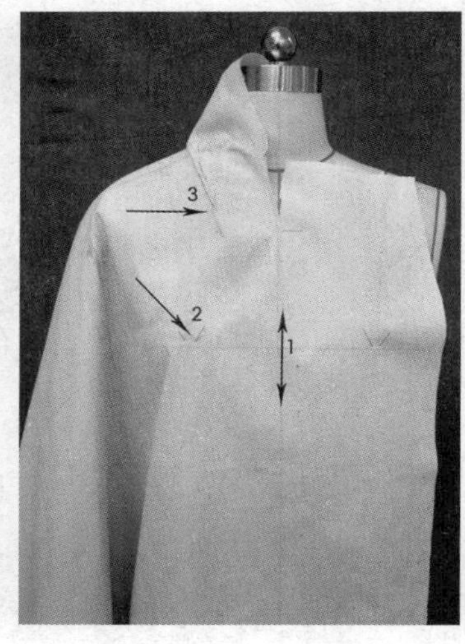

图6-102

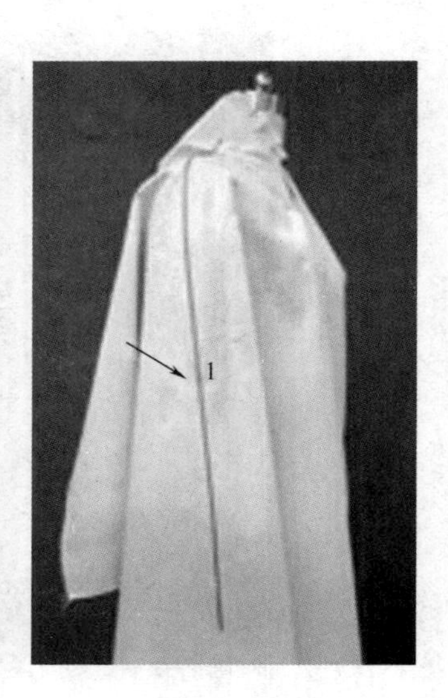

图6-103

④调整连领结构至后颈中线，剪去肩部余布，贴出肩标记线（图6-104）。

⑤连领后中心线一定要和人台后中心线延长线相重合，并确定领宽（图6-105）。

⑥调整好前衣片布丝方向并做出胸部转折面，确定款式结构线，贴上标记线（图6-106）。

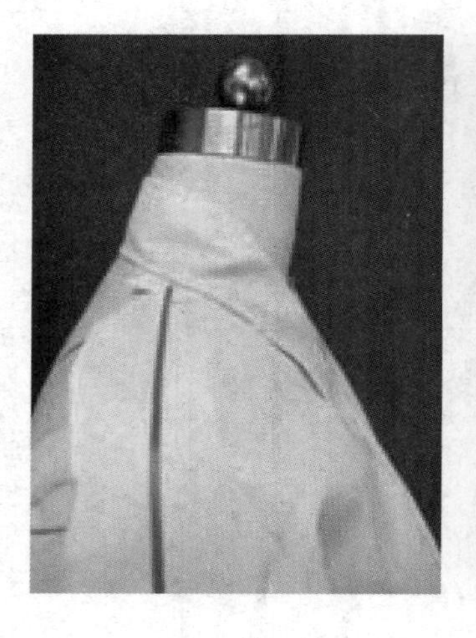

图6-104

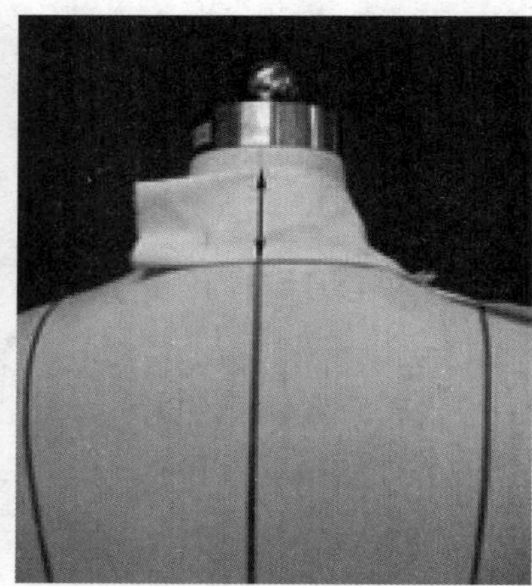

图6-105

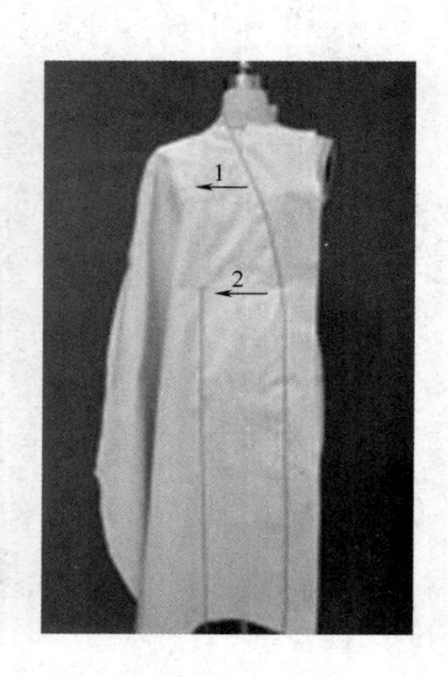

图6-106

⑦沿前衣片标记线剪至腰部，调节上衣松量后与人台别合，剪去余布（图6-107）。

⑧调整腰部松量后贴出衣片标记线（图6-108）。

⑨将口袋衣片与腰部款式线及前衣片款式线相贴合，并贴出标记线（图6-109）。

图6-107

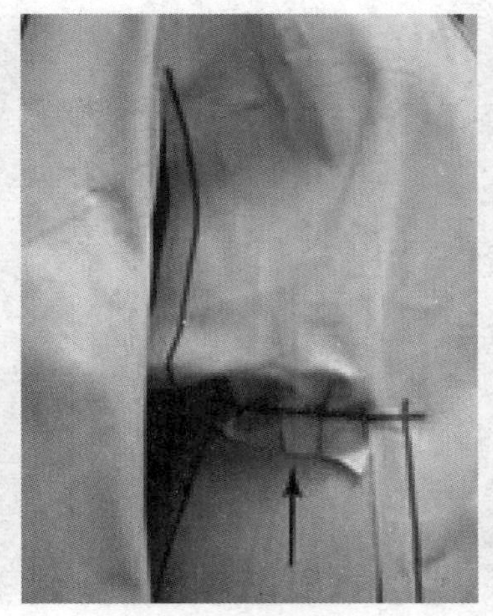

图6-108

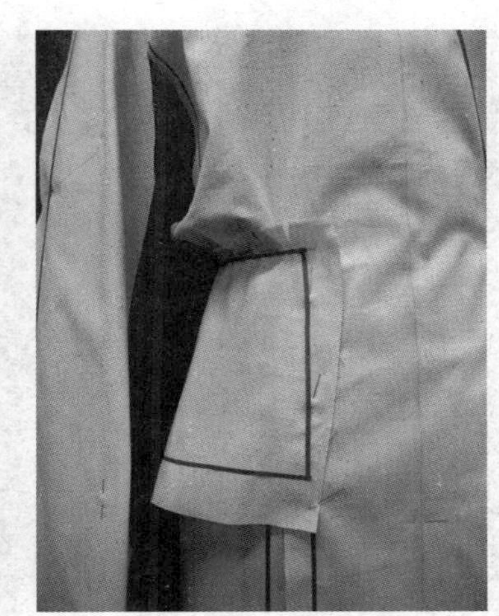

图6-109

⑩将侧衣片布丝与前衣片调整一致，做出造型后别合固定（图6-110）。

⑪将衣片后中心线、胸围线与人台后中心线、胸围线相贴合（图6-111）。

⑫后衣片袖与前衣片袖按图中箭头所示方向，使“2”与“1”相重合（图6-112）。

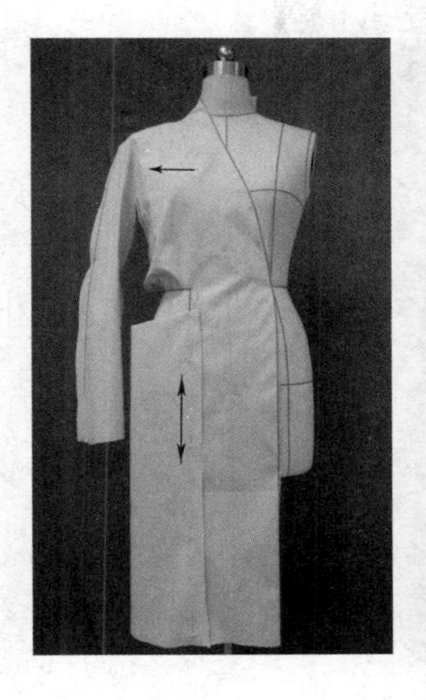

图6-110

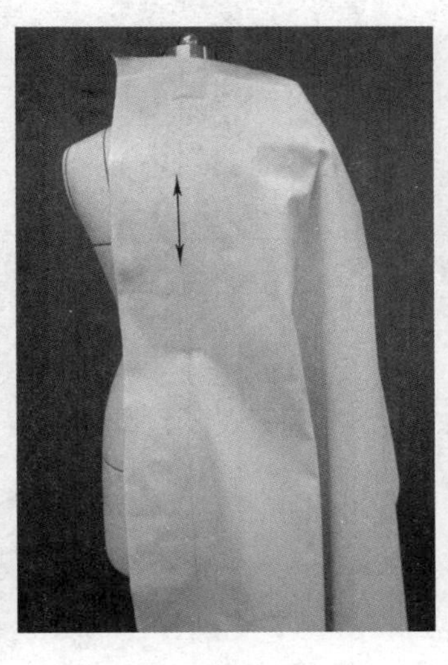

图6-111

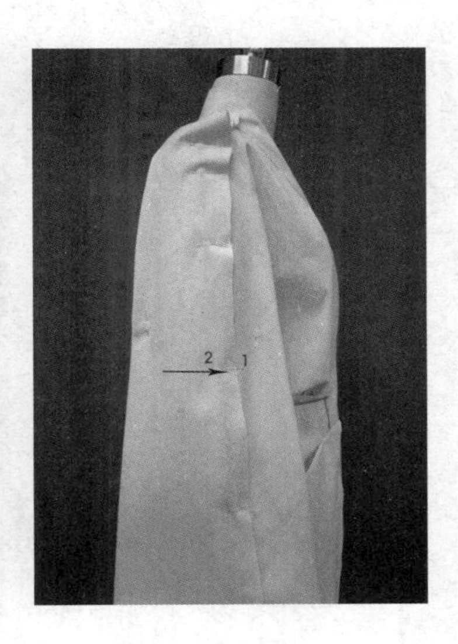

图6-112

⑬抬起手臂，将后衣片根据款式调整出腰部松量，并与前片别合贴出标记线，剪去余布（图6-113）。

⑭将手臂托起调整袖裆形状，并贴合标记线（图6-114）。

⑮将后侧片布与后衣片、前衣片相别合，剪去余布并将袖裆片与衣身、袖相别合（图6-115）。

图6-113

图6-114

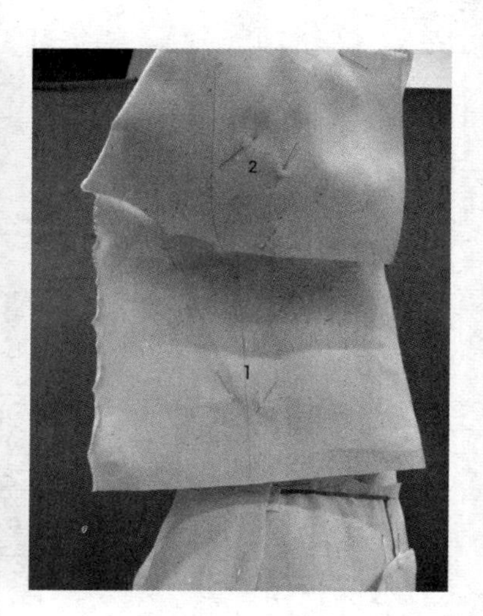

图6-115

⑯调整服装下摆造型，检查臀部松量是否适中（图6-116）。

⑰下身后侧片布丝线要与地面垂直并调整好袖裆造型，剪去袖裆余布（图6-117）。

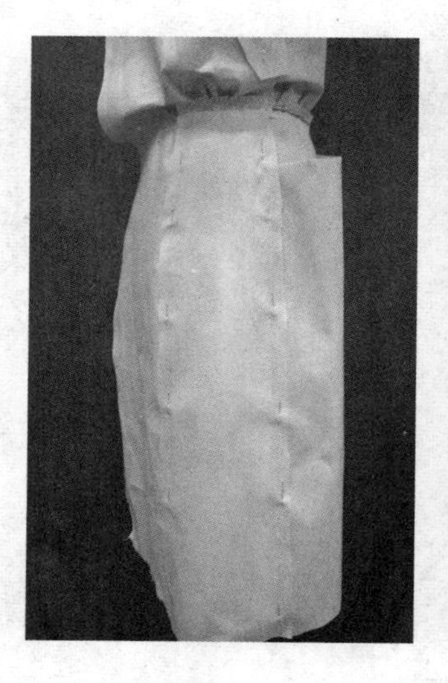

图6-116

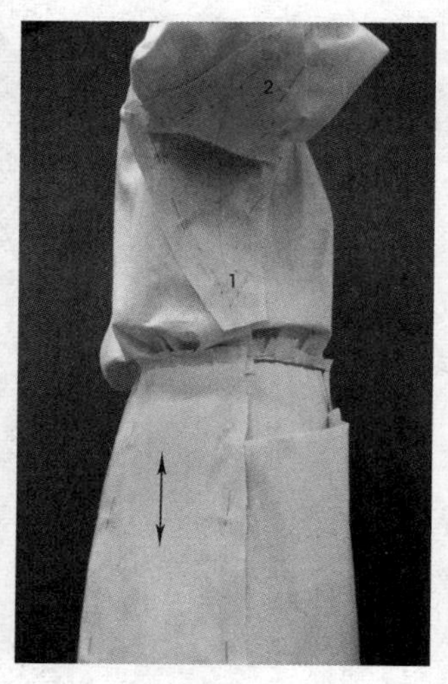

图6-117

⑱调整服装整体造型，并加上扣位与腰饰（图6-118、图6-119）。

⑲完成正面、侧面、背面效果图（图6-120 ~ 图6-122）。

⑳将调整好的衣片取下，修正、拓印纸样（图6-123）。

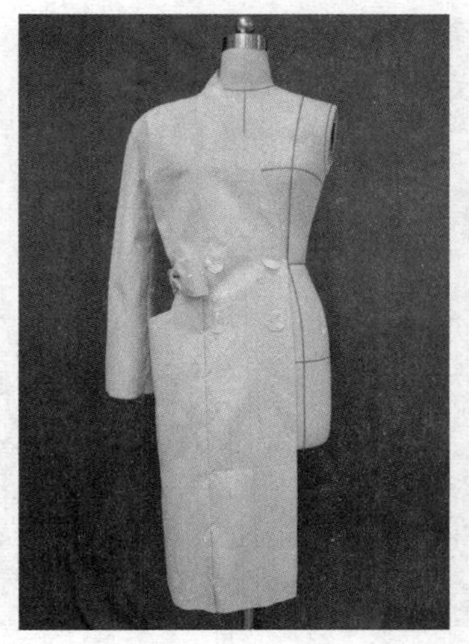

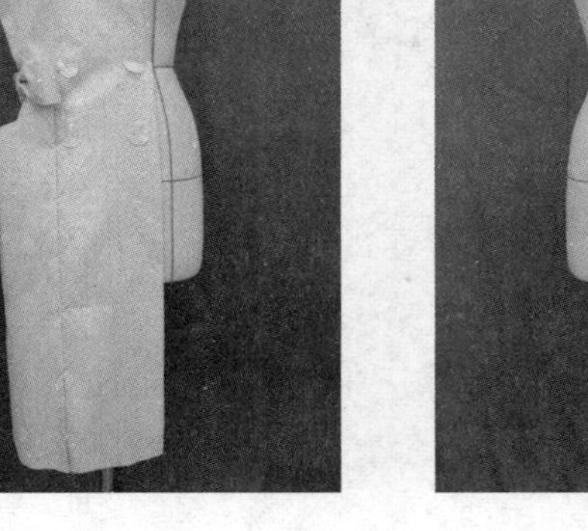

图6-118

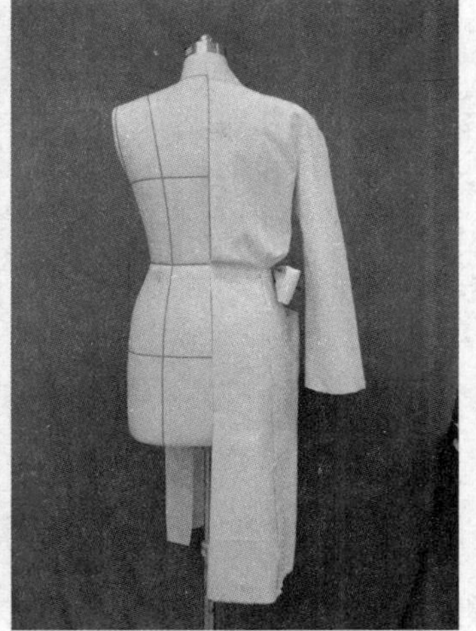

图6-119

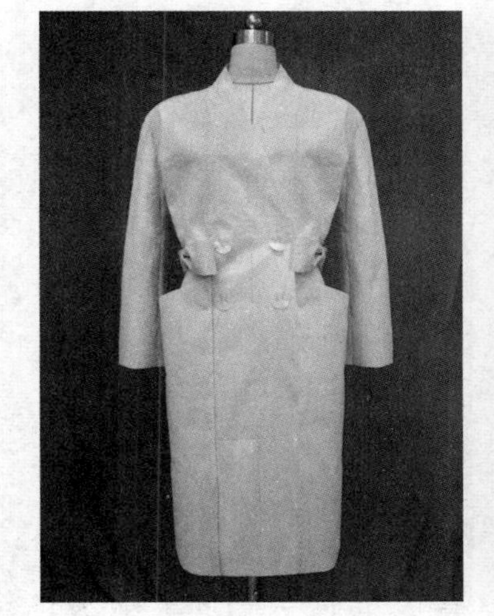

图6-120

图6-121

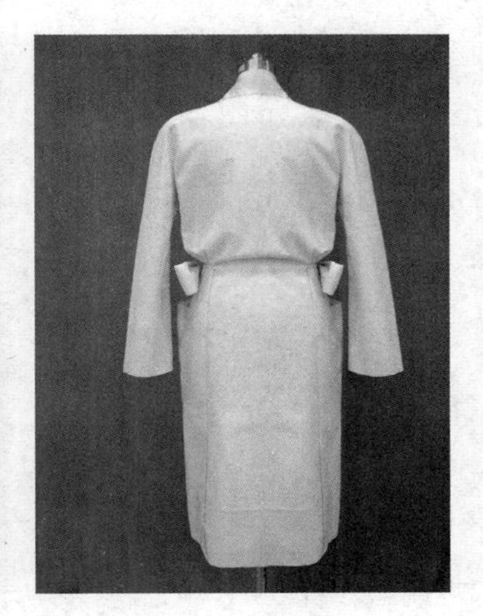

图6-122

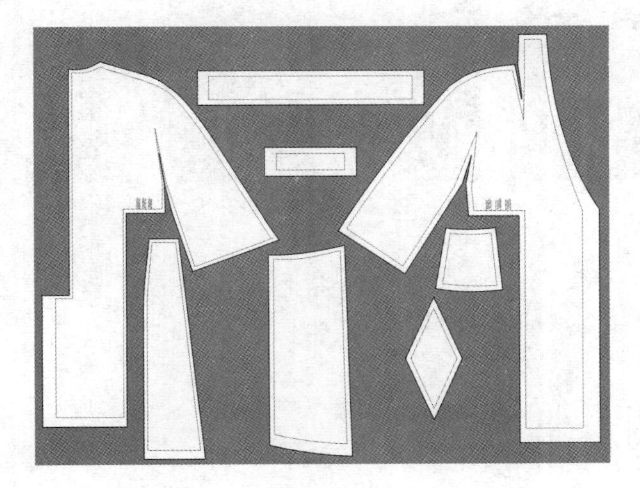

图6-123

三、风衣

风衣为秋装款式之一，体现出廓型宽松、造型潇洒的一面，是秋季服装的象征。在立体裁剪过程中，掌握松量是该类型服装的难点。这里以插肩袖风衣为例进行讲解。

（1）款式特点

此款式在立体剪裁课程中是非常重要的知识点，首先风衣要求在廓型上是比较宽松的，但还要表达出明确的线条，在宽松中见有型、在飘逸中见硬朗，所以说它是立体剪裁中难度很高的款式之一（图6–124）。

图6–124

（2）造型重点步骤

①在人台上加上手臂与垫肩，并确定款式背宽线（图6–125）。

②将衣片前中心线、胸围线与人台前中心线、胸围线相贴合（图6–126）。

③在BP点留有松量，并做好胸部转折面（图6–127）。

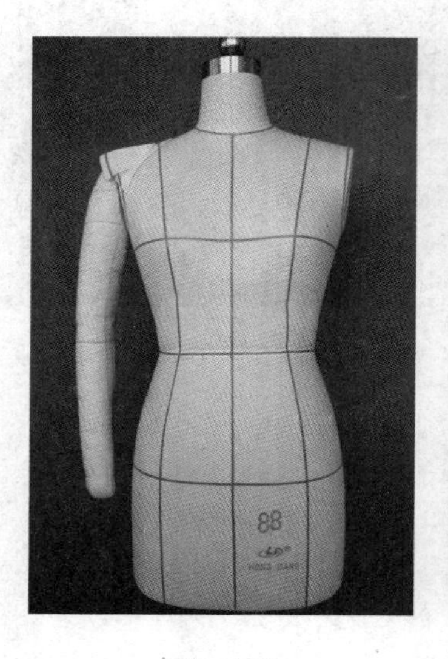

图6–125

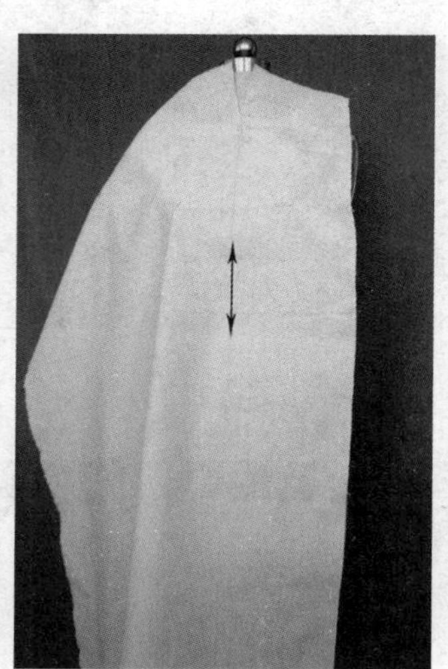

图6–126

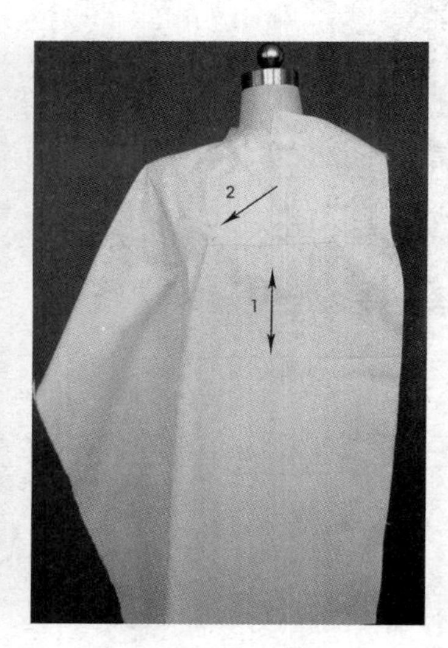

图6–127

④剪去袖窿余布，将衣片下拉，使胸围线与侧缝线相交于人台侧缝线处胸围线下3.5cm（图6–128）。

⑤确定肩线并贴上标记线（图6–129）。

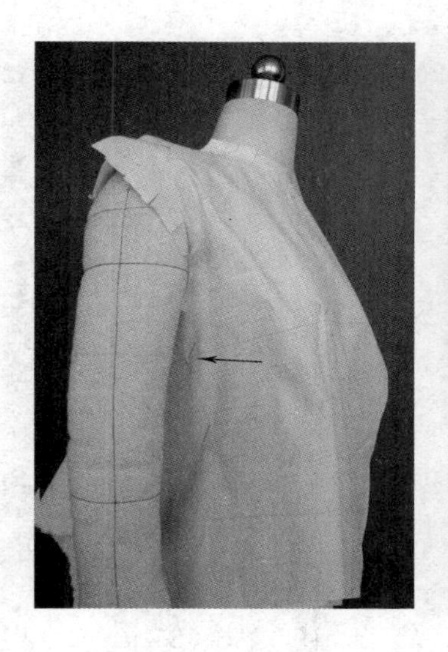

图6-128

图6-129

⑥将衣领向下开深1.5cm，以此点向上取3cm为翻折线，至腰点贴上标记线（图6-130）。

⑦将领部串口线与驳口线贴上标记线（图6-131）。

⑧将下领整理完毕，剪去余布并贴出袖窿标记线（图6-132）。

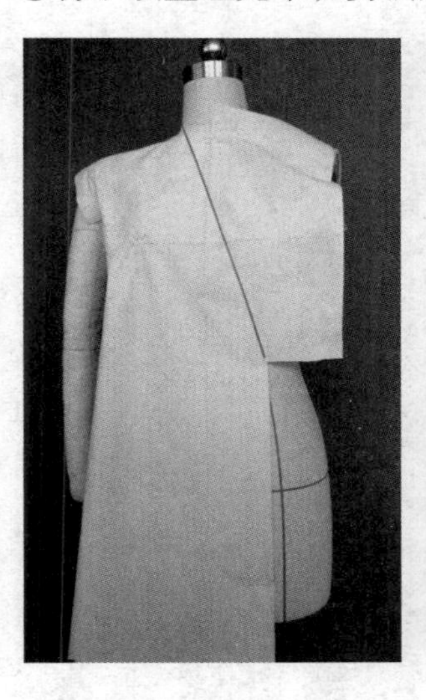

图6-130

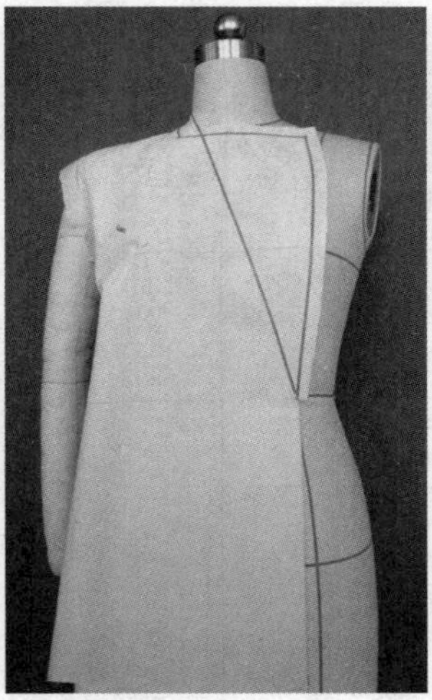

图6-131

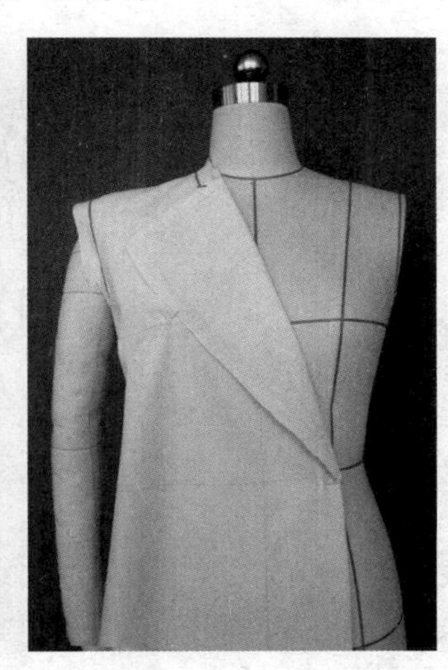

图6-132

⑨调整衣片，以肩线向下2.5cm为点标出插肩袖标记线（图6-133）。

⑩衣片后中心线与人台后中心线在背宽点以上与人台贴合，以下至臀围处向外移出2.5cm（图6-134）。

⑪调整好后衣片，标出后插肩袖标记线，颈部插肩袖点与肩线宽约2.7cm（图6-135）。

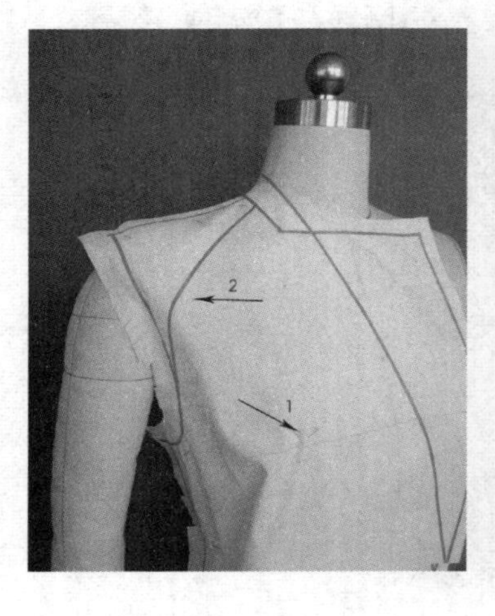

图6-133

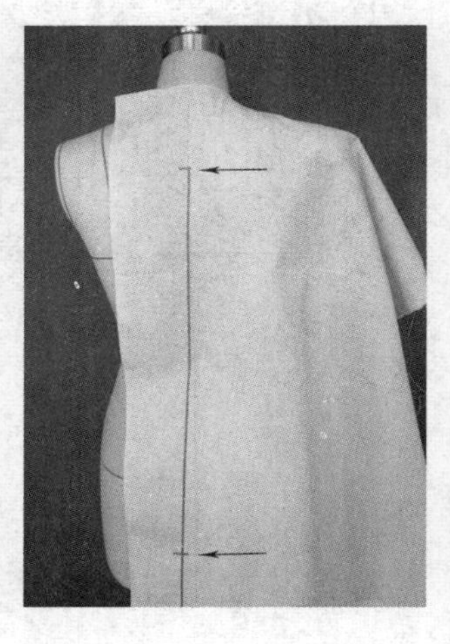

图6-134

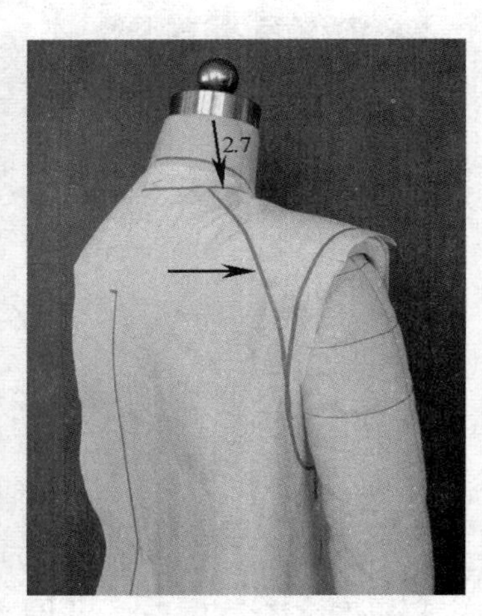

图6-135

⑫后衣片与前衣片在人台侧缝线相交并别合，服装廓型呈箱型（图6-136）。

⑬将手臂抬起呈45°，确定袖山高度，一般在15～16.5cm（图6-137）。

⑭将袖中线与手臂中线贴合，确定袖肥度，袖前抓合2cm，袖后抓合2.5cm，将肩部余布自然拉起固定（图6-138）。

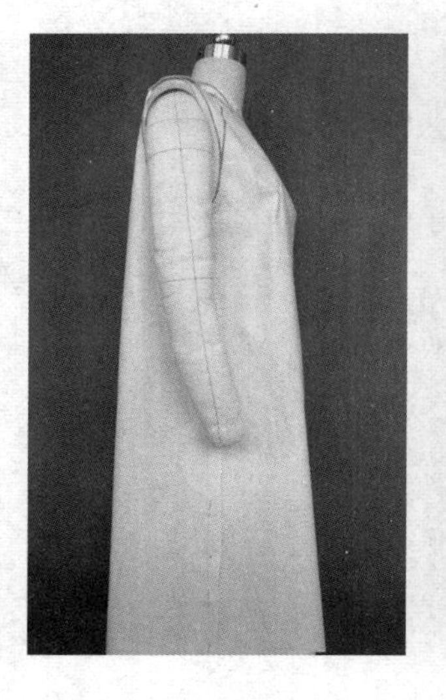

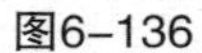

图6-136

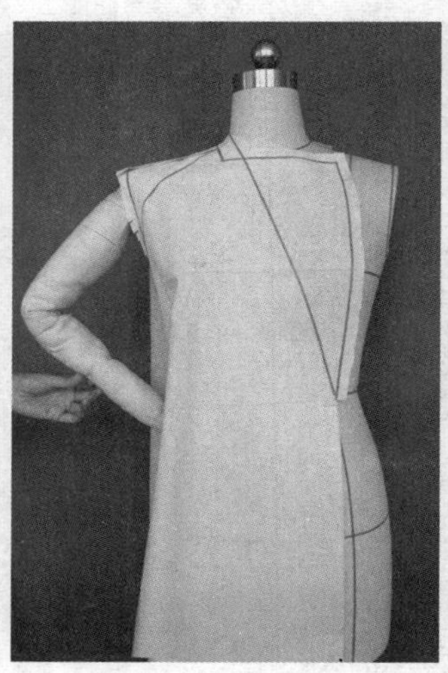

图6-137

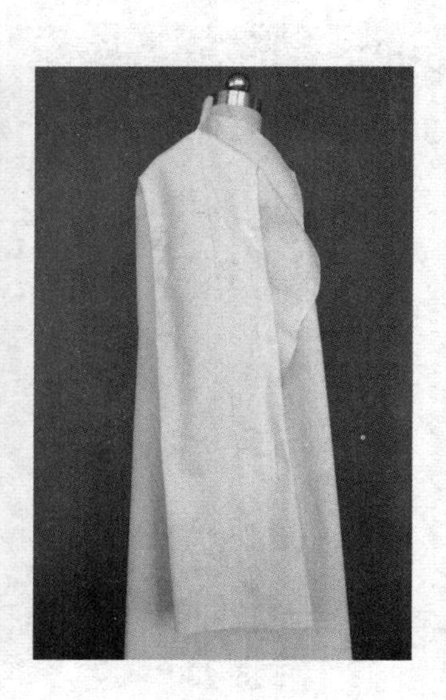

图6-138

⑮检查肩部抓起部位，布片中心线是否向后1.5cm左右（图6-139）。

⑯在插肩线部位将袖片抚平，有绷紧之处打剪口，调整后与衣身别合（图6-140）。

⑰整理好插肩袖型，保持胸部转折面，调整后将插肩袖余布剪去（图6-141）。

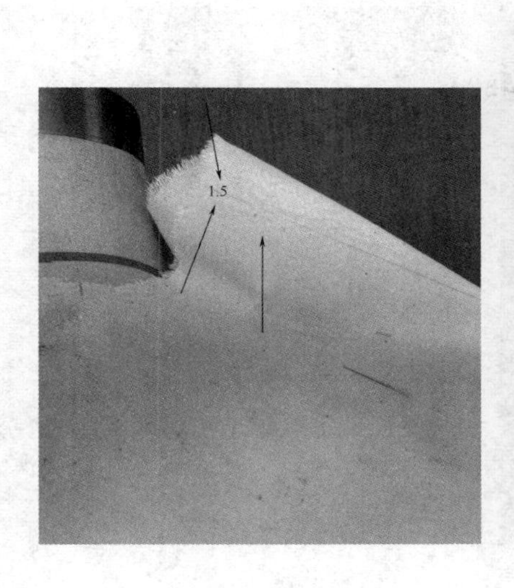

图6-139

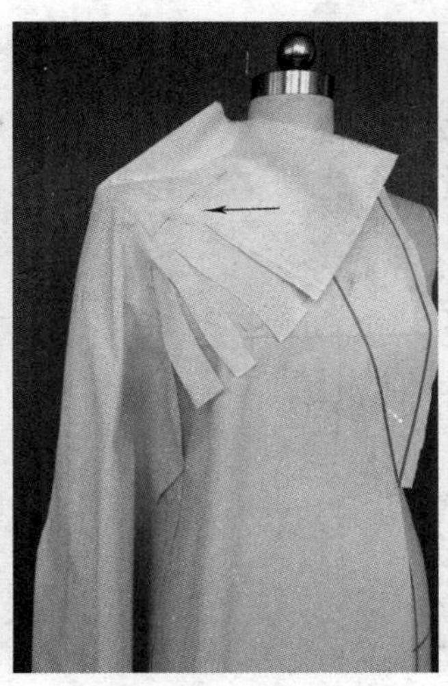

图6-140

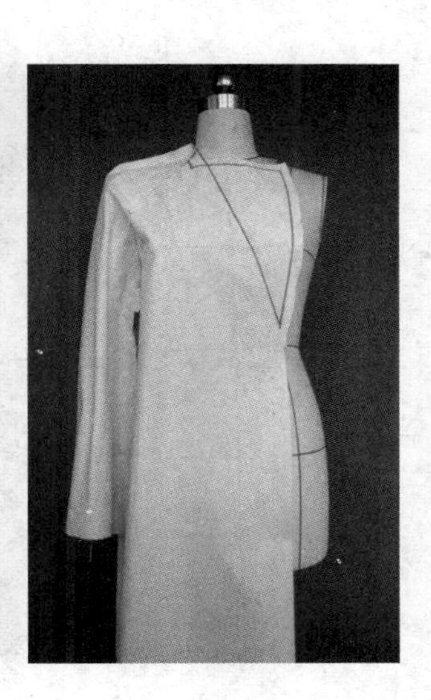

图6-141

⑱整理衣身、袖型后将翻领与衣片相别合（翻领剪裁方法与尖角翻领上衣相同）（图6-142）。

⑲调整服装整体造型，装腰带、确定扣位及口袋位置（图6-143）。

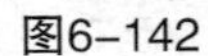

图6-142

图6-143

⑳完成正面、侧面、背面效果图（图6-144～图6-146）。

图6-144

图6-145

图6-146

㉑将调整好的衣片取下，修正、拓印纸样（图6-147）。

图6-147

练习及思考题

1.分析上衣及外套的设计特点，进行实践并制作出立体作业。

2.选择服装品牌款式自行设计并制出立体样板，验证知识的掌握程度。

理论应用与实践——

礼服设计

课程内容： 1.插肩袖礼服
2.裹胸礼服
3.袍袖礼服
4.折叠礼服
5.落肩盛装礼服
6.瀑布装礼服
7.扇形分割礼服

上课时数： 30课时

教学提示： 阐述礼服设计的特点，讲解礼服的剪裁方法及礼服的分类，分析礼服的流行变化规律，强调礼服的材料特点。

教学要求： 1.掌握两种晚装礼服的设计与裁剪方法。
2.掌握两种日装礼服的设计与剪裁方法。
3.根据授课时的流行趋势选择最为流行的款式进行分析并采用立体剪裁方法完成作业。

课前准备： 根据款式要求准备必要的白坯布。

第七章　礼服设计

礼服是服装家族中最高贵的成员，它带给人们华丽高雅、庄重、富贵及奢华的不同感觉，它使穿着者喜悦而兴奋。所以礼服在设计和裁剪上都是设计师们展现才华与技巧的最佳舞台，面料丰富、手工细腻，集艺术与技术为一身，正是这一特性才要求学习者有丰富的设计修养及立体造型理念，达到有塑造美、展示美的能力。礼服分为晚礼服和日间礼服。

本章为学习者选择了不同风格的七款礼服，其中有一些是当今最为流行的款式，在裁剪方法上更具有时代性，希望广大学习者认真学习，熟练掌握裁剪方法，为今后的设计道路奠定坚实的基础。（本章通过图例及讲解将礼服制作的每一步尽量细化，但由于人台规格的变化及面料性能的不同，因此礼服的纸样没有全部展示。）

一、插肩袖礼服

（1）款式特点

本款式是带有插肩袖结构的礼服，正面效果严谨而庄重，宽大的下摆通过波浪褶的起伏变化展现廓型的富贵感，后背为露背效果，通过腰部的连接点和颈部的连接点将背部的曲线表现得十分完美，其难点在于后背肩袖与前身片的连接，希望学习者制作时能掌握其造型特征（图7–1）。

（2）造型重点步骤

①根据款式贴上款式标记线，并将重合点A、B、C标出（图7–2～图7–4）。

②在人台上装上手臂（图7–5）。

③将衣片前中心线、胸围线与人台前中心线、胸围线相贴合（图7–6）。

④沿款式标记线别合插肩袖款式线并抓合胸省，省尖离BP点2.5cm（图7–7）。

⑤调整胸部造型，别合胸省并将腰部抚平，按款式线别合腰部造型，有绷紧处打剪口（图7–8）。

⑥将前衣片调整后顺势推向背部，保证腰部无绷紧之处，贴上款式线后将余布剪去（图7–9）。

图7–1

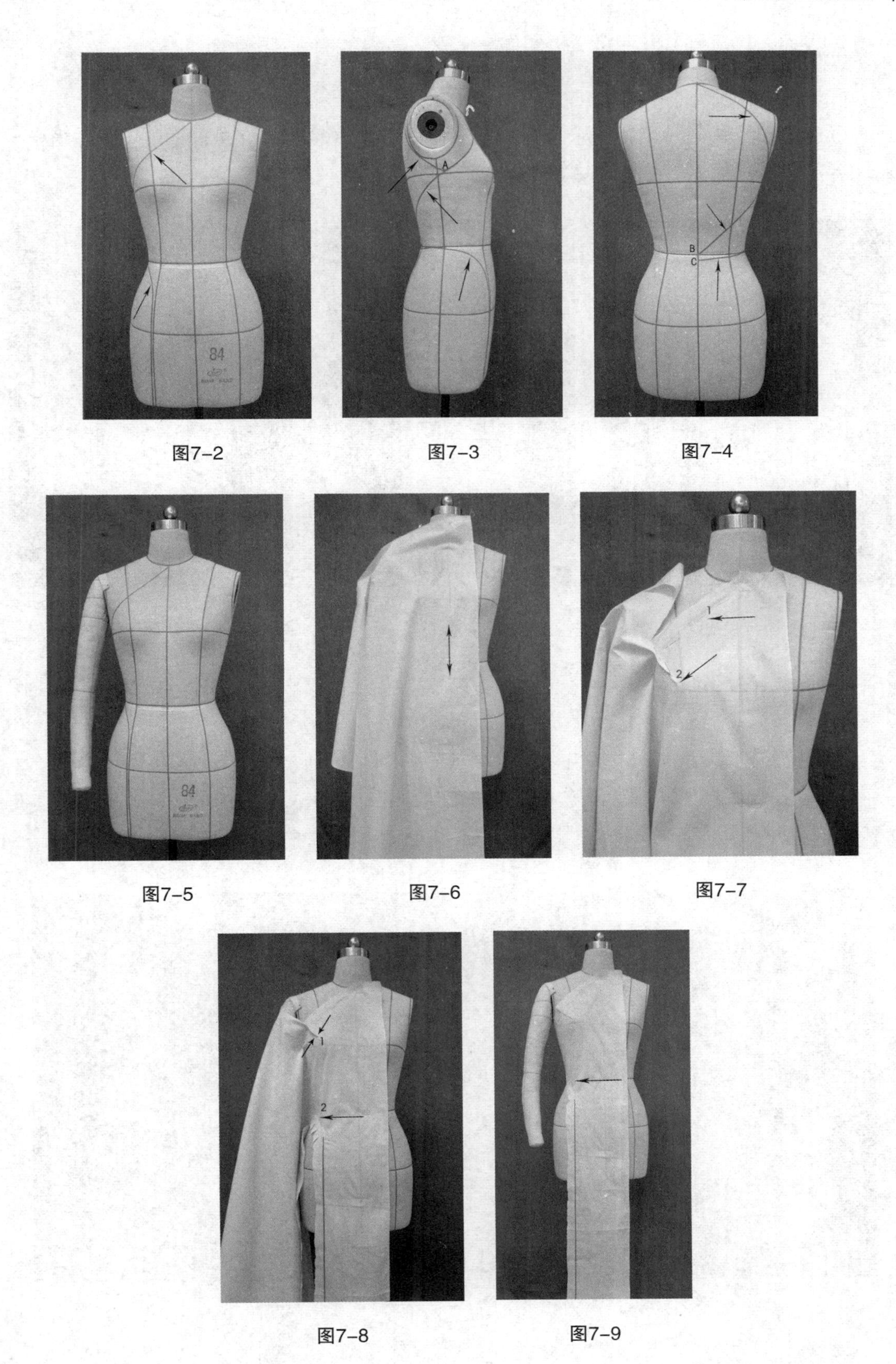

图7-2　图7-3　图7-4

图7-5　图7-6　图7-7

图7-8　图7-9

⑦侧缝线衣片要保持平顺、自然，向背部延伸（图7-10）。

⑧将前衣片延伸至B点抚平（图7-11）。

⑨将前裙片按图中箭头所示方向推拉，使之产生波浪褶，前方布丝与前中心线相平行，并沿款式线别合至波浪褶点（图7-12）。

图7-10

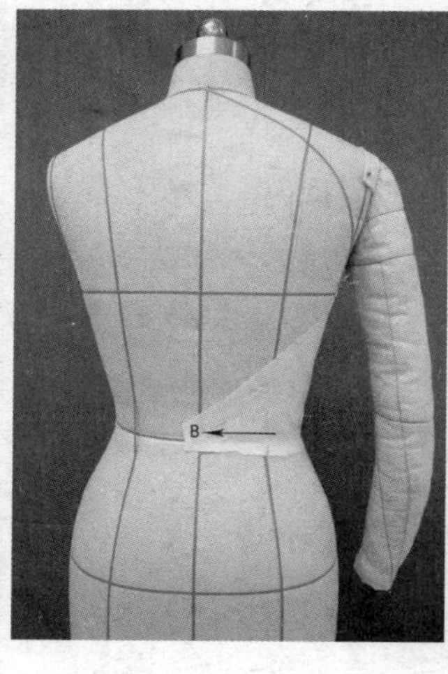

图7-11

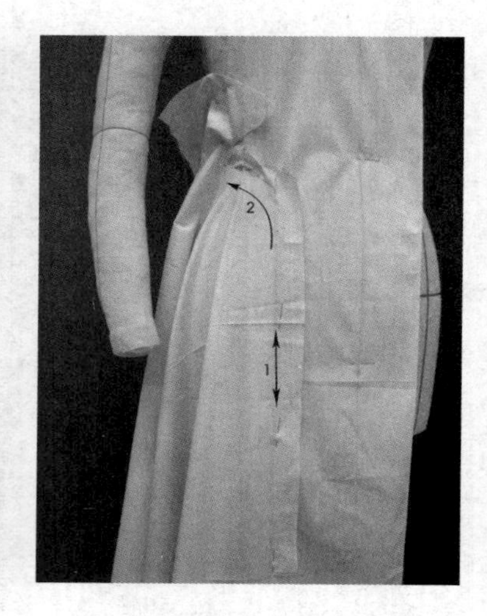

图7-12

⑩前裙摆波浪的起伏变化要保持一定的节奏感，起伏要均匀，整理后将余布剪去（图7-13）。

⑪确定侧缝线在波浪褶之后贴合标记线（图7-14）。

⑫将裙片后中心线与人台后中心线相贴合，按图中箭头所示方向推拉裙片依次制作波浪褶，并与前裙片在侧缝线处相交别合（图7-15）。

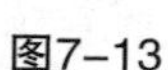

图7-13

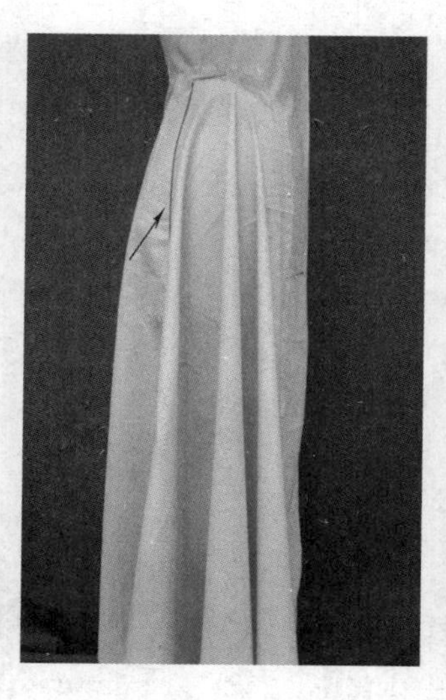

图7-14

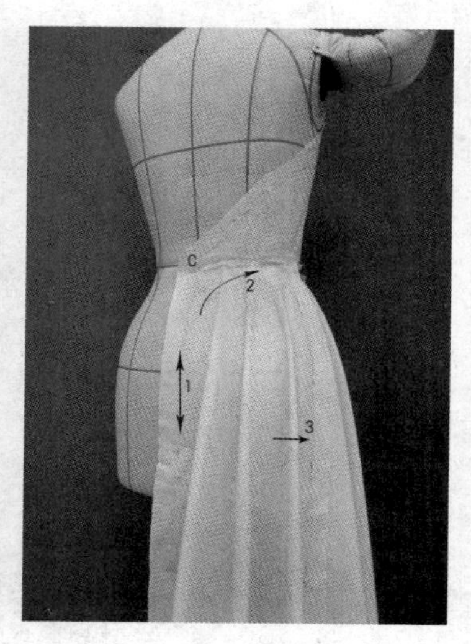

图7-15

⑬将袖片中心线与手臂中心线相贴合，确定袖宽松量并做出胸、背的转折面（图7–16）。

⑭按图7–17中箭头所示方向做出胸部转折面，抚平胸部，将余量在肩部抓合，根据款式线将袖片与衣片别合。

⑮袖型别合时，前后袖窿的交接点要在A点相连（图7–18）。

图7–16

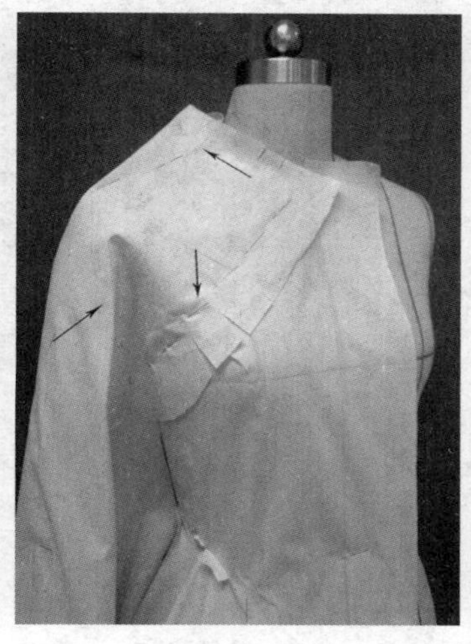

图7–17

图7–18

⑯按图7–19中箭头所示方向调整好后背部袖的造型。

⑰将袖型整理完毕后将余布剪去，然后调整整体造型（图7–20）。

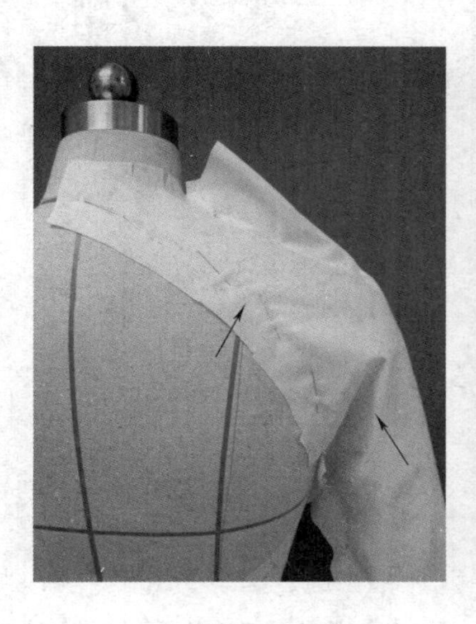

图7–19

图7–20

⑱完成正面、侧面、背面效果图（图7-21～图7-23）。

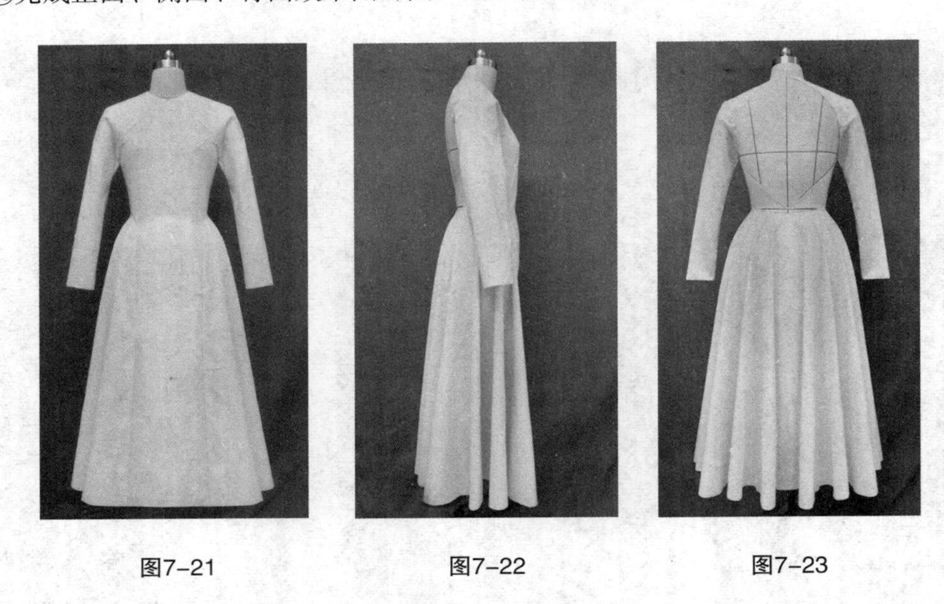

图7-21　　图7-22　　图7-23

⑲将调整好的衣片取下，修正、拓印纸样（图7-24）。

图7-24

二、裹胸礼服

（1）款式特点

此款式的剪裁方法在当今非常流行，其风格有缠裹围绕的自然效果。廓型简洁却不失丰富的视觉效果。胸前的褶皱完美地将女性的胸部线条表现得更加丰满自然。前衣片自然下垂的褶型，形成了与服装廓型简洁形态的对比，是当今女性非常喜爱的款式之一（图

7–25）。

剪裁制作该款式时，要注意胸部皱褶的把握。注意该款规律中有变化，紧中有松的特点。制作该款式，以针织面料为宜。

图7–25（附录彩图2）

（2）造型重点步骤

①根据款式要求贴上标记线（图7–26）。

②将左衣片按款式线别于左胸，如图7–27中箭头所示方向依次拉伸面料，做出胸部形态，并在前中心线抓出所需褶皱量后固定于人台（图7–27）。

③将衣片前襟拉起，根据款式要求斜向剪去余量并将剪后衣片放回前中心线，验证其垂坠效果，将腰部造型整理后固定于侧缝（图7–28、图7–29）。

④将右胸衣片如图7–30中箭头所示方向进行别合，并调整出胸部褶皱量。

⑤按图7–31中箭头所示方向，沿BP点向下3cm将衣片剪至人台前中心线。

⑥如图7–32中所示，在左衣片人台前中心线处剪出A点。

⑦按图7–33中箭头所示方向，将右胸衣片穿过A点，并调整胸部造型。

⑧如图7–34中箭头所示方向，将右胸衣片拉伸至右人台侧缝线固定，调整好胸部褶皱，将两片胸衣片别合。

⑨将右裙片按图7–35中箭头所示方向依次与胸衣线、左裙片前中心线及腰部侧缝线别合。

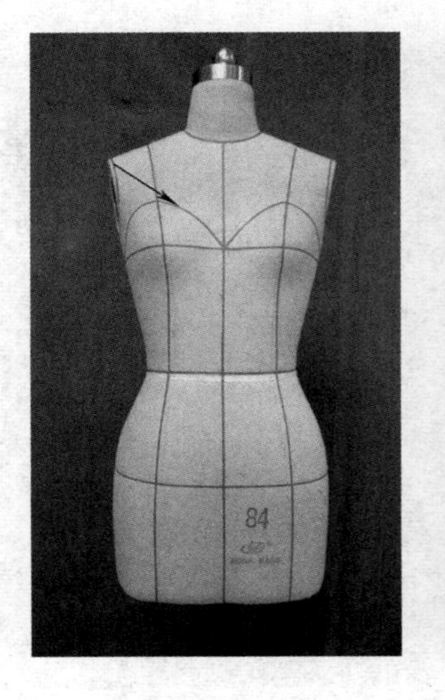

图7–26

图7–27

图7-28

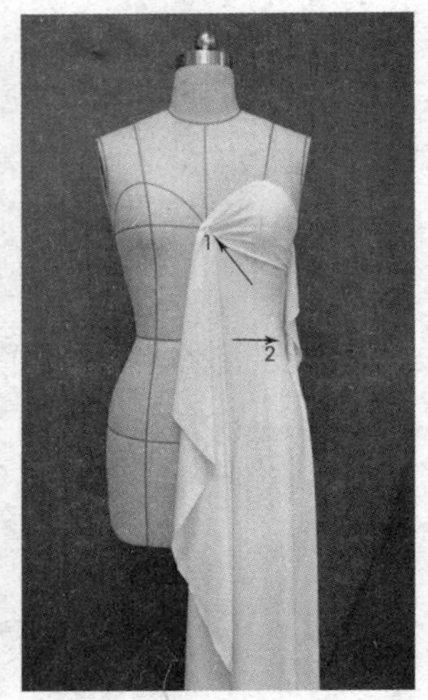

图7-29

图7-30

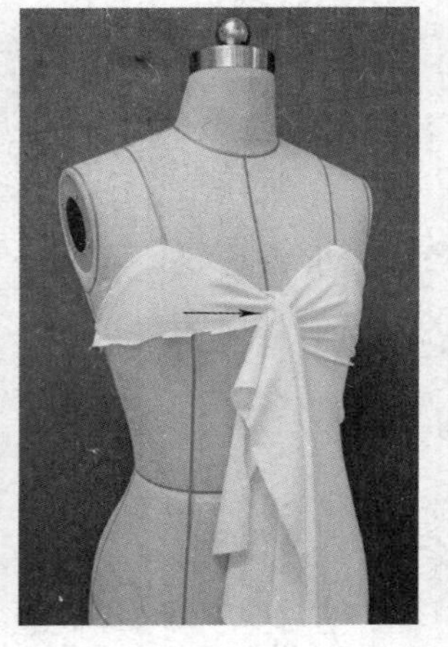

图7-31

图7-32

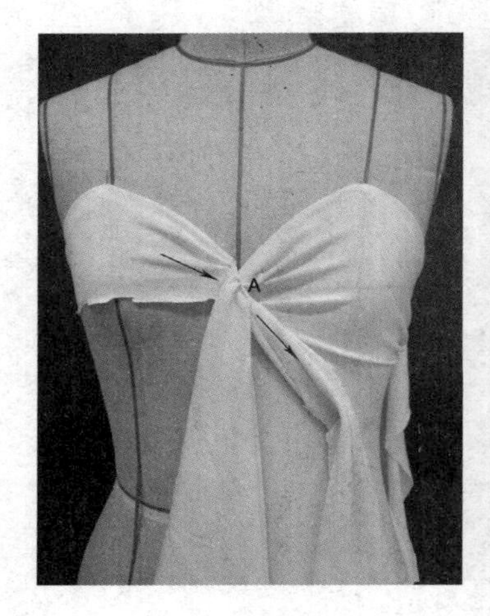

图7-33

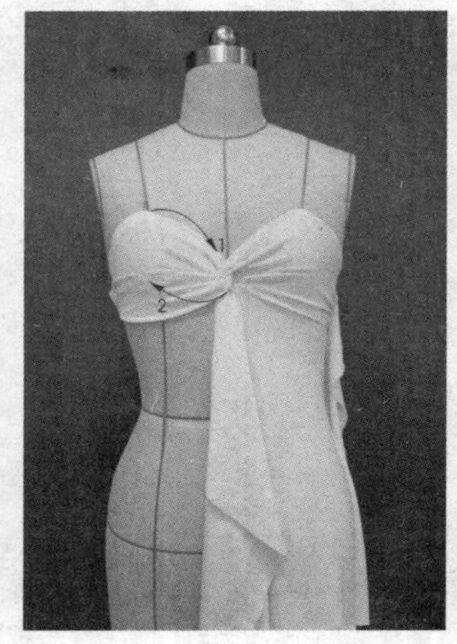

图7-34

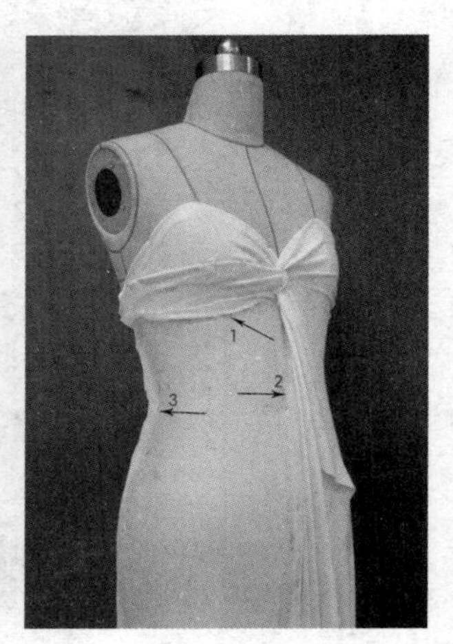

图7-35

⑩按图7-36中箭头所示方向，调整后衣片腰部松量并与前衣片侧缝相别合。

⑪将前衣片胸部褶皱左右调整均衡，使褶型起伏自然流畅（图7-37）。

图7-36

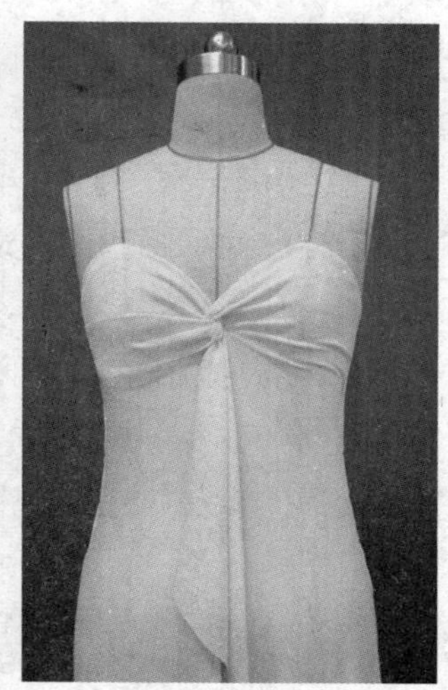

图7-37

⑫完成正面、侧面、背面效果图（图7-38～图7-40）。

图7-38

图7-39

图7-40

三、袍袖礼服

（1）款式特点

此款式的正面设计来自于当今服装设计师的作品，选择该款式作为立体裁剪范例进行讲解的原因是其设计具有很强的代表性，具体体现在对款式省道处理方面，它有别于传统的省道分割方法，通过抓合褶皱使其自然地转移到肩部、腰部，形成了当今流行的设计概念；其次胸部的自然褶皱跟裙身的曲线分割形成了动与静的变化组合（图7-41）。

（2）造型重点步骤

①根据效果图贴出款式标记线，将上衣片前中心线与人台前中心线相贴合，并将颈部余布剪去（图7-42）。

②根据图中箭头所示方向抓出褶型并固定（图7-43）。

③调整左侧褶皱与转折面，与款式要求相同（图7-44）。

④如图7-45中箭头所示方向及数字顺序依次将衣片抓起，形成褶皱别合。

图7-41（附录彩图3）

⑤肩部的褶皱形状按图7-46中数字顺序依次别合于肩部。

⑥调整胸部及肩部褶型后确定其造型，并贴上标记线（图7-47）。

⑦检查胸部及转折面是否留有松量，确定后剪去余布。（图7-48）。

⑧将腰部衣片布丝与人台前中心线相贴合，抚平衣片，沿款式线及腰线别合固定（图7-49）。

⑨将下裙片沿人台侧缝线固定别合（图7-50）。

⑩如图7-51中箭头及数字所示，沿款式线依次抓出裙片褶皱并固定。

⑪将右裙片固定于腰部，在臀围线附近留有松量（图7-52）。

⑫根据款式要求按图7-53中数字顺序依次抓出褶皱并固定。

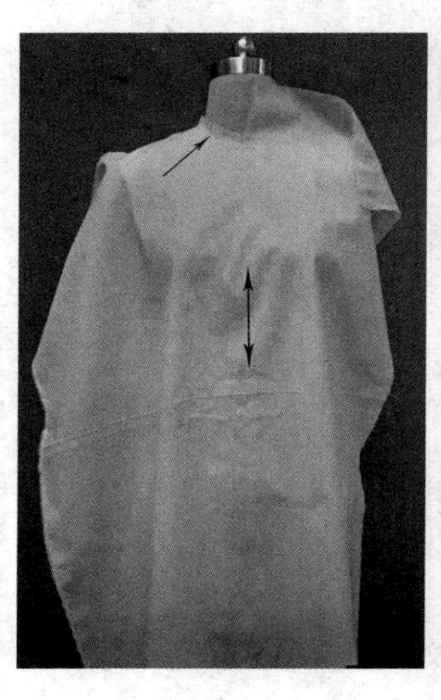

图7-42

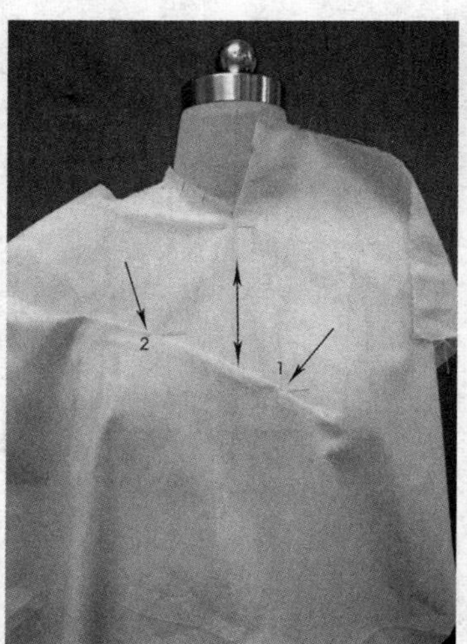

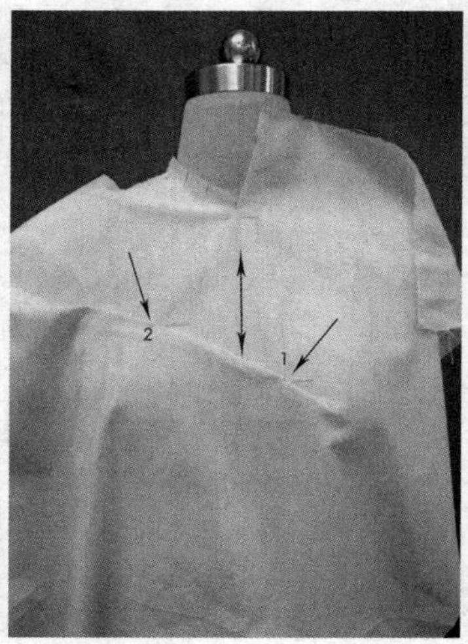

图7-43

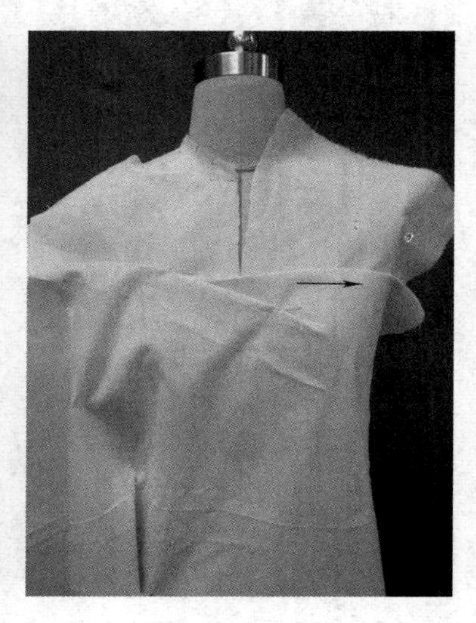

图7-44

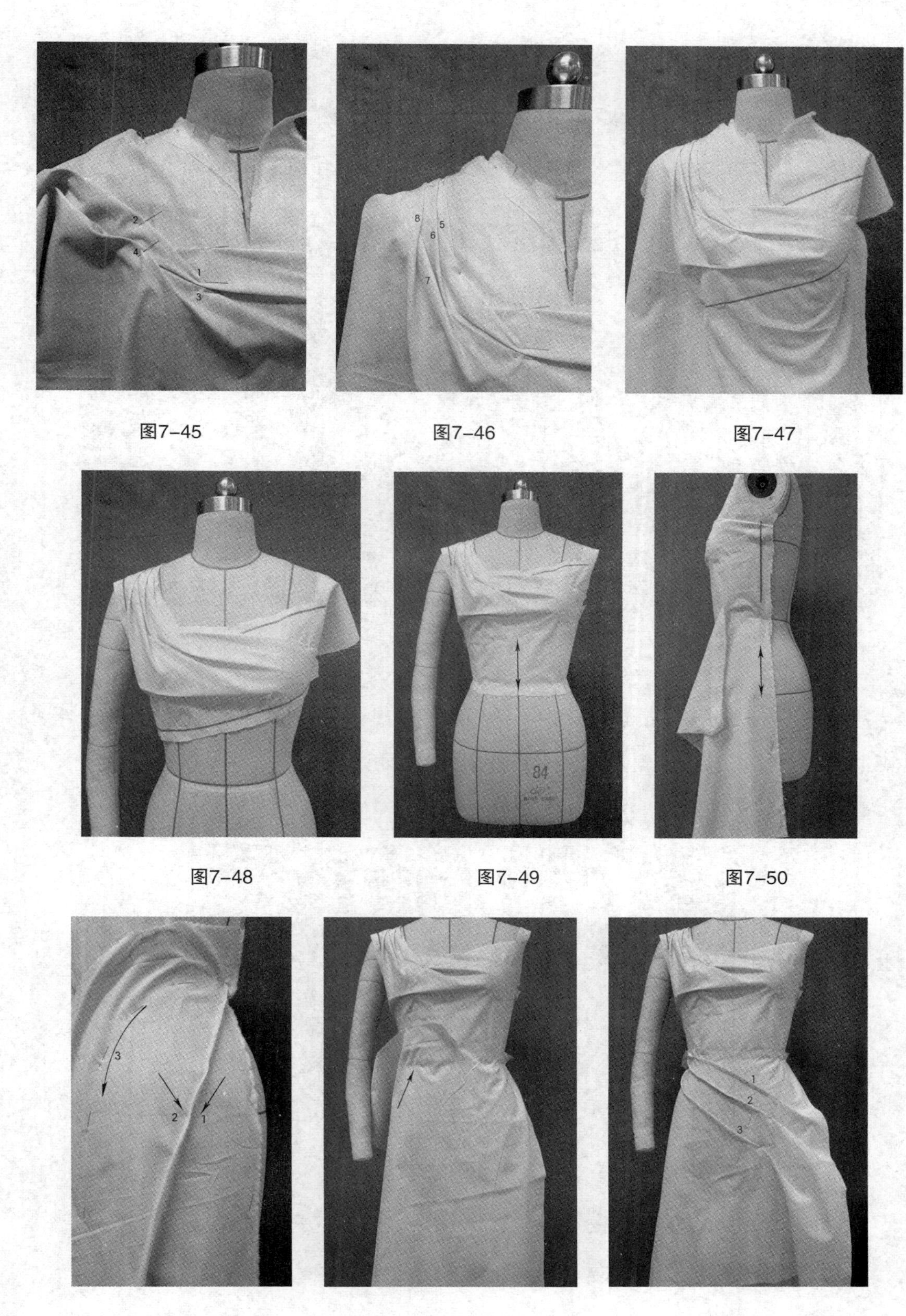

图7-45 图7-46 图7-47

图7-48 图7-49 图7-50

图7-51 图7-52 图7-53

⑬根据款式调整前裙片，将余布剪去（图7–54）。

⑭后裙片为无中缝双省设计，因此取衣片后中心线与人台后中心线相贴合（图7–55）。

⑮抓出省道并依次别合固定，同时在肩部、臀部留出松量（图7–56）。

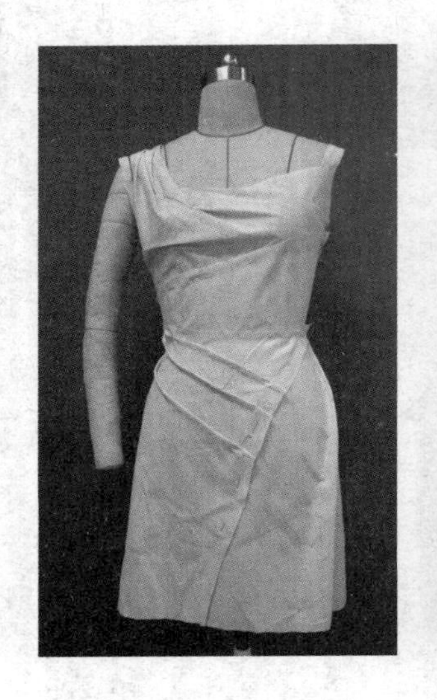

图7–54

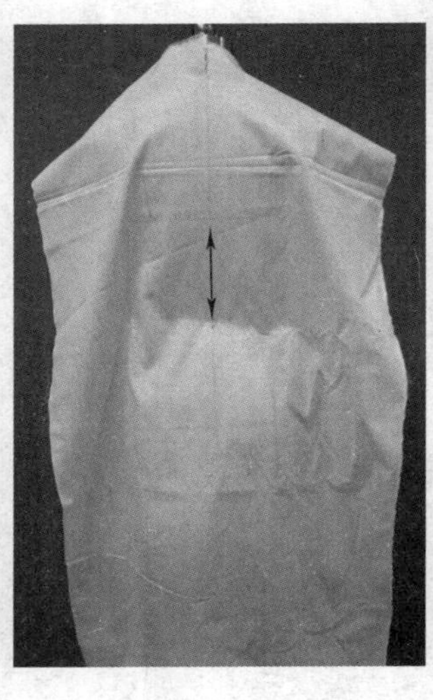

图7–55

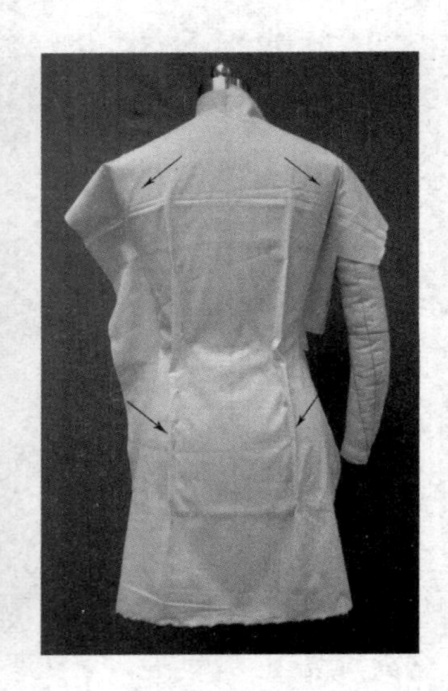

图7–56

⑯根据款式确定后领并贴上标记线，剪去余布（图7–57）。

⑰抓出袖片松量，根据款式要求在袖山部位做出泡型褶皱，并与袖窿相别合（图7–58）。

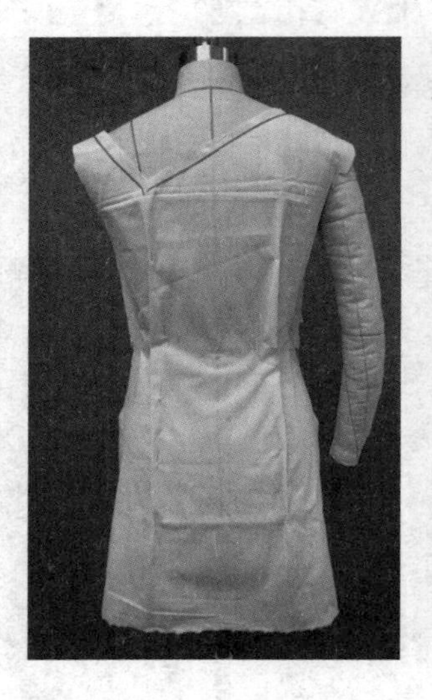

图7–57

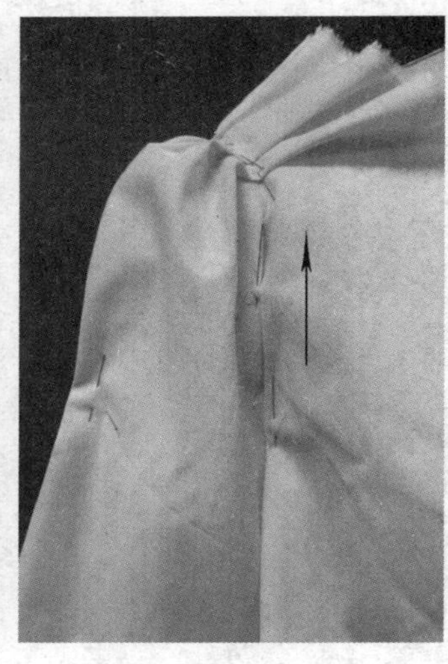

图7–58

⑱调整前后袖型，确定后将袖口布片与袖型相连接（图7-59、图7-60）。

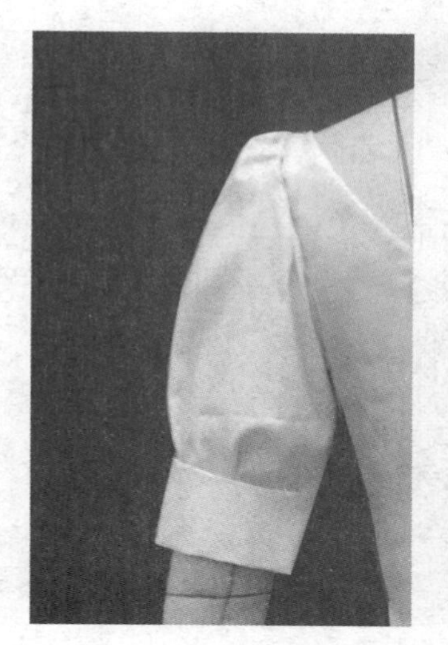
图7-59

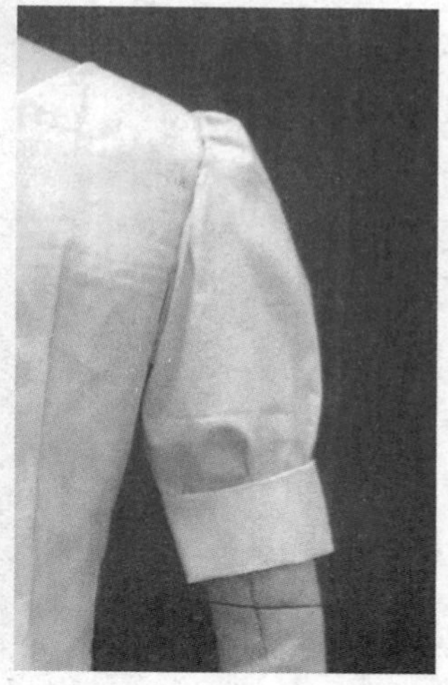
图7-60

⑲完成正面、侧面、背面效果图（图7-61～图7-63）。

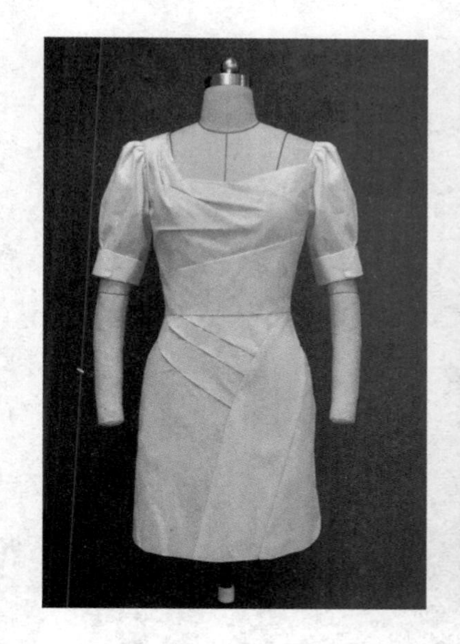
图7-61

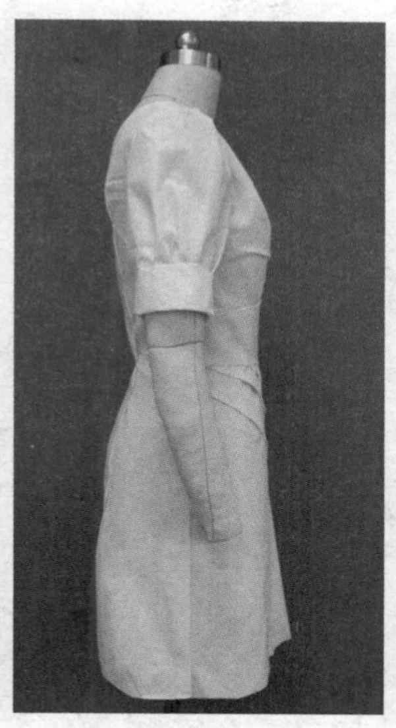
图7-62

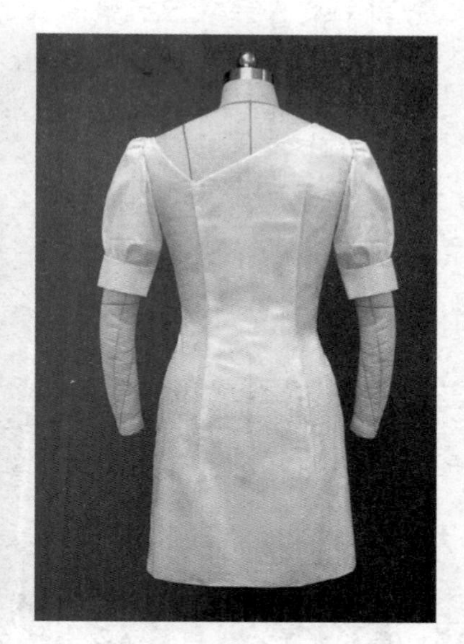
图7-63

四、折叠礼服

（1）款式特点

此款是以表现女性肩线、胸线为设计点的礼服，上身的褶纹设计将胸线表达得非常完美，通过将省道转移到褶纹之中，合理地消除了传统直立切割省道的呆板、平直面貌，后背垂坠领的运用是为了进一步体现女性背部线条的优美形态。因此形成了前后片上部多褶皱，下身平整的对比效果。本款的难点在于胸部褶皱的分割与走向，制作该款式的面料以针织材料为宜（图7-64）。

图7-64（附录彩图4）

（2）造型重点步骤

①根据款式要求在人台上标出款式线（图7-65、图7-66）。

②将前下裙片中心线与人台前中心线相贴合并调整臀部松量后别合固定（图7-67）。

③在腰部留有一定松量，将布片顺势推至侧缝线，在腰部有绷紧之处打剪口，固定于侧缝线（图7-68）。

④调整好裙身造型，检查臀部松量（图7-69）。

⑤将上衣片前中心线与人台前中心线相别合，在颈部打剪口（图7-70）。

⑥如图7-71中标记数字所示，根据款式做出褶量，依次与人台相别合。

⑦根据图7-72中箭头所示方向抓出褶皱，依图中数字顺序将其别合固定。

⑧理顺褶皱，使其收于腰部侧缝线处并别合固定，注意调整胸部转折面并留有余量（图7-73）。

⑨调整好上衣片造型，剪去余布并贴上款式标记线（图7-74）。

⑩右上衣片的制作方法与左上衣片的制作方法相同，调整后与人台固定（图7-75）。

⑪将后裙片布丝线与人台后中心线相贴合，调整好臀部松量，不宜过紧（图7-76）。

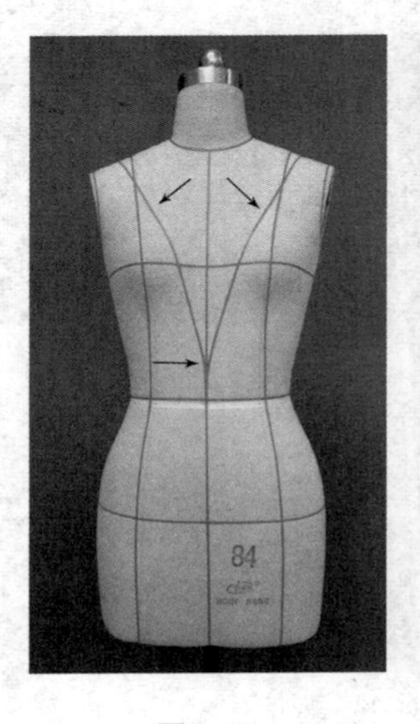

图7-65

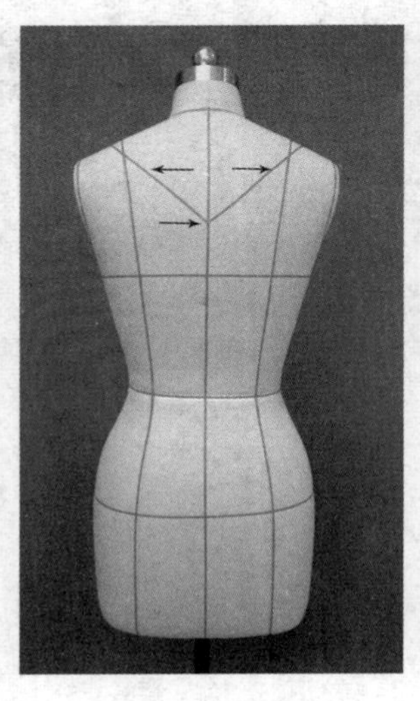

图7-66

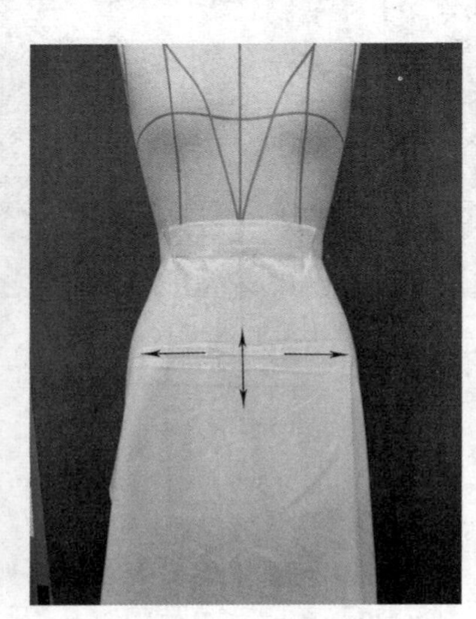

图7-67

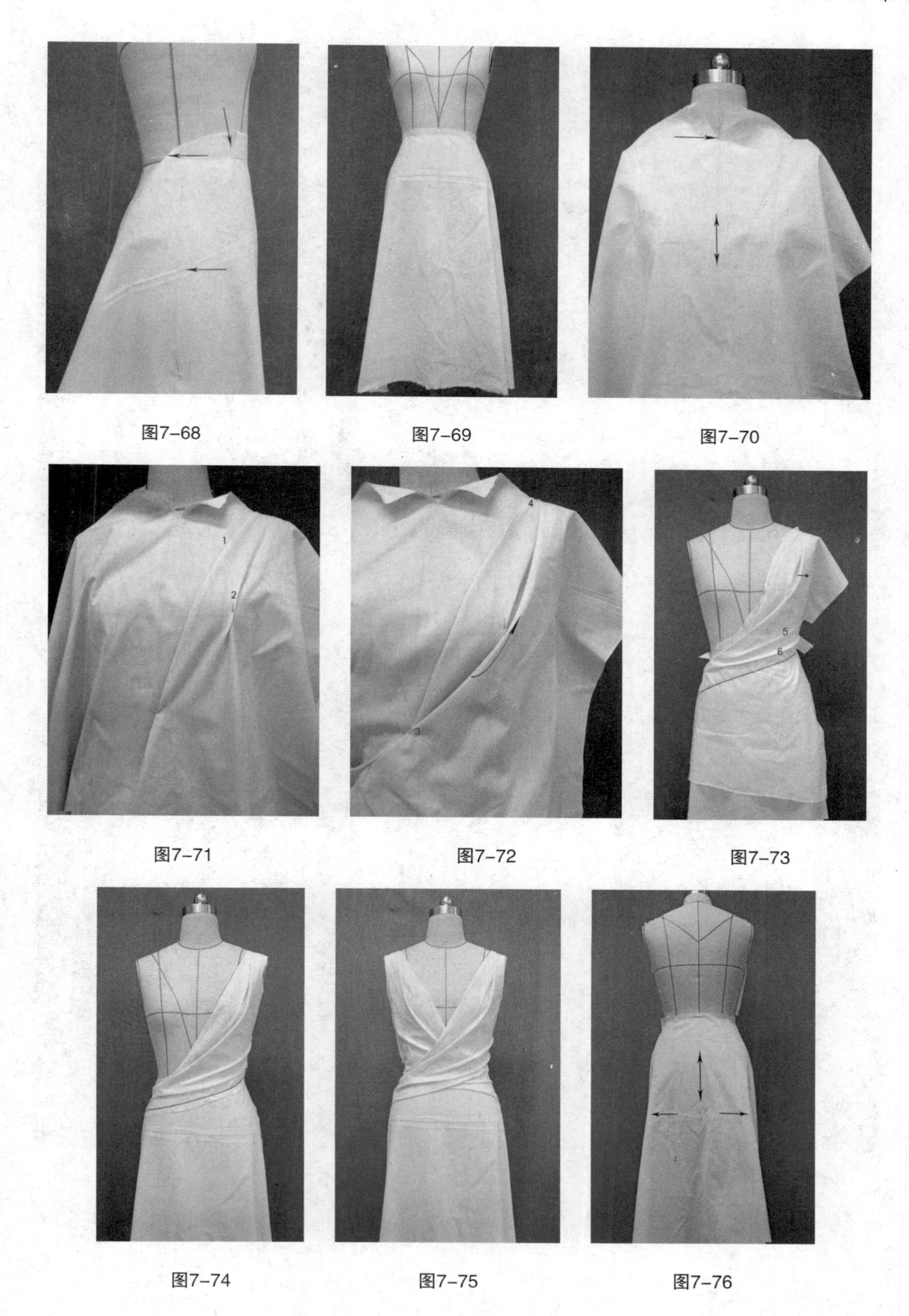

图7-68

图7-69

图7-70

图7-71

图7-72

图7-73

图7-74

图7-75

图7-76

⑫调整好下裙片造型，在侧缝线处与前片相别合（图7–77）。

⑬将后领衣片沿图7–78中箭头所示方向抓出褶皱并固定于肩部。

⑭如图7–79中箭头所示，调整出第二个弧形褶，并与肩部别合固定。

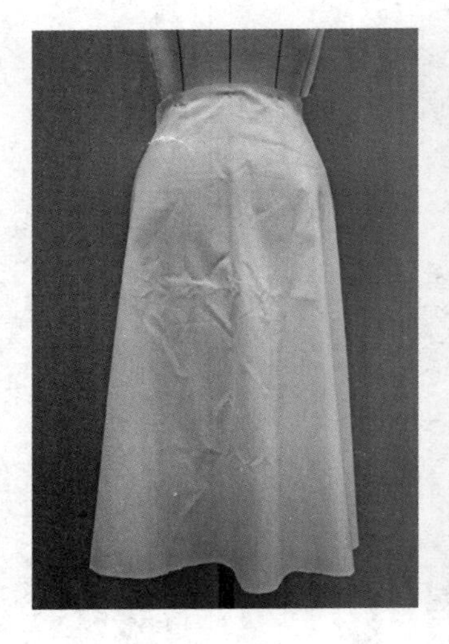

图7–77

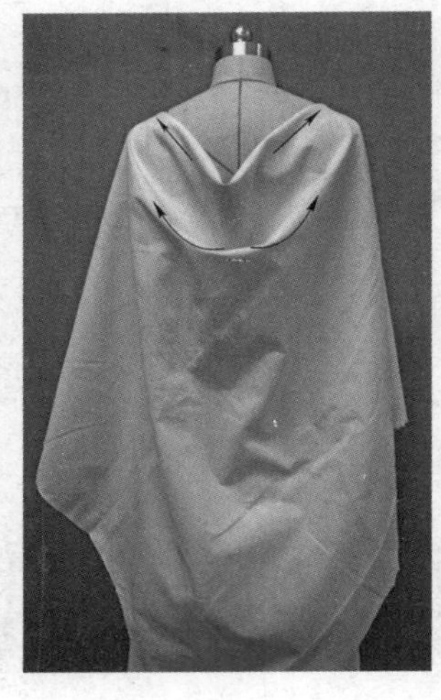

图7–78

图7–79

⑮将第三个弧形垂坠褶如图7–80中箭头所示固定于肩部。

⑯如图7–81中箭头所示方向，将垂坠褶下方余布抓合并推至腰部别合固定。

⑰调整后背垂坠褶造型，使褶形成圆弧状，并调整出转折面，与前片在侧缝线相别合并将余布剪去（图7–82）。

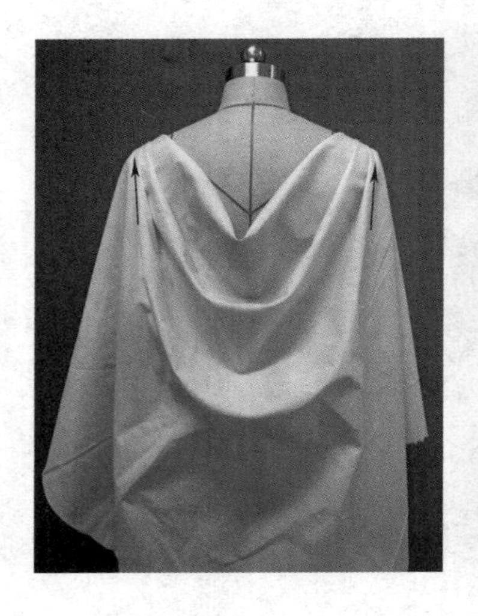

图7–80

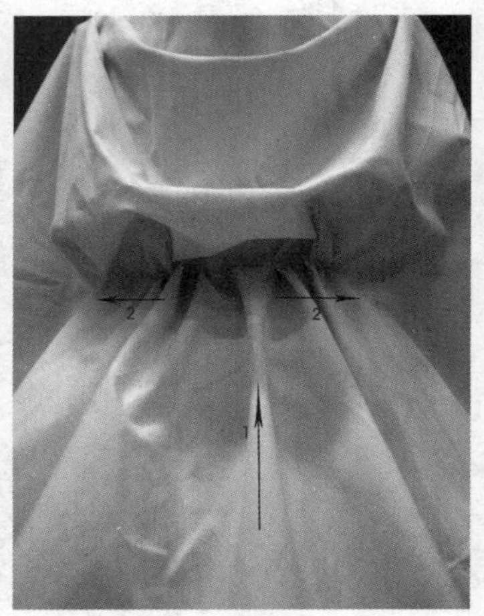

图7–81

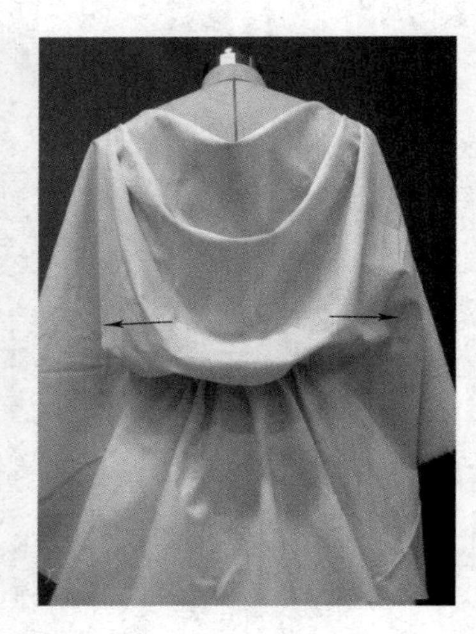

图7–82

⑱完成正面、侧面、背面效果图（图7–83～图7–85）。

图7–83

图7–84

图7–85

五、落肩盛装礼服

（1）款式特点

此款式庄重大方，其结构强调女性肩部的优美，采用双层面料抓合褶皱，形成多褶皱的变化，与女性光滑的肩部形成对比，衣身腰部收身并有小的褶皱翘起，强调了工艺设计的细腻变化，宽大的裙摆显示出雍容华贵的一面。制作该款式的难点在于肩部褶皱的无规则变化但又体现出和谐的韵律之美，其次腰部公主线上的对褶设计是在传统分割中见变化，翘起的腰部对褶设计体现了服装设计的节奏之美。制作本款式的面料以丝绸面料为宜（图7–86）。

图7–86（附录彩图5）

（2）造型重点步骤

①根据款式贴上标记线，并将裙片前中心线与人台前中心线相贴合。腰部沿图7–87箭头所示方向别合。

②按图7–88中箭头所示方向依次拉伸裙片，在臀部留出1.5cm松量，将裙片与侧缝线相别合。

③调整裙片造型后将余布剪去并贴上标记线（图7–89）。

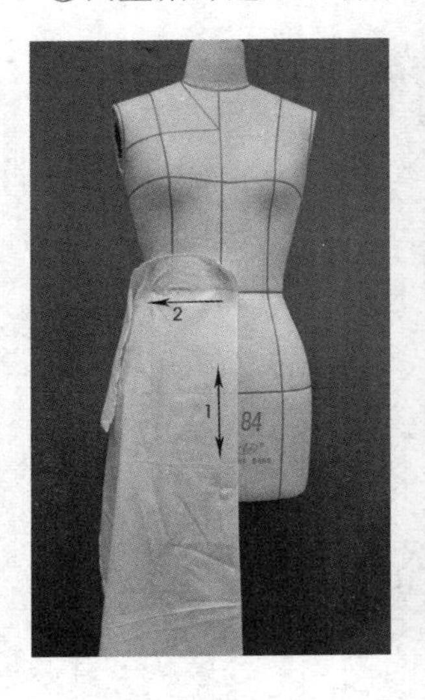

图7–87

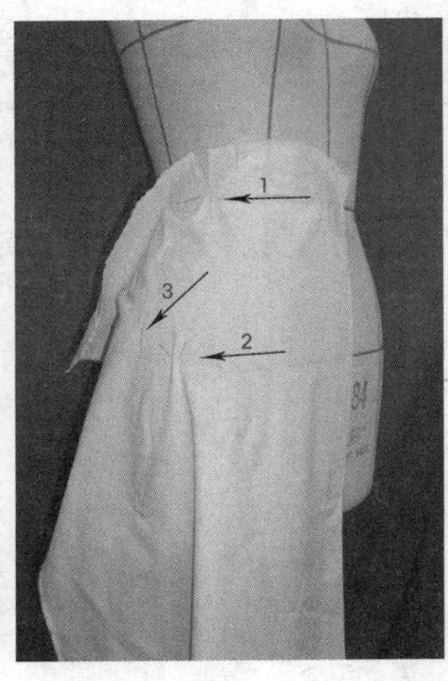

图7–88

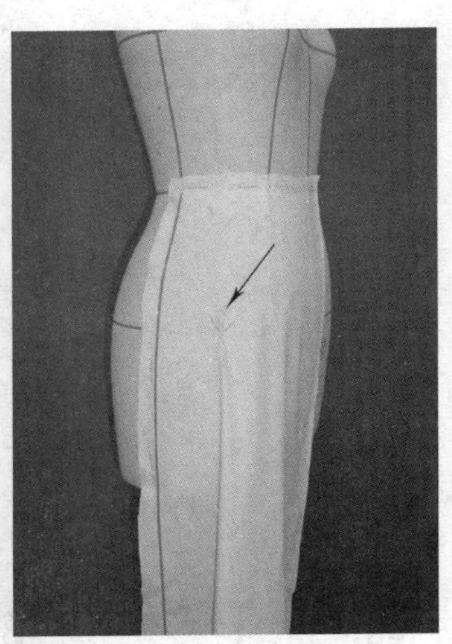

图7–89

④裙片后中心线与人台后中心线相贴合，将裙片顺势推至侧缝线处固定，臀部处要留有松量（图7–90）。

⑤将前后裙片造型调整后相别合于侧缝线，由于裙摆宽大，在所形成的缺角贴上标记线（图7–91、图7–92）。

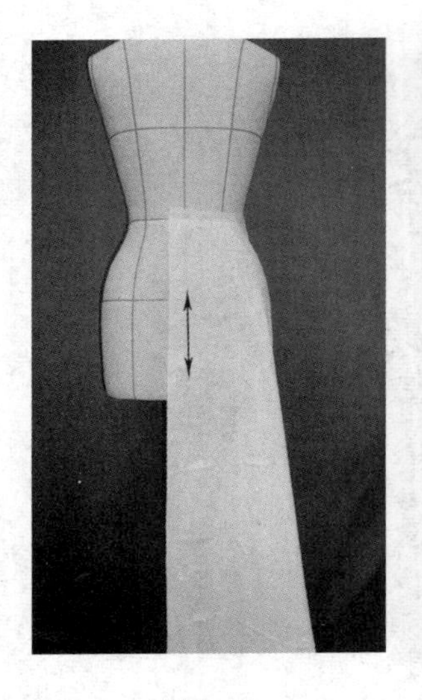

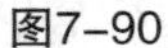

图7–90

图7–91

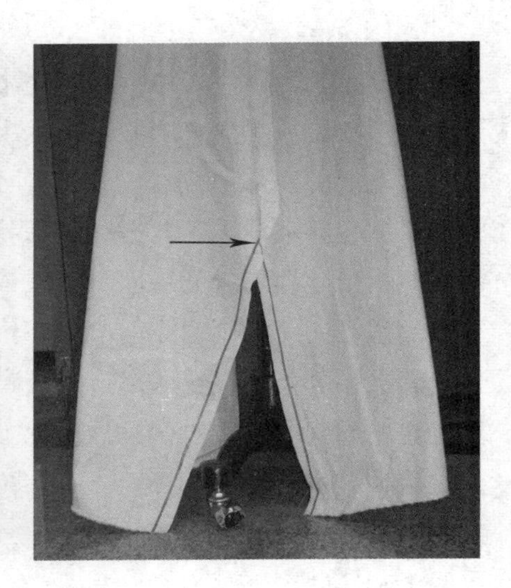

图7–92

⑥在裙摆缺角处取斜丝布片与标记线相别合，选用斜丝面料是为了使下摆线条更加自然、流畅（图7–93）。

⑦根据款式在人台上加放手臂（图7–94）。

⑧将裙片前中心线、胸围线与人台前中心线、胸围线相贴合（图7–95）。

图7–93

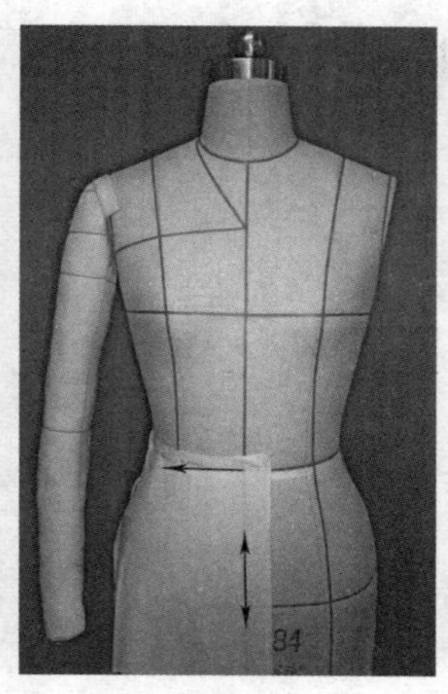

图7–94

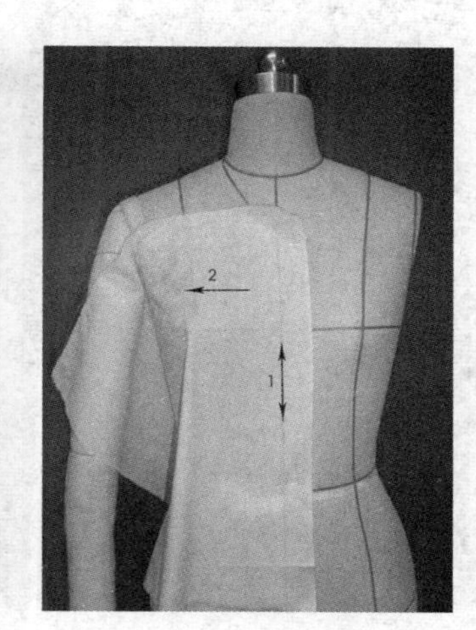

图7–95

⑨按图7–96中箭头所示方向依次在公主线处别合对折省，在BP点留有松量。

⑩如图7–97中箭头所示方向依次调整胸下对褶及腰部对褶，并将余量剪去。

⑪确定后背宽度并贴上标记线（图7–98）。

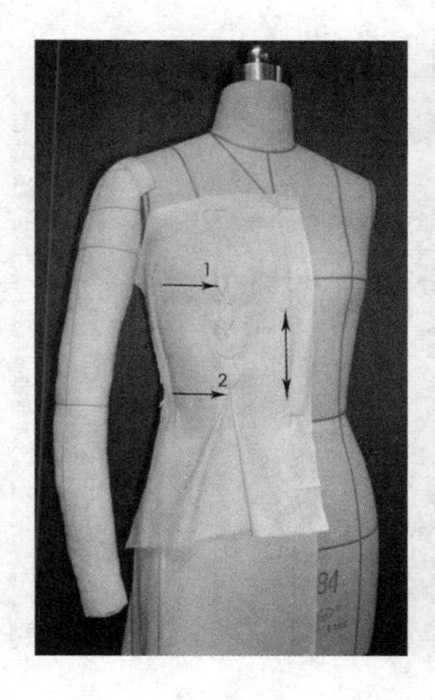

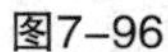

图7–96

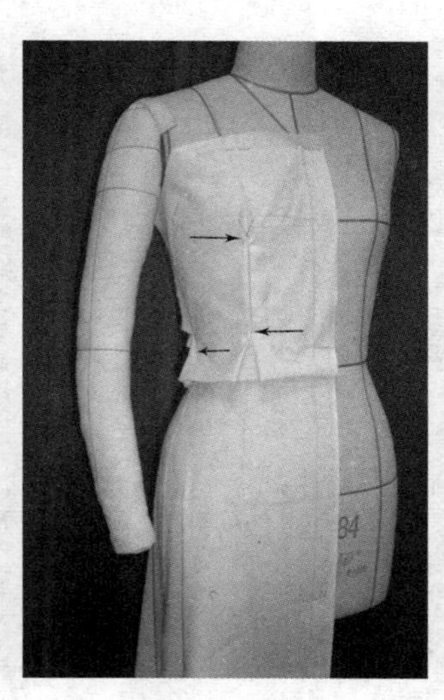

图7–97

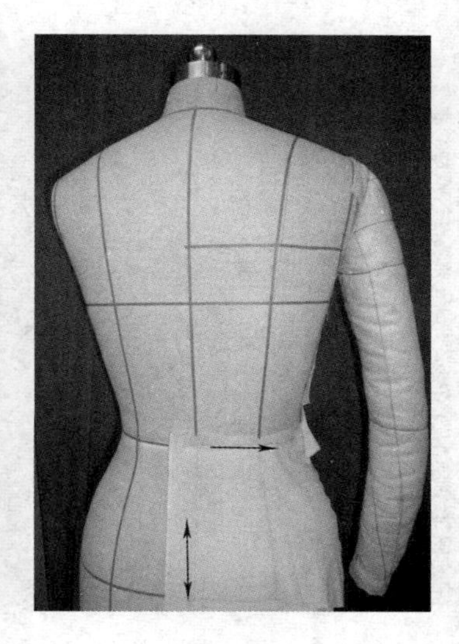

图7–98

⑫将衣片后中心线、胸围线与人台后中心线、胸围线相贴合，按箭头所示在腰部留有松量，调整对褶量并将余布推至侧缝线（图7–99、图7–100）。

⑬调整腰部对褶造型，其方法与前片相同（图7–101）。

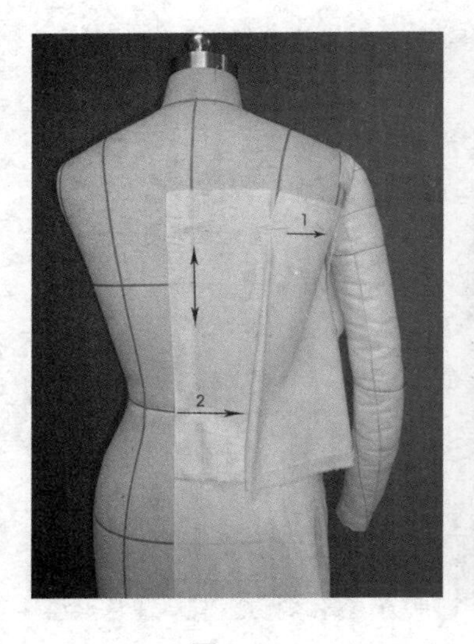

图7-99

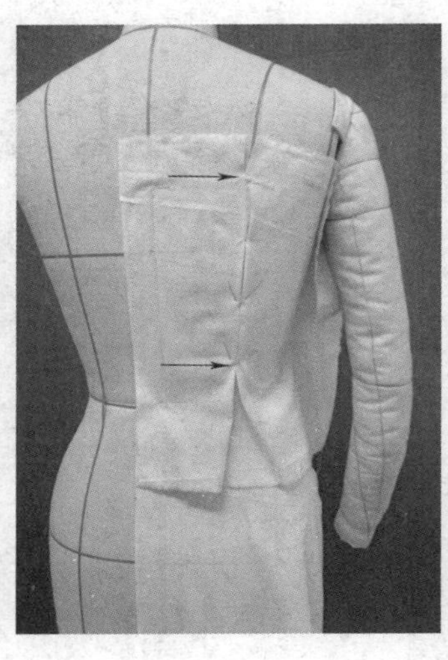

图7-100

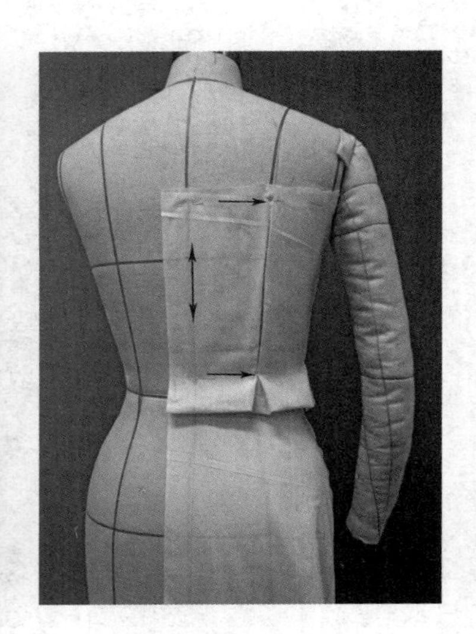

图7-101

⑭将面料对折，根据款式要求确定其宽度，并沿图中7-102箭头所示方向抓出褶皱，调整至所需造型后与衣片相别合。

⑮后褶皱片的制作方法与前褶皱片的制作方法相同（图7-103）。

⑯调整肩部褶皱造型后贴上标记线并剪去余布（图7-104）。

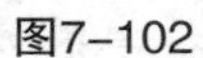

图7-102

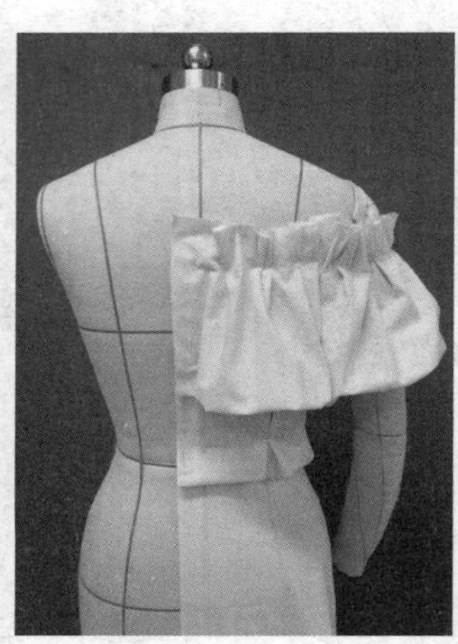

图7-103

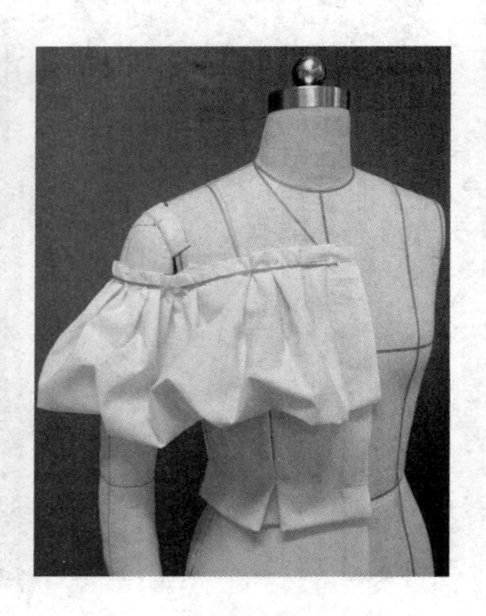

图7-104

⑰完成侧面、背面、正面效果图（图7-105 ~ 图7-107）。

图7-105

图7-106

图7-107

六、瀑布装礼服

（1）款式特点

该款式的设计特点为宽大而飘逸，胸前流畅的褶纹将女性人体的曲线表现得若隐若现，褶与褶之间在人体的支撑下起伏错落，形成了道道的褶纹，宛如一尊优美的雕像展现在眼前。此款式在制作过程中对造型的把握是十分关键的，袖的设计虽然宽松却不影响穿着的便利，其封闭性很强，下垂的弧形褶浪体现了浪漫的气质，其剪裁方法反映出了当今流行的整体设计风格，是一款必须掌握的服装造型（图7-108）。该款式的面料以丝缎类、针织类面料为宜。

图7-108（附录彩图6）

（2）造型重点步骤

①此款式的剪裁方法与其他款式有所不同，本款式是以侧缝点为基准进行剪裁的，因此要在侧缝线根据款式确定袖部垂坠褶比例点（图7-109）。

②将衣片布丝对准侧缝线，抓起衣片，确定褶型位置与造型并固定于肩部（图7-110）。

③根据款式依次将弧形褶造型整理完成并与肩部相别合（图7-111）。

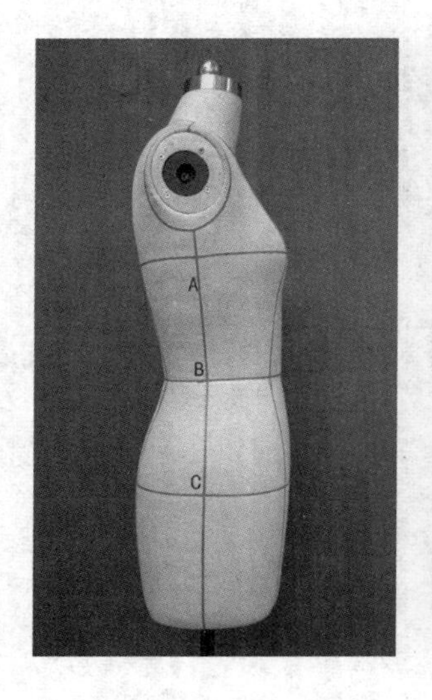

图7-109

图7-110

图7-111

④确定袖型弧形褶浪造型后，依次抓合衣片至人台前中心线并与人台固定（图7-112）。

⑤后背褶的处理方法与胸前褶的处理方法相同，并与肩部相别合（图7-113）。

图7-112

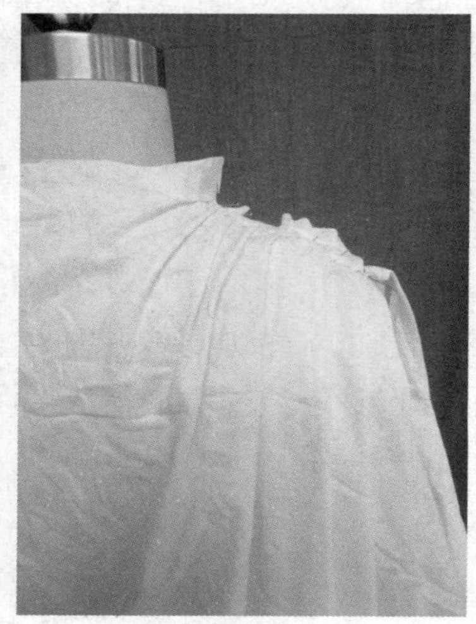

图7-113

⑥确定前后褶皱及衣身造型后贴上领口标记线，剪去余布（图7-114）。

⑦调整整体裙身造型，在腰部装上装饰带并与人台固定（图7-115）。

⑧完成正面、侧面、背面效果图（图7-116～图7-118）。

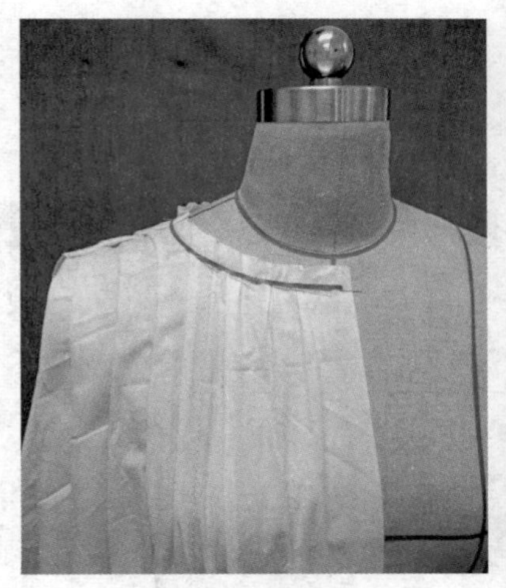

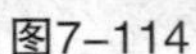

图7-114

图7-115

图7-116

图7-117

图7-118

七、扇形分割礼服

（1）款式特点

此款的特点表现为细腻的上衣造型分割与宽大的下衣裙造型的对比，该款在礼服设计中很具代表性，上衣的收身造型使其胸线更加丰满，衬托出女性婀娜的曲线，而宽大的裙摆又将其高贵的一面表现得淋漓尽致，此款的制作难点具体体现在上衣褶纹衣片的互为穿插的比例关系（图7-119）。褶纹衣片面料采用斜丝制作，这样褶纹才流畅，无生涩之感。

图7-119（附录彩图7）

（2）造型重点步骤

①根据款式要求在人台上贴上款式标记线（图7-120～图7-122）。

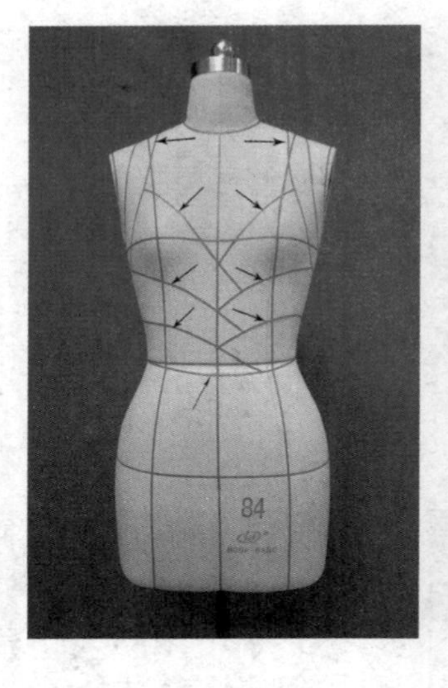

图7-120

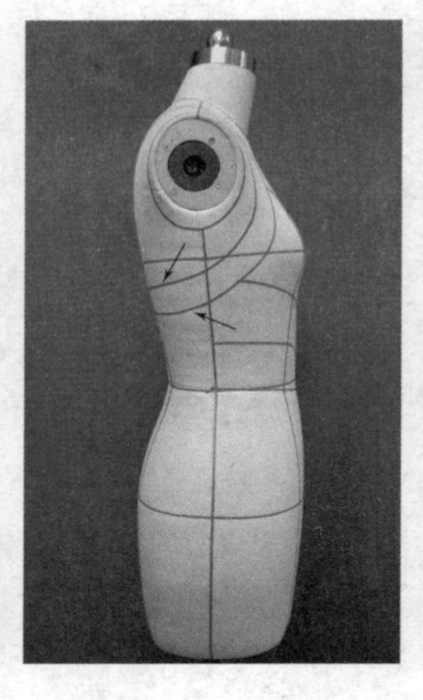

图7-121

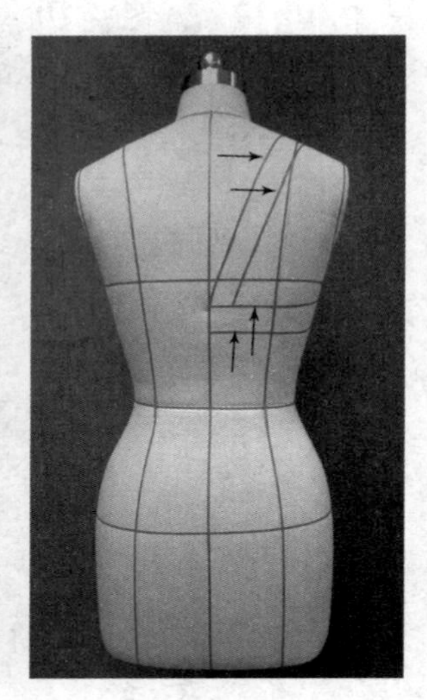

图7-122

②将上衣片取斜丝沿款式线与人台固定，抓合衣片形成褶皱并固定（图7-123）。

③如图7-124中箭头所示将胸部衣片依次抓出自然流畅的褶型，并与款式线相别合。

④右衣胸片取布丝斜向与左胸衣片呈对应形固定于人台（图7-125）。

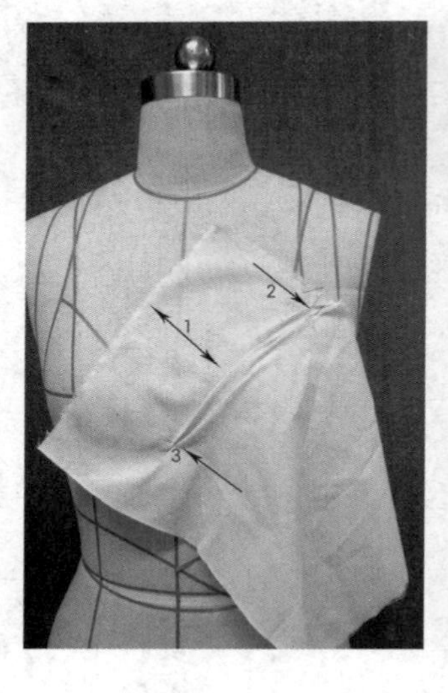

图7-123

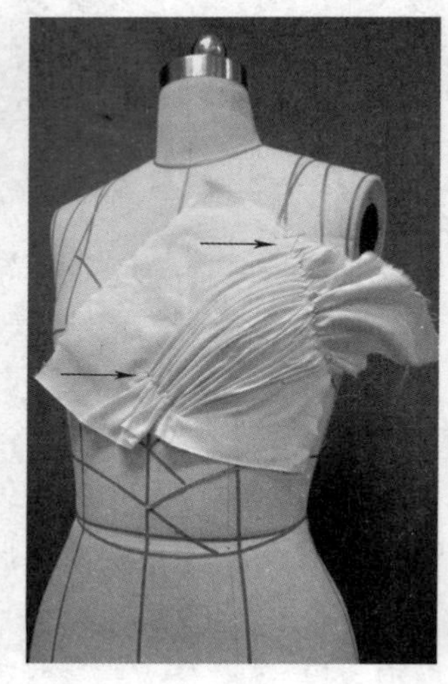

图7-124

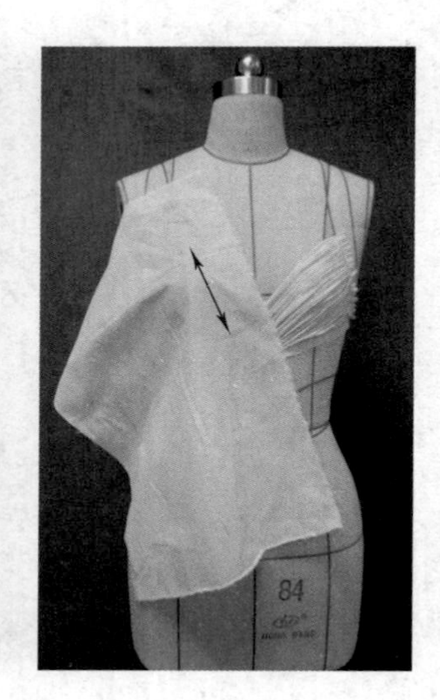

图7-125

⑤右衣片的褶皱处理方法与左片相同（图7-126）。

⑥左右胸衣片的褶皱要调整得起伏得当，不要产生忽高忽低的现象（图7-127）。

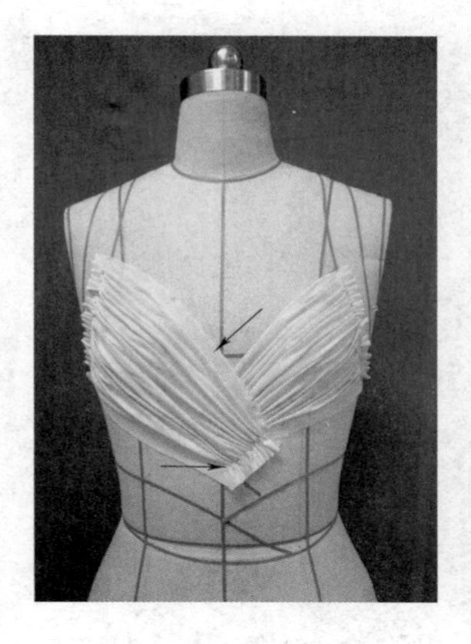

图7-126

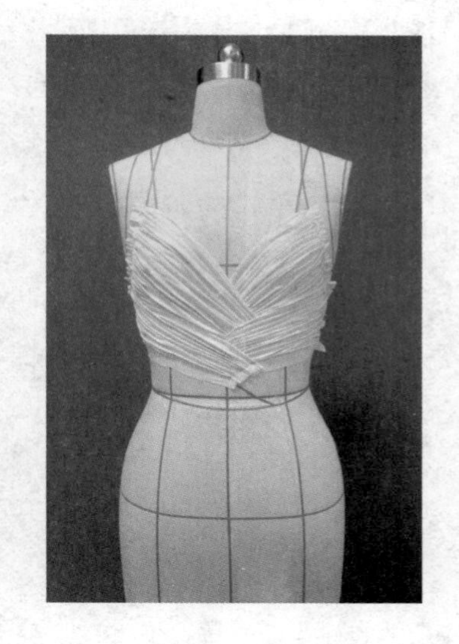

图7-127

⑦如图7-128中数字所示，调整胸部褶皱片造型，片与片之间的穿插叠合要有韵律感。

⑧将下裙片上拉并留有多量余布，以便设计中心线折叠褶皱之用，确定A点并固定于人台（图7-129）。

⑨如图7-130中箭头所示方向抓合裙片褶皱依次别合于A点，注意调整褶的松量。

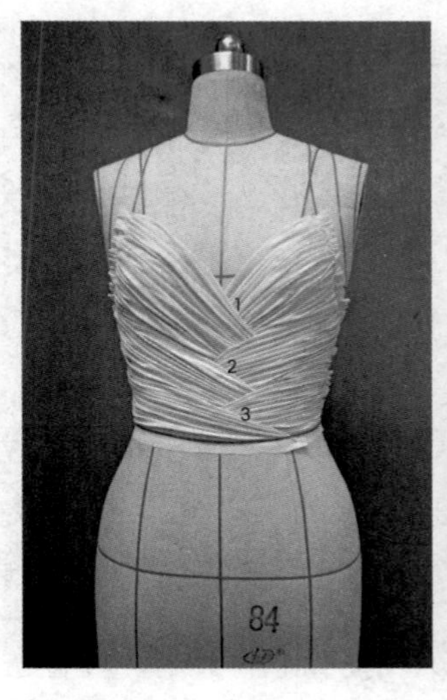

图7-128

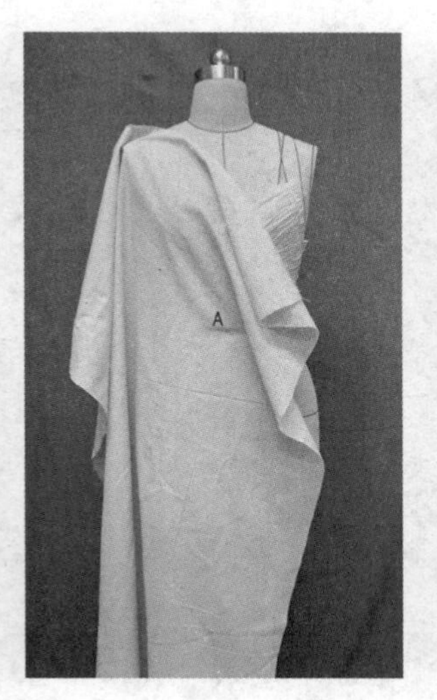

图7-129

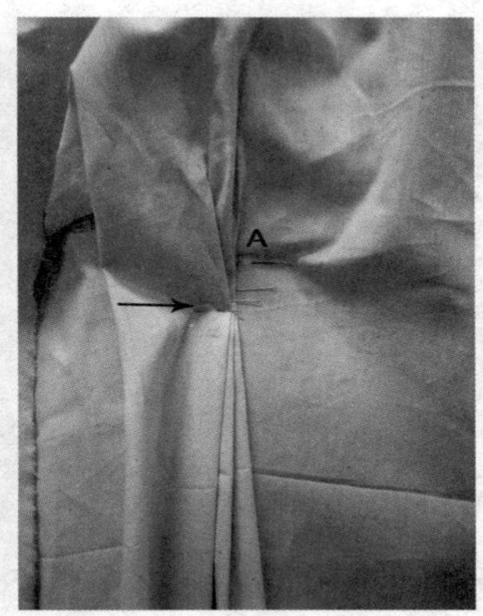

图7-130

⑩将图7-131中A与B点间线段调整至与地面垂直，剪去AB线段内侧余量，使前中心线褶型从B点展开。

⑪将下裙片腰部与上衣片相别合并调整臀部造型，臀部要留有松量（图7–132）。

⑫衣片后中心线与人台后中心线相贴合，依次抓出褶皱并与人台固定（图7–133）。

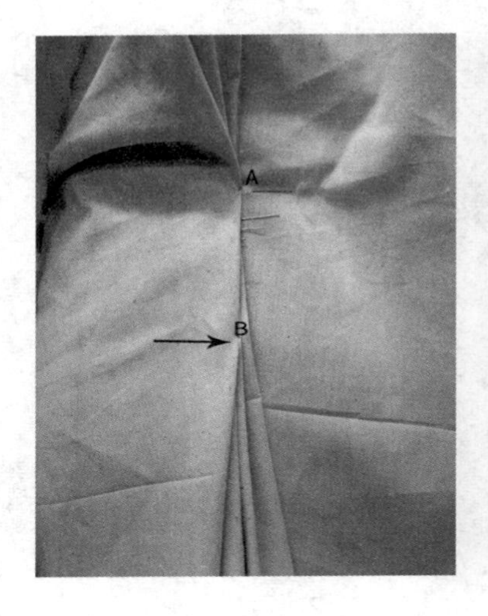

图7–131

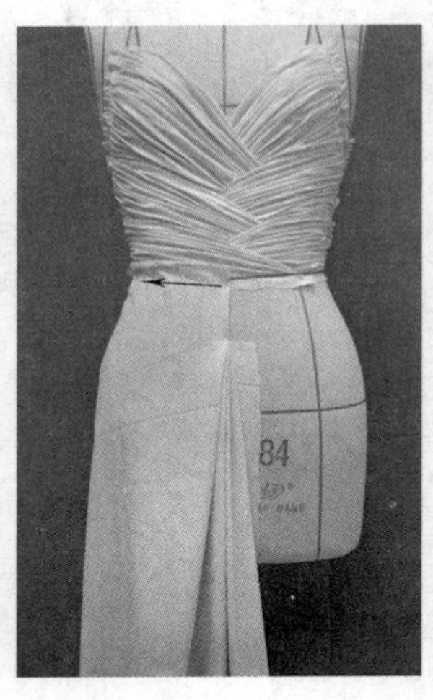

图7–132

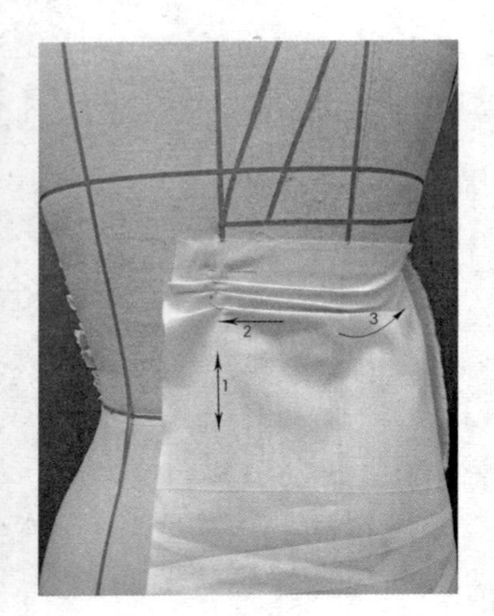

图7–133

⑬调整各个褶皱量，使其均匀自然，在腰部绷紧之处打剪口（图7–134）。

⑭调整后衣片并剪去余布（图7–135）。

⑮将下裙片后中心线与人台后中心线相贴合，如图7–136中箭头所示方向将臀部余量调出。

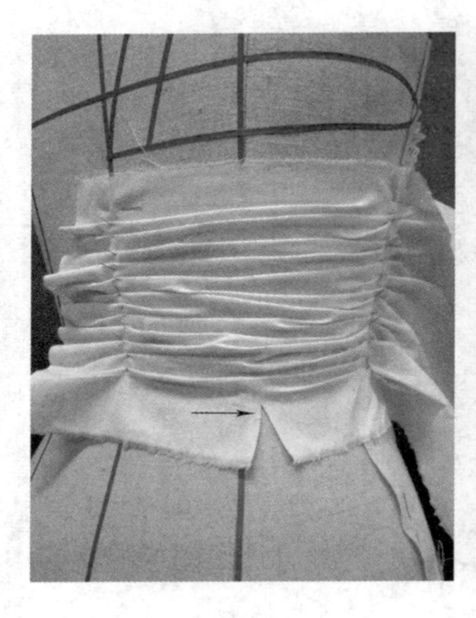

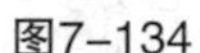

图7–134

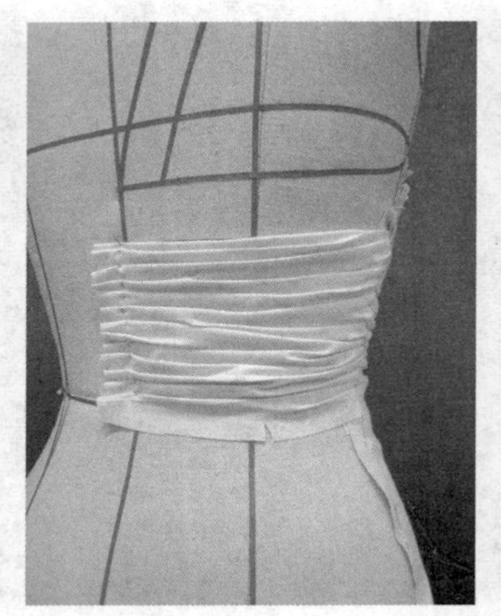

图7–135

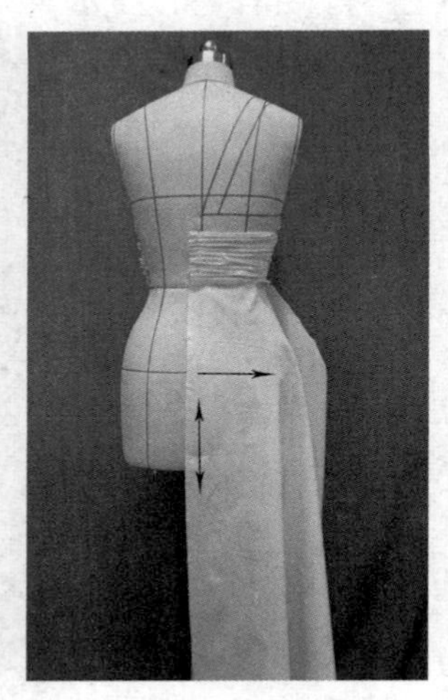

图7–136

⑯调整好裙片，将余布剪去并与前裙片别合（图7–137）。

⑰将肩带片沿图7–138中箭头所示方向与款式线相别合，调整后去掉余布。

图7-137

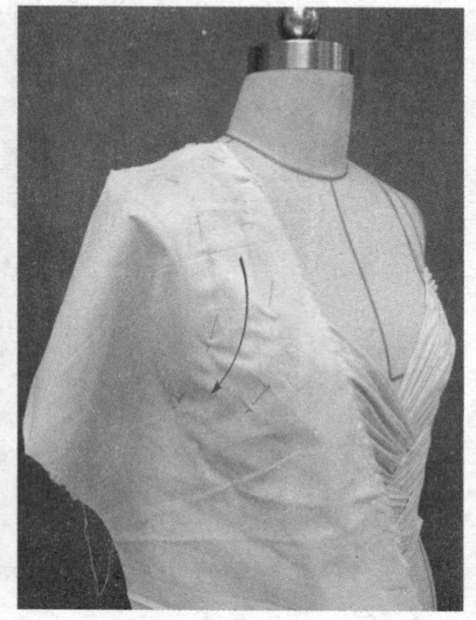

图7-138

⑱完成正面、侧面、背面效果图（图7-139～图7-141）。

图7-139

图7-140

图7-141

练习及思考题

根据章节中知识要点，选择流行品牌礼服进行设计训练，分析面料与造型的关系并完成立体作业3例。

参考文献

[1] 康妮·阿曼达·克劳福德.美国经典立体裁剪·基础篇[M].张玲，译.北京：中国纺织出版社，2003.

[2] 张文斌，王朝晖，张宏.服装立体裁剪[M].北京：中国纺织出版社，2004.

[3] 邓鹏举，王雪菲.服装立体裁剪[M].北京：化学工业出版社，2007.

[4] 刘建志.服装结构原理与原型工业纸样[M].北京：中国纺织出版社，2011.

附录

彩图1

彩图2

彩图3

彩图4

彩图5

彩图6

彩图7